重庆缙云山

维管植物原色图谱

陈　锋　著

吉林科学技术出版社

图书在版编目（CIP）数据

重庆缙云山维管植物原色图谱 / 陈锋著 . -- 长春：
吉林科学技术出版社 , 2020.10
ISBN 978-7-5578-7790-3

Ⅰ . ①重… Ⅱ . ①陈… Ⅲ . ①缙云山—维管植物—图
谱 Ⅳ . ① Q949.408-64

中国版本图书馆 CIP 数据核字（2020）第 198669 号

CHONGQING JINYUNSHAN WEIGUAN ZHIWU YUANSE TUPU

重庆缙云山维管植物原色图谱

著　　　陈　锋
出 版 人　李　梁
责任编辑　端金香
封面设计　崔　蕾
制　　版　北京亚吉飞数码科技有限公司
幅面尺寸　185 mm × 260 mm
开　　本　787mm × 1092mm　1/16
字　　数　1011 千字
印　　张　39.5
印　　数　1—5 000 册
版　　次　2022 年 3 月第 1 版
印　　次　2022 年 3 月第 1 次印刷

出　　版　吉林科学技术出版社
发　　行　吉林科学技术出版社
地　　址　长春市人民大街 4646 号
邮　　编　130021
发行部传真 / 电话　0431-85635176　85651759　85635177
　　　　　　　　　　　　　　85651628　85652585
储运部电话　0431-86059116
编辑部电话　0431-85635186
网　　址　www.jlsycbs.net
印　　刷　三河市德贤弘印务有限公司

书　　号　ISBN 978-7-5578-7790-3
定　　价　158.00 元

序

    重庆位于喜马拉雅植物区系和中国 - 日本植物区系的交汇枢纽，生物多样性丰富；以缙云山国家级自然保护区为代表的自然保护地集中有效地保护保育了众多野生动植物。缙云山属华蓥山系支脉，主体横跨重庆市北碚区、璧山区、沙坪坝区，主峰在北碚区境内。气候温润、雨量充沛，特殊的地理位置孕育了繁茂的植被及丰富的物种多样性，是长江中上游保存较为完好的亚热带常绿阔叶林和植物种质基因库。

    多年来，缙云山先后吸引了包括钱崇澍、裴鉴、郑万钧、方文培、俞德浚、曲桂龄、王树嘉、杜大华等众多植物学家，前来研究考察，撰写了《四川北碚之菊科植物》《四川的四种木本植物新种》《四川北碚植物鸟瞰》等论文，发表了缙云四照花、缙云狗脊蕨、缙云瘤足蕨等以缙云山为模式标本产地的新种。缙云山自然保护区管理局、西南大学（含西南农业大学、西南师范大学）、重庆师范大学、重庆中药研究院、重庆自然博物馆等单位系统对缙云山植物资源的全面系统考察与标本采集工作始于 20 世纪 50 年代，至今从未间断。先后编写出版了《重庆缙云山植物志》（2005）、《重庆缙云山维管植物多样性》（2017）等著作。

    历代科学工作者的工作积累，为《重庆缙云山维管植物原色图谱》编撰和出版奠定了坚实的基础。该图谱作者长期从事植物标本采集、鉴定和科学普及工作，凭着对缙云山植物的热爱和满腔的科普热情，不畏艰辛、深入实地，寻找和拍摄物种及其细部特征，历经十余年完成了《重庆缙云山维管植物颜色图谱》的编撰，为重庆植物多样性科普事业做出了自己的贡献。

    《重庆缙云山维管植物原色图谱》是一本内容丰富、简明实用、植物学著作。物种均配有植物原色照片及鉴别特征描述；对收录的模式植物、保护植物、重要资源植物及通用的俗名均用加粗字体标注出；分类系统编排体系体现了继承和发扬，按新分类系统收录了维管植物 147 科 375 属 562 种，为兼顾更多人群的使用，凡原缙云山植物志上名称发生变化的种类，均将原有的名称放在对应的括号后。

    《重庆缙云山维管植物原色图谱》是重庆市自然保护地首部形象展示植物种类及直观辨识、集专业性与科普性于一体的专著，可作为植物爱好者、学生、市民等野外植物识别的工具书。主编所在的重庆自然博物馆是全国著名的一级博物馆，在重庆市标本采集、物种多样性研究等方面发挥了重要作用，图谱的出版有助于该馆科普教育能力的提升，也为自然博物馆在新时期如何与地方生态文明建设需要相结合提供了参考。

重庆市野生动植物保护协会会长   教授

2020 年 8 月 28 日

前　言

　　缙云山系华蓥山脉的支脉,是 7000 万年前"燕山运动"造就的"背斜"山岭,古名巴山,范围主要涉及北碚区、璧山区和沙坪坝区 3 个区县,海拔介于 180—952 米之间。山间早晚霞云,姹紫嫣红,五彩缤纷;古人称"赤多白少"为"缙",故名缙云山,有"川东小峨眉"之称。缙云山位于中亚热带,气候温润,雨量充沛,植被茂盛,植物种类丰富,是长江中上游保存较为完好的亚热带常绿阔叶林和植物种质基因库,由于受第四纪冰期影响较小,成为桫椤、南方红豆杉、伯乐树等众多珍稀濒危植物的避难所以及缙云黄芩、缙云卫矛、缙云紫珠等众多模式标本植物聚居地。为保护森林植被及丰富的物种多样性,1979 年成立了缙云山自然保护区,2001 年晋升国家级自然保护区。

　　笔者 2003 年在西南大学(原西南师范大学)生命科学学院师从邓洪平教授学习植物分类学,并得到亲赠的《重庆缙云山植物志》。2005 年出版的《重庆缙云山植物志》记载了维管植物 202 科、870 属、1701 种(包括亚种、变种、变型)。在后来的学习、工作和学生实习指导中,植物志紧相伴随。在使用过程中发现,《重庆缙云山植物志》只配有部分种类的墨线图,对于部分困难的物种,即使是植物分类学专业人员也难保证依据描述准确判别;同时,《重庆缙云山植物志》使用传统的分类系统,相较新分类系统而言,部分物种存在合并、调整的情况,需要修订。因此,我一直想出版一部与《重庆缙云山植物志》配套的维管植物原色图谱,全面展现植物植株、根、茎、叶、花、果实和种子等器官及其生境照片,尤其是关键识别性状特写,以利于读者的使用。

　　2009 年到重庆自然博物馆工作,我更加潜心于植物学研究,该项工作也得以顺利启动。为拍摄尽可能多的物种及特征,详细梳理了物种的地理分布信息和物候信息,并制定了调查路线和调查时间,经过我们近十年的野外调查拍摄、标本采集(凭证标本存放在重庆自然博物馆)、室内鉴定和编写,《重庆缙云山维管植物原色图谱》终于出版了。

　　该图谱编排体例及使用说明如下:

　　第一、采纳最新分子系统学研究成果进行编排:石松类和蕨类植物参照 Christenhuszet al.(2011a:7-54)、裸子植物参照 Christenhuszet al.(2011b:55-70)、被子植物参照 APG IV(2016)。科的顺序按照上述系统顺序编排,科下属种拉丁学名按照字母顺序排列;物种中文名和拉丁学名参考英文版中国植物志(Flora of China);命名人采纳 The International Plant Names Index(IPNI)的标准缩写。图谱后面附有植物种类的中文名和拉丁学名索引,方便查阅。

　　第二、采用新分类体系,导致部分科属和物种的分类地位和名称发生了变化,按下述方式注明:物种科属、中文名发生变化的,缙云山植物志原有的情况标注在后面括号中;物种拉丁学名发生变化的，缙云山植物志原有的情况另起一行呈现，其中等号"="表示异模异名，全等号"≡"表示同模异名。

第三、本图谱收录了缙云山原生、归化的维管植物147科、375属、562种（含种下等级，包括以前资料未收录的35种），约占缙云山野生维管植物的1/2。特征收集不全的物种、鉴定困难的物种（集中在蹄盖蕨科、禾本科、莎草科、菊科等大科），待后续调查整理后出版。

第四、物种均配有营养或繁殖器官的原色照片，并辅以文字描述，关键识别特征加粗标出，方便读者使用。

第五、对缙云山的模式植物、保护植物、重要资源植物及俗名均用加粗字体标注出；生僻字以【 】形式标注上拼音。

《重庆缙云山维管植物原色图谱》的出版得到了重庆自然博物馆的大力支持和经费资助，得到了重庆缙云山国家级自然保护区管理局、重庆市植物学会、重庆市野生动植物保护协会历届领导和业务处室的关心和支持；何海教授、李先源副教授及黄燕双、胡玲、敖艳艳、杨迎、李文巧、栗云鹏、梁晶、黄汉文、张丽、李富铭等同学提供了部分物种照片资料；孙鼎纹（已故）、王馨、王国行、王龙、黄燕双、蒋峰在植物拍摄上给予了技术指导；石学斌、肖爱华、王雪、许菲菲、马丽华、孙彦、刘玉芳等参与了野外调查；邓洪平教授、何海教授、李先源副教授、邓先保高级工程师对全文进行了审校并提出了宝贵意见和建议。在这里谨向他们致以诚挚的谢意，并向为本图谱出版做出积极努力的有关人员表示衷心的感谢！

由于专业水平有限，错漏之处敬请专家和读者批评指正！

陈　锋

2020 年 9 月 22 日

目　录

一、石松类植物 Lycopods

石松科 ·· 1

　蛇足石杉 ··· 1

　垂穗石松(灯笼草) ··· 2

　石松(伸筋草) ··· 3

卷柏科 ·· 4

　薄叶卷柏 ··· 4

　深绿卷柏 ··· 5

　江南卷柏 ··· 6

　伏地卷柏 ··· 7

　翠云草(还阳草、回生草) ·· 8

二、蕨类植物 Ferns

木贼科 ·· 9

　问荆 ·· 9

　披散木贼(披散问荆) ·· 10

瓶尔小草科 ·· 11

　瓶尔小草(一支箭) ·· 11

松叶蕨科 ··· 12

　松叶蕨(松叶兰、铁扫把) ·· 12

合囊蕨科 ··· 13

　福建莲座蕨(福建观音座莲) ··· 13

紫萁科 ··· 14

　紫萁(薇菜) ·· 14

膜蕨科 ··· 15

　团扇蕨 ··· 15

里白科 ·· **16**

    芒萁 ·· 16

    中华里白 ·· 17

    里白 ·· 18

海金沙科 ·· **19**

    海金沙(左转藤) ·· 19

蘋科 ·· **20**

    南国田字草(四叶草) ·· 20

槐叶蘋科 ·· **21**

    满江红 ··· 21

    槐叶蘋 ··· 22

瘤足蕨科 ·· **23**

    华东瘤足蕨(日本瘤足蕨、缙云瘤足蕨) ······························ 23

    华中瘤足蕨 ·· 24

    瘤足蕨(镰叶瘤足蕨) ·· 25

金毛狗科 ·· **26**

    金毛狗蕨(金毛狗) ·· 26

桫椤科 ·· **27**

    粗齿桫椤(齿叶黑桫椤) ·· 27

    小黑桫椤(华南黑桫椤) ·· 28

    桫椤(凤尾棕) ·· 29

鳞始蕨科 ·· **30**

    团叶鳞始蕨 ·· 30

    乌蕨 ·· 31

碗蕨科 ·· **32**

    姬蕨 ·· 32

    边缘鳞盖蕨 ·· 33

    假粗毛鳞盖蕨 ··· 34

    蕨(蕨菜) ·· 35

凤尾蕨科 ·· **36**

    铁线蕨 ··· 36

    扇叶铁线蕨(过坛龙) ·· 37

    假鞭叶铁线蕨 ··· 38

目 录

　　银粉背蕨··39
　　毛轴碎米蕨（舟山碎米蕨）································40
　　野雉尾金粉蕨（日本金粉蕨、野雉尾）·············41
　　欧洲凤尾蕨（凤尾蕨）··42
　　剑叶凤尾蕨··43
　　井栏边草··44
　　斜羽凤尾蕨（奄美凤尾蕨）··································45
　　溪边凤尾蕨··46
　　蜈蚣草···47

铁角蕨科··**48**
　　三翅铁角蕨··48
　　虎尾铁角蕨··49
　　倒挂铁角蕨··50
　　北京铁角蕨··51
　　长叶铁角蕨··52

金星蕨科··**53**
　　齿牙毛蕨··53
　　普通针毛蕨··54
　　金星蕨（腺毛金星蕨）··55
　　延羽卵果蕨··56
　　红色新月蕨··57
　　披针新月蕨··58

乌毛蕨科··**59**
　　狗脊（狗脊蕨、缙云狗脊蕨）··································59
　　顶芽狗脊（顶芽狗脊蕨、宽片狗脊蕨）···············60

蹄盖蕨科··**61**
　　翅轴蹄盖蕨··61
　　光蹄盖蕨··62
　　毛叶对囊蕨（毛轴假蹄盖蕨）······························63
　　毛柄双盖蕨（毛柄短肠蕨）···································64

鳞毛蕨科··**65**
　　斜方复叶耳蕨··65
　　西南复叶耳蕨（灰脉复叶耳蕨）···························66
　　中华复叶耳蕨（镰羽复叶耳蕨、尾形复叶耳蕨、凸角复叶耳蕨、半育复叶耳蕨）······67
　　长尾复叶耳蕨（异羽复叶耳蕨）···························68

　　　长叶实蕨 ·· 69

　　　贯众（昏鸡头） ·· 70

　　　迷人鳞毛蕨（异盖鳞毛蕨） ·· 71

　　　红盖鳞毛蕨（鳞毛蕨） ··· 72

　　　稀羽鳞毛蕨 ·· 73

　　　单行耳蕨（单行贯众） ··· 74

肾蕨科 ··· **75**

　　　肾蕨 ··· 75

水龙骨科 ·· **76**

　　　槲蕨 ··· 76

　　　拟鳞瓦韦 ·· 77

　　　曲边线蕨 ·· 78

　　　江南星蕨 ·· 79

　　　石韦（矩圆石韦、长圆石韦） ··· 80

　　　金鸡脚假瘤蕨 ··· 81

三、裸子植物 Gymnospermae

松科 ··· **82**

　　　马尾松 ·· 82

柏科 ··· **83**

　　　杉木 ··· 83

红豆杉科 ·· **84**

　　　南方红豆杉 ·· 84

四、被子植物 Angiospermae

三白草科 ·· **85**

　　　蕺菜（鱼腥草、侧耳根） ··· 85

马兜铃科 ·· **86**

　　　花脸细辛（青城细辛） ··· 86

樟科 ··· **87**

　　　红果黄肉楠 ·· 87

　　　贵州琼楠（缙云琼楠） ··· 88

　　　雅安厚壳桂（雅安琼楠、李氏琼楠） ·· 89

　　　黑壳楠 ·· 90

广东山胡椒 ·· 91

毛豹皮樟(老荫茶) ······································ 92

近轮叶木姜子(缙云木姜子、假轮叶木姜子) ········· 93

绒叶木姜子 ·· 94

毛叶木姜子 ·· 95

润楠(楠木、秉氏润楠) ································· 96

利川润楠 ·· 97

粉叶新木姜子(白毛新木姜子) ························ 98

檫木 ·· 99

金粟兰科 ··· **100**

草珊瑚 ··· 100

菖蒲科 ··· **101**

金钱蒲(钱蒲) ·· 101

天南星科 ··· **102**

花蘑芋(磨芋、魔芋) ································· 102

棒头南星 ··· 103

天南星(异叶南星) ···································· 104

石柑子 ··· 105

半夏 ··· 106

紫萍(紫背浮萍) ······································ 107

犁头尖 ··· 108

泽泻科 ··· **109**

华夏慈姑(慈姑) ······································ 109

薯蓣科 ··· **110**

薯莨 ··· 110

藜芦科 ··· **111**

宽瓣重楼(滇重楼) ···································· 111

秋水仙科 ··· **112**

短蕊万寿竹(长蕊万寿竹) ···························· 112

菝葜科 ··· **113**

菝葜(金刚刺、金刚藤) ······························ 113

土茯苓 ··· 114

马甲菝葜 ··· 115

小叶菝葜 ··· 116

兰科···117
    金兰···117
仙茅科···118
    疏花仙茅···118
鸢尾科···119
    蝴蝶花···119
阿福花科···120
    山菅···120
石蒜科···121
    忽地笑（黄花石蒜）···121
    石蒜···122
天门冬科···123
    禾叶山麦冬···123
    阔叶山麦冬···124
鸭跖草科···125
    饭包草（圆叶鸭跖草）···125
    鸭跖草（竹叶菜）··126
    牛轭草···127
    白花紫露草···128
雨久花科···129
    鸭舌草···129
姜科···130
    山姜（箭秆风）···130
    四川山姜···131
    峨眉姜花···132
香蒲科···133
    香蒲···133
禾本科···134
    弓果黍···134
    野青茅···135
    五节芒···136
    圆果雀稗···137
    细叶结缕草···138

目　录

罂粟科 ··· **139**
 紫堇 ··· 139
 小花黄堇 ··· 140
 地锦苗(尖距紫堇) ··· 141

木通科 ··· **142**
 白木通 ··· 142
 钝药野木瓜(短药野木瓜) ··· 143

防己科 ··· **144**
 轮环藤 ··· 144
 秤钩风 ··· 145
 细圆藤 ··· 146

小檗科 ··· **147**
 八角莲 ··· 147

毛茛科 ··· **148**
 打破碗花花 ·· 148
 卵瓣还亮草 ·· 149
 茴茴蒜 ··· 150
 石龙芮 ··· 151
 扬子毛茛 ··· 152
 天葵 ··· 153

清风藤科 ·· **154**
 尖叶清风藤 ·· 154

蕈树科 ··· **155**
 枫香树 ··· 155

金缕梅科 ·· **156**
 杨梅叶蚊母树 ·· 156
 檵木 ··· 157

交让木科 ·· **158**
 虎皮楠(四川虎皮楠、南宁虎皮楠) ·· 158

鼠刺科 ··· **159**
 娥眉鼠刺(矩圆叶鼠刺) ··· 159

虎耳草科·· **160**

    虎耳草·· 160

景天科··· **161**

    齿叶费菜(齿叶景天、天黄七)·· 161

    珠芽景天·· 162

    凹叶景天·· 163

小二仙草科·· **164**

    小二仙草·· 164

葡萄科··· **165**

    三裂蛇葡萄·· 165

    乌蔹莓·· 166

    三叶崖爬藤(金线吊葫芦)·· 167

    崖爬藤·· 168

豆科··· **169**

    合萌(田皂角)··· 169

    山槐(山合欢)··· 170

    紫穗槐·· 171

    亮叶猴耳环·· 172

    华南云实(川云实)··· 173

    云实(阎王刺)··· 174

    香花鸡血藤(香花崖豆藤、崖胡豆)································· 175

    杭子梢(宜昌杭子梢)··· 176

    大叶拿身草·· 177

    长波叶山蚂蝗·· 178

    刺桐(刺木通)··· 179

    皂荚(皂角树)··· 180

    长柄山蚂蝗·· 181

    河北木蓝(马棘)·· 182

    鸡眼草·· 183

    截叶铁扫帚·· 184

    多花胡枝子·· 185

    铁马鞭·· 186

    银合欢·· 187

    天蓝苜蓿·· 188

草木犀 ·· 189

厚果崖豆藤 ··· 190

常春油麻藤 ··· 191

葛(葛藤、野葛) ······································ 192

菱叶鹿藿 ··· 193

鹿藿 ·· 194

白车轴草 ··· 195

小巢菜 ··· 196

救荒野豌豆(野豌豆) ······························ 197

四籽野豌豆 ··· 198

蔷薇科 ·· **199**

龙芽草 ··· 199

尾叶樱桃(尾叶樱) ································· 200

蛇莓(蛇泡) ··· 201

大花枇杷 ··· 202

柔毛路边青 ··· 203

大叶桂樱 ··· 204

翻白草 ··· 205

火棘(红子、救军粮) ······························· 206

金樱子(糖果) ··· 207

粉团蔷薇 ··· 208

悬钩子蔷薇 ··· 209

缫丝花(单瓣缫丝花、刺梨) ···················· 210

西南悬钩子 ··· 211

寒莓 ·· 212

山莓 ·· 213

光滑高粱泡(光叶高粱泡) ······················· 214

棠叶悬钩子(羊尿泡) ······························ 215

乌泡子 ··· 216

茅莓 ·· 217

空心泡 ··· 218

川莓 ·· 219

红腺悬钩子 ··· 220

红毛悬钩子 ··· 221

石灰花楸(石灰树) ·································· 222

绒毛红果树 ··· 223

鼠李科·· **224**

　光枝勾儿茶·· 224

　枳椇(拐枣)·· 225

　马甲子(铁篱笆)·· 226

　贵州鼠李·· 227

　枣(枣子、红枣)·· 228

大麻科·· **229**

　朴树·· 229

　葎草·· 230

　羽脉山黄麻(羽脉山麻黄)·· 231

　银毛叶山黄麻(银叶山麻黄)·· 232

桑科·· **233**

　楮·· 233

　构树·· 234

　菱叶冠毛榕(树地瓜)·· 235

　异叶榕(异叶天仙果)·· 236

　长柄爬藤榕(无柄爬藤榕)·· 237

荨麻科·· **238**

　苎麻(天青地白、麻叶、野麻)·· 238

　水麻·· 239

　长叶水麻·· 240

　华南楼梯草·· 241

　骤尖楼梯草·· 242

　多序楼梯草·· 243

　红火麻·· 244

　糯米团·· 245

　毛花点草·· 246

　紫麻·· 247

　赤车·· 248

　曲毛赤车·· 249

　缙云赤车·· 250

　蔓赤车(赤车状楼梯草)·· 251

　山冷水花·· 252

　小叶冷水花·· 253

　苔水花(齿叶冷水花)·· 254

　石筋草·· 255

　　翅茎冷水花 ···································· 256
　　疣果冷水花 ···································· 257
　　红雾水葛 ······································ 258
　　雾水葛 ·· 259
　　苎麻（裂叶苎麻、活麻、火麻）······· 260
壳斗科 ·· **261**
　　板栗（栗）···································· 261
　　短刺米槠（西南米槠、小叶栲、丝栗）···· 262
　　栲（丝栗栲）·································· 263
　　木姜叶柯（缙云甜茶、多穗石栎、箭杆柯）· 264
　　白栎（青冈）·································· 265
　　乌冈栎 ·· 266
杨梅科 ·· **267**
　　毛杨梅（杨梅）······························ 267
胡桃科 ·· **268**
　　黄杞 ·· 268
　　化香树 ·· 269
　　枫杨（麻柳）·································· 270
桦木科 ·· **271**
　　亮叶桦 ·· 271
马桑科 ·· **272**
　　马桑 ·· 272
葫芦科 ·· **273**
　　绞股蓝 ·· 273
　　全缘栝楼 ······································ 274
　　中华栝楼（华中栝楼）···················· 275
　　钮子瓜 ·· 276
秋海棠科 ·· **277**
　　缙云秋海棠 ···································· 277
卫矛科 ·· **278**
　　青江藤 ·· 278
　　缙云卫矛（绿花卫矛）···················· 279
酢浆草科 ·· **280**
　　酢浆草 ·· 280

　　红花酢浆草(铜锤草)·····281

杜英科·····**282**
　　日本杜英(薯豆)·····282
　　薄果猴欢喜(缙云猴欢喜、北碚猴欢喜)·····283

大戟科·····**284**
　　铁苋菜(海蚌含珠)·····284
　　巴豆·····285
　　毛丹麻杆(假奓包叶)·····286
　　斑地锦·····287
　　毛桐·····288
　　粗糠柴·····289
　　石岩枫(杠香藤)·····290
　　野桐·····291
　　蓖麻·····292
　　乌桕(卷子树)·····293
　　山乌桕·····294
　　油桐(桐子树)·····295

叶下珠科·····**296**
　　酸味子(日本五月茶)·····296
　　禾串树·····297
　　算盘子·····298
　　叶下珠·····299

堇菜科·····**300**
　　戟叶堇菜·····300
　　七星莲(蔓茎堇菜)·····301
　　长萼堇菜(多花堇菜)·····302
　　犁头草·····303

亚麻科·····**304**
　　石海椒(黄亚麻)·····304

金丝桃科·····**305**
　　地耳草(小对月草)·····305
　　元宝草(大对月草)·····306

牻牛儿苗科·····**307**
　　野老鹳草·····307

　　尼泊尔老鹳草 ································· 308

柳叶菜科 ······························· **309**
　　假柳叶菜 ································· 309

桃金娘科 ······························· **310**
　　四川蒲桃 ································· 310

野牡丹科 ······························· **311**
　　叶底红(小花叶底红) ························ 311
　　野牡丹(展毛野牡丹) ························ 312
　　异药花(伏毛肥肉草、峨眉异药花) ················ 313
　　肉穗草(肉穗菜) ···························· 314

省沽油科 ······························· **315**
　　野鸦椿(鸡眼睛) ···························· 315

旌节花科 ······························· **316**
　　西域旌节花(喜马山旌节花、通条树) ·············· 316

漆树科 ································· **317**
　　毛脉南酸枣 ······························· 317
　　盐肤木(五倍子树、肤杨树) ···················· 318

无患子科 ······························· **319**
　　罗浮枫(罗浮槭、红翅槭) ····················· 319
　　复羽叶栾树(摇钱树) ························ 320
　　无患子(油患子) ···························· 321

芸香科 ································· **322**
　　竹叶花椒(野花椒) ···························· 322
　　刺壳花椒 ································· 323

苦木科 ································· **324**
　　苦树(苦皮树) ····························· 324

楝科 ·································· **325**
　　楝(川楝、苦楝子树) ························ 325

锦葵科 ································· **326**
　　苘麻(白麻) ······························· 326
　　田麻 ··································· 327
　　地桃花(肖梵天花) ···························· 328

瑞香科 ·· **329**

　　缙云瑞香 ··· 329

　　毛柱瑞香 ··· 330

　　小黄构（野棉皮、黄构） ··· 331

叠珠树科 ··· **332**

　　伯乐树（钟萼木） ·· 332

十字花科 ··· **333**

　　弯曲碎米荠 ·· 333

　　广州蔊菜 ··· 334

　　楔叶独行菜 ·· 335

　　臭荠 ··· 336

蛇菰科 ·· **337**

　　葛菌（冬红蛇菰） ·· 337

檀香科 ·· **338**

　　檀梨（四川檀梨、无刺檀梨） ·· 338

蓼科 ··· **339**

　　羊蹄 ··· 339

　　齿果酸模 ··· 340

　　长刺酸模 ··· 341

　　金荞（金荞麦） ··· 342

　　何首乌（紫乌藤、夜交藤） ·· 343

　　铁马鞭（习见蓼、叶花蓼） ·· 344

　　萹蓄 ··· 345

　　火炭母 ·· 346

　　尼泊尔蓼（野荞麦） ··· 347

　　头花蓼 ·· 348

　　红蓼（东方蓼） ··· 349

　　丛枝蓼 ·· 350

　　杠板归（贯叶蓼、蛇倒退、猫爪刺） ··································· 351

　　马蓼（酸模叶蓼） ·· 352

　　辣蓼（水蓼） ··· 353

　　蚕茧蓼（大花蓼） ·· 354

　　长鬃蓼 ·· 355

　　阿萨姆蓼 ··· 356

　　虎杖（花斑竹） ··· 357

石竹科 ··· **358**

雀舌草（滨繁缕、天蓬草） ··· 358

繁缕（鹅儿肠） ·· 359

巫山繁缕 ··· 360

箐姑草（石生繁缕） ·· 361

球序卷耳 ··· 362

苋科 ·· **363**

青葙 ·· 363

绿穗苋 ··· 364

牛膝 ·· 365

喜旱莲子草（水花生、革命草、空心莲子草） ····················· 366

莲子草 ··· 367

商陆科 ··· **368**

商陆 ·· 368

垂序商陆（美洲商陆） ··· 369

粟米草科 ·· **370**

粟米草 ··· 370

落葵科 ··· **371**

落葵薯（藤三七、土三七） ··· 371

土人参科 ·· **372**

土人参 ··· 372

马齿苋科 ·· **373**

马齿苋（马齿汉） ··· 373

山茱萸科 ·· **374**

八角枫 ··· 374

灯台树 ··· 375

小梾木 ··· 376

黑毛四照花（缙云四照花） ··· 377

绣球花科 ·· **378**

常山（黄常山） ·· 378

蜡莲绣球（腊莲绣球） ··· 379

凤仙花科 ·· **380**

凤仙花（指甲花） ··· 380

湖北凤仙花（霸王七）·································· 381

山地凤仙花 ··· 382

五列木科 ··· **383**

川杨桐（四川杨桐、四川红淡）····················· 383

岗柃 ·· 384

细枝柃 ·· 385

钝叶柃 ·· 386

柿树科 ··· **387**

乌柿（黑塔子）······································ 387

罗浮柿 ·· 388

报春花科 ··· **389**

点地梅 ·· 389

九管血（矮八爪金龙）······························ 390

朱砂根（高八爪金龙）······························ 391

百两金（高八爪龙）································· 392

月月红（江南紫金牛）······························ 393

紫金牛（矮茶风、地青杠）··························· 394

罗伞树（缙云紫金牛）······························ 395

密齿酸藤子（网脉酸藤子）·························· 396

细梗香草 ·· 397

过路黄（金钱草）···································· 398

临时救（聚花过路黄）······························ 399

管茎过路黄 ·· 400

五岭管茎过路黄 ···································· 401

落地梅（重楼排草、四块瓦、四大天王）·············· 402

杜茎山 ·· 403

金珠柳 ·· 404

铁仔（小爆格蚤）···································· 405

山茶科 ··· **406**

小叶短柱茶（陕西短柱茶）·························· 406

油茶 ·· 407

毛蕊柃叶连蕊茶（作孚茶、细萼连蕊茶）············· 408

茶 ·· 409

瘤果茶 ·· 410

四川大头茶 ·· 411

木荷 ……………………………………………………………………… 412

山矾科 …………………………………………………………………… **413**

黄牛奶树(樟叶山矾) ……………………………………………… 413

光叶山矾 …………………………………………………………… 414

白檀 ………………………………………………………………… 415

光亮山矾(四川山矾) ……………………………………………… 416

山矾(总状山矾) …………………………………………………… 417

安息香科 ………………………………………………………………… **418**

陀螺果(鸦头梨) …………………………………………………… 418

野茉莉 ……………………………………………………………… 419

猕猴桃科 ………………………………………………………………… **420**

革叶猕猴桃 ………………………………………………………… 420

杜鹃花科 ………………………………………………………………… **421**

腺萼马银花 ………………………………………………………… 421

杜鹃(映山红) ……………………………………………………… 422

长蕊杜鹃 …………………………………………………………… 423

江南越桔(米饭花) ………………………………………………… 424

茶茱萸科 ………………………………………………………………… **425**

马比木 ……………………………………………………………… 425

杜仲科 …………………………………………………………………… **426**

杜仲 ………………………………………………………………… 426

丝缨花科 ………………………………………………………………… **427**

长叶珊瑚 …………………………………………………………… 427

倒心叶珊瑚 ………………………………………………………… 428

花叶青木(洒金榕) ………………………………………………… 429

茜草科 …………………………………………………………………… **430**

茜树(山黄皮) ……………………………………………………… 430

浙皖虎刺 …………………………………………………………… 431

猪殃殃(拉拉藤) …………………………………………………… 432

栀子 ………………………………………………………………… 433

伞房花耳草 ………………………………………………………… 434

纤花耳草 …………………………………………………………… 435

日本粗叶木(污毛粗叶木) ………………………………………… 436

紫珠叶巴戟 ………………………………………………………… 437

展枝玉叶金花 ······ 438

密脉木 ······ 439

日本蛇根草 ······ 440

鸡矢藤（毛鸡矢藤） ······ 441

硬毛鸡矢藤 ······ 442

白马骨 ······ 443

滇南乌口树 ······ 444

龙胆科 ······ **445**

峨眉双蝴蝶（蔓龙胆、红寒药、蛇爬柱） ······ 445

百金花 ······ 446

夹竹桃科 ······ **447**

蓝叶藤 ······ 447

紫草科 ······ **448**

琉璃草（贴骨散、猪尾巴） ······ 448

光叶粗糠树 ······ 449

盾果草（森氏盾果草） ······ 450

附地菜（地胡椒） ······ 451

旋花科 ······ **452**

打碗花（小旋花、兔耳草、面根藤） ······ 452

鼓子花（篱打碗花、旋花） ······ 453

茄科 ······ **454**

假酸浆 ······ 454

苦蘵（灯笼草） ······ 455

枸杞（枸杞菜、狗地菜） ······ 456

珊瑚樱（杨海椒、金弹子） ······ 457

白英（排风藤） ······ 458

龙葵（野海椒、野辣椒） ······ 459

牛茄子（刺茄子、刺金瓜） ······ 460

木犀科 ······ **461**

女贞（大叶女贞） ······ 461

小叶女贞（小白蜡树） ······ 462

小蜡（毛叶丁香） ······ 463

苦苣苔科 ······ **464**

纤细半蒴苣苔 ······ 464

车前科·· **465**

　车前··· 465

　疏花车前··· 466

　大车前··· 467

　阿拉伯婆婆纳·· 468

玄参科·· **469**

　白背枫(驳骨丹、七里香)·· 469

　密蒙花(米汤花、羊耳朵)·· 470

母草科·· **471**

　泥花草··· 471

　长蒴母草··· 472

　长叶蝴蝶草(光叶蝴蝶草)·· 473

　紫萼蝴蝶草··· 474

唇形科·· **475**

　紫背金盘··· 475

　紫珠(珍珠枫)·· 476

　红紫珠··· 477

　缙云紫珠··· 478

　金腺莸··· 479

　臭牡丹(矮桐子)·· 480

　海州常山(海洲常山、高桐子)·· 481

　细风轮菜··· 482

　灯笼草··· 483

　活血丹(金钱草)·· 484

　疏毛白绒草··· 485

　益母草··· 486

　小鱼仙草··· 487

　心叶荆芥··· 488

　假糙苏··· 489

　紫苏··· 490

　臭黄荆(斑鸠站)·· 491

　夏枯草··· 492

　岩藿香··· 493

　缙云黄芩(云南黄芩短柄变种)·· 494

　英德黄芩··· 495

　　柳叶红茎黄芩 ·················· 496

　　水苏 ·························· 497

　　微毛血见愁 ·················· 498

通泉草科 ······················ **499**

　　匍茎通泉草（匍匐通泉草）··· 499

　　通泉草 ······················ 500

透骨草科 ······················ **501**

　　透骨草 ······················ 501

爵床科 ························ **502**

　　优雅狗肝菜 ·················· 502

　　爵床 ························ 503

　　四子马蓝（黄琼草）········· 504

马鞭草科 ······················ **505**

　　马鞭草（马鞭梢）··········· 505

冬青科 ························ **506**

　　榕叶冬青 ···················· 506

　　缙云冬青 ···················· 507

　　大果冬青 ···················· 508

　　三花冬青（短梗亮叶冬青）··· 509

桔梗科 ························ **510**

　　金钱豹（土党参、土人参）··· 510

　　半边莲 ······················ 511

　　铜锤玉带草（地茄子）······· 512

　　蓝花参（罐罐草）··········· 513

菊科 ·························· **514**

　　下田菊 ······················ 514

　　藿香蓟（胜红蓟）··········· 515

　　马兰（鱼鳅串、鸡儿肠）····· 516

　　川鄂紫菀 ···················· 517

　　三脉紫菀（毛柴胡）········· 518

　　秋分草 ······················ 519

　　鬼针草（白花鬼针草）······· 520

　　狼杷草 ······················ 521

　　金盏银盘 ···················· 522

目 录

东风草 ················· 523

六耳铃 ················· 524

石胡荽 ················· 525

山芫荽 ················· 526

鳢肠 ················· 527

牛膝菊（辣子草） ················· 528

细叶鼠麴草（白背鼠麴草、天青地白） ················· 529

白酒草 ················· 530

小鱼眼草 ················· 531

鱼眼草 ················· 532

翅果菊 ················· 533

拟鼠麴草（鼠麴草） ················· 534

千里光 ················· 535

虾须草 ················· 536

毛梗豨莶（毛梗僎莶） ················· 537

蒲儿根 ················· 538

锯叶合耳菊 ················· 539

蒲公英（灯笼草、黄花地丁） ················· 540

黄鹌菜 ················· 541

戟叶黄鹌菜 ················· 542

南川斑鸠菊 ················· 543

毒根斑鸠菊 ················· 544

五福花科 ················· **545**

接骨草（臭草） ················· 545

金佛山荚蒾（仐山荚樾、羊屎条） ················· 546

宜昌荚蒾（宜昌荚樾） ················· 547

三叶荚蒾（三叶荚樾） ················· 548

忍冬科 ················· **549**

菰腺忍冬（红腺忍冬） ················· 549

忍冬（金银花） ················· 550

攀倒甑（白花败酱） ················· 551

五加科 ················· **552**

白簕（三叶五加、白刺藤、刺三加） ················· 552

常春藤（三角枫） ················· 553

红马蹄草 ················· 554

天胡荽 ················· 555

  　穗序鹅掌柴···556

伞形科···557
  　积雪草（马蹄草）···557
  　细叶旱芹···558
  　鸭儿芹（土当归、山鸭脚板）·································559
  　野胡萝卜···560
  　天蓝变豆菜···561
  　窃衣···562

中名索引···563

拉丁名索引···583

一、石松类植物 Lycopods

石松科 Lycopodiaceae（石杉科 Huperziaceae）· 石杉属 *Huperzia*

蛇足石杉

***Huperzia serrata*（Thunb.）Trevis.**

草本。茎直立或斜升，单一或数回二叉分枝，枝端常**具芽胞**。叶互生，**螺旋排列，紧密**，几无柄，椭圆状披针形，锐尖头，基部楔形，边缘有不规则的粗锯齿；能育叶与不育叶同形。孢子囊肾形，单生植株各部叶腋，不形成孢子囊穗；孢子球状四面形。

生于林下阴湿处。

1、植株及生境 2、叶 3、孢子囊穗

4、植株 5、孢子囊穗 6、孢子囊

石松科 Lycopodiaceae · 石松属 *Lycopodium*（垂穗石松属 *Palhinhaea*）

垂穗石松（灯笼草）

***Lycopodium cernuum* L.**
≡*Palhinhaea cernua* (L.) Vasc. & Franco

草本。主茎匍匐，发出疏生成树状的直立侧枝；侧枝粗壮，圆柱形，有纵棱，上部分枝密集，有时枝顶弯垂向下，着地生根，形成新的植株。叶线状钻形，顶端锐尖，螺旋排列。**孢子囊穗短小**，单生于末回小枝顶端，卵圆形。

生于林下石壁或路边。

1	
2	3

1、植株及生境 2、叶 3、孢子囊穗

石松科 Lycopodiaceae · 石松属 *Lycopodium*

石松（伸筋草）

***Lycopodium japonicum* Thunb.**

多年生土生植物。匍匐茎细长横走；侧枝直立，多回二叉分枝。叶螺旋状排列，披针形或线状披针形，**顶端芒状长尾**，基部楔形下延，无柄。**孢子囊穗 4—8 个集生于总柄上**；孢子囊穗不等位着生，**直立**，圆柱形；孢子叶阔卵形，先端急尖，具芒状长尖头；孢子囊生于孢子叶腋，圆肾形，黄色。

生于林缘土坡上。

$\dfrac{1}{2\ |\ 3}$　1、植株及生境 2、叶 3、孢子囊穗

卷柏科 Selaginellaceae · 卷柏属 *Selaginella*

薄叶卷柏

Selaginella delicatula **Alston**

草本,土生。茎斜升,下部生有根托,二至三回分枝。**不育叶二形**;侧叶在枝上向两侧平展,彼此接近;中叶**全缘**,有白边。孢子囊四棱柱形,生于枝顶;孢子叶一形,宽卵形,边缘全缘,具白边。

生于阴湿林下。

1	2
3	4
	5

1、植株及生境 2、叶正面 3、根托
4、叶背面 5、枝及根托

卷柏科 Selaginellaceae · 卷柏属 *Selaginella*

深绿卷柏

***Selaginella doederleinii* Hieron.**

草本，土生。主茎斜升，下部各节生**根托**。**不育叶二形，**侧叶在枝上向两侧平展，彼此接近；中叶长圆形，**两侧有齿。**孢子囊穗单生或双生枝顶，四棱柱形；孢子叶一形，卵状三角形，边缘有细齿，白边不明显。

生于阴湿路边。

1、植株及生境 2、叶片背面 3、根及根托 4、叶片正面

卷柏科 Selaginellaceae · 卷柏属 *Selaginella*

江南卷柏

***Selaginella moellendorffii* Hieron.**

草本，土生或石生。茎直立，基部生根托；侧枝2—3回羽状分枝，小枝较密排列规则，背腹压扁。不育叶二形、交互排列，侧叶卵状三角形，中叶斜卵圆形，均有细齿或白边。孢子囊穗单生枝顶，四棱柱形；孢子叶一形，卵状三角形，边缘有细齿，具白边。

缙云山广布，生于林下路边岩石上。

无根托

1	2
3	4

1、植株及生境 2、叶背面 3、根 4、植株

卷柏科 Selaginellaceae · 卷柏属 *Selaginella*

伏地卷柏

***Selaginella nipponica* Franch. & Sav.**

草本,植株小形。土生,茎匍匐蔓生,各节生根托。叶全部交互排列,二形,草质,边缘非全缘,不具白边;不育叶中叶多少对称,长圆状卵形;侧叶不对称,阔卵形。**能育叶二形,孢子囊单生叶腋,不明显成穗。**

生于阴湿岩壁或草丛。

1	
2	3

1、植株及生境 2、叶 3、根及根托

卷柏科 Selaginellaceae · 卷柏属 *Selaginella*

翠云草(还阳草、回生草)

***Selaginella uncinata*(Desv.) Spring**

草本。土生,植株匍匐蔓生,无横走地下茎。茎上部分枝处生**根托;不育叶二形,全缘,有白边,**侧叶不对称、长圆形,中叶不对称、卵形;**叶翠绿色或碧蓝色。**孢子囊穗四棱形,孢子叶一形,卵状三角形,边缘全缘,具白边。

生于阴湿林下。

1	2
3	4

1、植株 2、叶正面 3、变色的叶 4、孢子囊穗

二、蕨类植物 Ferns

木贼科 Equisetaceae · 木贼属（问荆属）*Equisetum*

问荆

***Equisetum arvense* L.**

中小形植物。根茎斜升，直立和横走，黑棕色。地上枝当年枯萎，**枝二形**。能育枝春季先萌发，**无轮茎分枝**，脊不明显，被纵沟；鞘筒栗棕色或淡黄色，鞘齿 9—12 枚，栗棕色，狭三角形，孢子散后能育枝枯萎；**不育枝后萌发**，**轮生分枝多**，主枝中部以下有分枝；脊的背部弧形，无棱；鞘筒狭长，绿色，鞘齿三角形，5—6 枚，宿存。孢子叶穗圆柱形，顶端钝，成熟时柄伸长。

生于湿润沟边或草地。

1、生境 2、植株 3、轮生分枝及叶鞘
4、叶鞘 5、能育枝 6、孢子叶穗

木贼科 Equisetaceae · 木贼属（问荆属）*Equisetum*

披散木贼（披散问荆）

***Equisetum diffusum* D.Don**

草本。茎直立或斜升，棕色，地上枝当年枯萎。枝一形，绿色，节上轮生分枝，主枝有脊 4—10 条，棱脊方形，两侧有隆起的棱角；鞘齿 5—10 枚，披针形，黑棕色，宿存；侧枝纤细，有脊 4—8 条，鞘齿 4—6 个，三角形，革质，宿存。孢子叶穗圆柱状，顶端钝，成熟时柄伸长。生于水田边。

1	2	1、植株及生境 2、植株 3、幼株
3	5 6	4、叶鞘 5、植株 6、孢子叶穗
4		

瓶尔小草科 Ophioglossaceae · 瓶尔小草属 *Ophioglossum*

瓶尔小草(一支箭)

***Ophioglossum vulgatum* L.**

草本,高约20厘米。根状茎短而直立,**具一簇肉质粗根**。叶常单生,由根状茎顶部发出;营养叶为卵状长圆形,先端钝圆或急尖,基部楔形稍下延,叶脉网状。**狭线形的孢子囊穗**,从叶片总柄顶端伸出,又名"**一支箭**"。

全草入药,常生于草丛中。

1、生境 2、叶(左为基生叶、右为茎生叶)3、植株 4、孢子囊穗 5、叶 6、地下茎

11

松叶蕨科 Psilotaceae · 松叶蕨属 *Psilotum*

松叶蕨(松叶兰、铁扫把)

***Psilotum nudum* (L.) P.Beauv.**

草本。仅具毛状构造的假根。茎基部匍匐,上部 **3—4 回二叉分枝**。叶小,鳞片状。能育叶二叉状;孢子囊圆球形,2—3 枚呈聚囊着生于叶腋间。

生于岩缝中。

合囊蕨科 **Marattiaceae**（观音座莲科 **Angiopteridaceae**）·莲座蕨属（观音座莲属）*Angiopteris*

福建莲座蕨（福建观音座莲）

Angiopteris fokiensis Hieron.

大形蕨类。根茎块状,簇生粗根。叶草质或纸质,干后绿色,两面光滑;叶柄基部**具肉质托**;叶片宽卵形,大形二回羽状复叶,羽片 5—10 对,奇数一回羽状;小羽片 20—40 对,披针形;**叶脉羽状**,侧脉单一或分叉。孢子囊群长圆形,由 **8—10 个孢子囊组成**。

分布于缙云山阴湿沟谷。

1、植物及生境 2、叶柄基部 3、叶轴 4-5、孢子囊群

紫萁科 Osmundaceae · 紫萁属 *Osmunda*

紫萁(薇菜)

Osmunda japonica Thunb.

草本。根状茎粗短斜升。叶簇生，**二形**；不育叶二回羽状，**绿色**；能育叶先于不育叶出现，无叶绿素、**铁锈色**；孢子成熟后，能育叶枯萎。

生于林缘路旁。嫩叶可食，又名"薇菜"。

1、植株 2、营养叶(不育叶) 3、孢子叶(能育叶)

4、能育叶的羽片 5-6、孢子囊群

膜蕨科 Hymenophyllaceae · 假脉蕨属 *Crepidomanes*（团扇蕨属 *Gonocormus*）

团扇蕨

Crepidomanes minutum（Blume）K.Iwats.
=*Gonocormus saxifragoides*（C.Presl）Bosch

小形蕨类，植株高约 2 厘米。根状茎纤细横走，丝状，交织成毡状，黑褐色。叶远生，**薄膜质，半透明**，叶柄纤细；**叶片团扇形至圆肾形**，扇状分裂达 1/2，基部心脏形或短楔形；生囊苞的裂片通常较不育裂片为短或等长；叶脉多回叉状分枝，末回裂片有小脉 1—2 条。孢子囊群着生于短裂片的顶部，**囊苞瓶状**，两侧有翅，口部膨大而有阔边。

常生于阴湿岩石上。

里白科 Gleicheniaceae · 芒萁属 *Dicranopteris*

芒萁

Dicranopteris pedata (Houtt.) Nakaike

草本；根状茎横走。叶远生，叶柄棕禾秆色，**叶轴一至多回分叉**，分叉处腋间有**休眠芽**；羽片深裂，下面灰白色，幼时沿羽轴及裂片被锈色星状毛，后渐脱落。孢子囊群在中脉两侧各排成 1 行，无囊群盖。

常生于马尾松林下，为酸性土壤指示植物。

$\begin{array}{c|c} 1 & 2 \\ \hline 3 & 4 \end{array}$ 1、植株 2、羽片背面 3、叶轴分叉 4、叶背孢子囊群

里白科 Gleicheniaceae · 里白属 *Diplopterygium*

中华里白

***Diplopterygium chinense* (Rosenst.) De Vol**

植株大形。根状茎横走,连同叶柄**密被鳞片**。叶顶端有 1 个大的**休眠芽**,外被鳞片和 1 对羽裂的苞片;**羽片二回深羽裂**,小羽片篦齿状。孢子囊群无盖,生于分叉侧脉的上侧小脉上。

生于马尾松林下,**为酸性土壤指示植物**。

1、植株 2、羽片背面及孢子囊群 3、休眠芽 4、拳卷的幼叶

里白科 Gleicheniaceae · 里白属 *Diplopterygium*

里白

Diplopterygium glaucum (Thunb. ex Houtt.) Nakai

本种特征近似于中华里白,主要区别在于羽轴、小羽轴上不具鳞片,裂片下面无毛或仅疏被星状毛。

生于马尾松林下,为酸性土壤指示植物。

1	2
3	4

1、植株 2、羽片背面 3、羽片正面及休眠芽 4、拳卷的幼叶

海金沙科 Lygodiaceae · 海金沙属 *Lygodium*

海金沙（左转藤）

Lygodium japonicum（Thunb.）Sw.

缠绕藤本。根状茎细长横走。叶轴上有 2 条狭边；**羽片二形**，对生于叶轴上，平展。不育羽片三角形，二回羽状，小羽片 2—4 对；能育羽片绿色，卵状三角形，较不育叶的羽片稍小，边缘疏生流苏状的孢子囊穗。

生于向阳山坡，孢子入药；因茎从左向右的方式缠绕它物而得名**"左转藤"**。

1、植株 2、缠绕茎 3、不育羽片（左）和能育羽片（右）
4、能育羽片正面 5、能育羽片背面示孢子囊穗（群）

蘋科 Marsileaceae · 蘋属 *Marsilea*

南国田字草(四叶草)

***Marsilea minuta* L.**

草本。**根状茎细长横走,顶端被有淡棕色毛**；茎节远离,向上发出一至数枚叶子。叶柄长,叶片由 4 片倒三角形的小叶组成,呈**十字形**。**孢子果双生或单生于短柄上**,长椭圆形。

生于水田或沟塘中。以前误鉴定为蘋(*Marsilea quadrifolia* L.)。

$\frac{1}{2|3|4}$ 1、植株及生境 2、植株 3、叶片 4、孢子果

槐叶蘋科 Salviniaceae（满江红科 Azoliaceae）· 满江红属 *Azolla*

满江红
Azolla pinnata subsp. *asiatica* R.M.K.Saunders &K.Fowler
=*Azolla imbricata*（Roxb.）Nakai
漂浮植物。植株圆形或三角形；主茎细弱，向下生出须根，悬垂于水中。叶小，覆瓦状排列成两行，秋后变红。
生于水田中。

槐叶蘋科 Salviniaceae. 槐叶蘋属 *Salvinia*

槐叶蘋

Salvinia natans (L.) All.

小形漂浮植物。茎细长而横走,被褐色节状毛。**三叶轮生**,上面二叶漂浮水面,长圆形,顶端钝圆,基部稍呈心形;下面一叶悬垂水中,细裂成线状。**孢子果 4—8** 个簇生于沉水叶基部。

主要分布在缙云山麓水田、库塘和静水小溪内。

瘤足蕨科 Plagiogyriaceae · 瘤足蕨属 *Plagiogyria*

华东瘤足蕨(日本瘤足蕨、缙云瘤足蕨)

***Plagiogyria japonica* Nakai**
=*Plagiogyria caudifolia* Ching

草本。根状茎短而直立。叶簇生,二形;不育叶叶柄基部两侧有 1—2 对瘤状气囊体;叶片一回羽状,中部以下各对羽片显著分离,无柄;顶生羽片和相连的 1 片或 1 对羽片在基部合生;能育叶远高出不育叶。孢子囊群幼时为反卷的叶缘包被,成熟时汇合成片。

生于疏林下。异名 *Plagiogyria caudifolia* Ching(缙云瘤足蕨)的模式标本采自缙云山。

1、植株 2、地下茎及根 3、营养叶(不育叶)正面 4、营养叶背面
5、孢子叶(能育叶)6、根状茎纵切 7、叶柄基部瘤状气囊体

瘤足蕨科 Plagiogyriaceae · 瘤足蕨属 *Plagiogyria*

华中瘤足蕨

***Plagiogyria euphlebia*（Kunze）Mett.**

形态特征与华东瘤足蕨相似，主要区别在于侧生羽片全部分离且有短柄；顶生羽片与侧生羽片分裂。

生于疏林下。

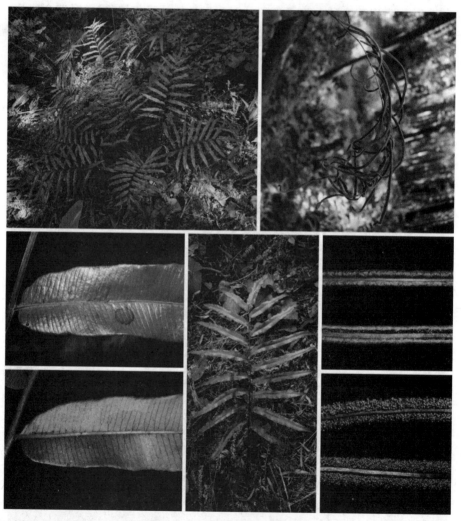

1、植株 2、孢子叶（能育叶）3、羽片正面 4、羽片背面
5、营养叶（不育叶）6、孢子叶羽片（未成熟）7、孢子叶羽片（成熟）

瘤足蕨科 Plagiogyriaceae · 瘤足蕨属 *Plagiogyria*

瘤足蕨（镰叶瘤足蕨）

***Plagiogyria adnata*（Blume）Bedd.**
=*Plagiogyria ranknensis* Hayata

形态特征与华东瘤足蕨相似，主要区别在于**顶生羽片与侧生羽片不同形，顶生羽片羽裂渐尖**；侧生羽片基部呈耳状上延，与上一羽片基部相连。

生于林缘、土壁。

1	2
3	4
5	6	7

1、植株 2、叶柄基部两侧瘤状气囊体 3、营养叶（不育叶）正面

4、营养叶背面 5、羽片背面 6、未成熟孢子叶 7、成熟孢子叶

金毛狗科 Cibotiaceae（蚌壳蕨科 Dicksoniaceae）·金毛狗属 *Cibotium*

金毛狗蕨（金毛狗）

Cibotium barometz (L.) J.Sm.

大形蕨类，高达 2 米。根状茎粗短横卧，连同叶柄密被金黄色鳞片。叶柄粗壮，长达 1 米以上；叶片广卵状三角形，三回羽裂；羽片长圆形，**背面灰白色**。孢子囊群边缘生，**囊群盖两瓣状，形如蚌壳。**

生于阴湿沟谷。药用植物，**国家二级保护植物。**

1	2
3	4
5	6	7

1、植株 2、叶柄基部及根状茎 3、羽片正面 4、羽片背面及孢子囊群
5、小羽片背面示孢子囊群 6-7、孢子囊

桫椤科 Cyatheaceae · 桫椤属 *Alsophila*（黑桫椤属 *Gymnosphaera*）

粗齿桫椤（齿叶黑桫椤）

Alsophila denticulata Baker

≡ *Gymnosphaera denticulata*（Baker）Copel.

中形蕨类,植株高约 1 米。主干短而横卧,顶端密被棕色线形鳞片。叶簇生,叶柄红褐色,基部生淡棕色鳞片,鳞片线形;叶片披针形,**二回羽状至三回羽状**;羽片 12—16 对,互生,有短柄;**小羽片深裂,边缘有粗齿**,羽轴及主脉密生泡状鳞片。孢子囊群圆形,生于小脉中部,无囊群盖。

生于阴湿林下路边,**国家二级保护植物**。

1	2
3	6
4	5 7

1、植株 2、叶柄基部及根状茎 3、叶片背面局部 4、小羽片背面及孢子囊群

5、中部羽片背面 6、羽轴及裂片主脉上鳞片 7、孢子囊群

桫椤科 Cyatheaceae · 桫椤属 *Alsophila*（黑桫椤属 *Gymnosphaera*）

小黑桫椤（华南黑桫椤）

Alsophila metteniana Hance
≡Gymnosphaera metteniana（Hance）Tagawa

小黑桫椤形态特征与粗齿桫椤近似，主要区别在于，**植株更大形**，高可达 2.5m；二回羽轴及裂片主脉背面有扁平小鳞片，小羽片浅裂，边缘有细钝齿。

生于缙云山阴湿沟谷，国家二级保护植物。

1	2
3	
4	5	6	7

1、植株 2、叶柄基部及根状茎 3、羽片背面 4、裂片背面及孢子囊群
5、羽片背面及孢子囊群 6、羽轴及裂片主脉上鳞片 7、孢子囊群

桫椤科 Cyatheaceae · 桫椤属 *Alsophila*

桫椤（凤尾棕）

Alsophila spinulosa（Hook.）R.M.Tryon

树蕨，茎杆高达 5 米，上部有残存的叶柄，向下密被交织的不定根。**叶螺旋状排列于茎顶端**；茎和拳卷叶以及叶柄的基部**密被鳞片和糠秕状鳞毛**，鳞片暗棕色，狭披针形，先端呈褐棕色刚毛状；叶柄长 30—50 厘米，连同叶轴和羽轴有**刺状突起**；叶片大，三回羽状深裂；裂片斜展，镰状披针形，边缘有锯齿。孢子囊群孢生于侧脉分叉处，囊群盖球形。

生于绍龙观附近阴湿沟谷，**国家二级保护植物**。

1 | 2
3 | 4
  | 5

1、植株及生境 2、树干 3、羽片正面
4、叶轴上刺状突起 5、小羽片背面示孢子囊群

鳞始蕨科 Lindsaeaceae · 鳞始蕨属 *Lindsaea*

团叶鳞始蕨

Lindsaea orbiculata（Lam.）Mett. ex Kuhn

草本。根状茎短而横走。叶簇生，叶柄栗色，上面有沟；叶片线状披针形，一回羽状，下部往往**二回羽状**；羽片近圆形，**不育羽片有尖齿牙**，能育羽片边缘为**不整齐的齿牙**。孢子囊群位于叶片腹面边缘；囊群盖线形。

生于林下路边，**重庆市新记录植物**。

1、生境 2-3、植株 4、中上部叶片背面示羽片及孢子囊群

鳞始蕨科 Lindsaeaceae · 乌蕨属 *Odontosoria*（*Sphenomeris*）

乌蕨

Odontosoria chinensis (L.) J.Sm.
≡_Sphenomeris chinensis_ (L.) Maxon

草本。根状茎短而横走，密被赤褐色的钻状鳞片。叶近生，叶柄禾秆色至褐禾秆色，上面有沟；**叶片四回羽状**，披针形，先端渐尖，基部不变狭；末回小羽片倒披针形，**先端截形**，**有齿牙**，基部楔形，下延；叶脉二叉分枝。孢子囊群边缘着生，每裂片上一枚或二枚；**囊群盖半杯形**。

生于马尾松林下、路边。

1	2
3	4
5	6	7

1、植株及生境 2、叶片 3、羽片正面
4-5、羽片背面 6、根状茎 7、小羽片背面示孢子囊群

碗蕨科 Dennstaedtiaceae（姬蕨科 Hypolepidaceae）· 姬蕨属 *Hypolepis*

姬蕨

Hypolepis punctata（Thunb.）Mett.

草本。植株被节状毛。根状茎长而横走。叶远生，叶柄棕禾秆色；叶片三至四回羽裂，末回裂片长圆形，边缘有钝锯齿。孢子囊群生于末回裂片近缺刻处。

生于路旁或疏林下。

1	2
3	4
5	6	7

1、植株 2、羽片正面 3、羽片背面 4、小羽片背面示孢子囊群
5、羽片背面 6、根状茎及叶柄基部 7、叶柄一部分示毛被

碗蕨科 Dennstaedtiaceae · 鳞盖蕨属 Microlepia

边缘鳞盖蕨

Microlepia marginata (Panz.) C.Chr.

根状茎横走,密被锈色长毛。叶远生,叶柄深禾秆色;叶纸质,叶轴密被锈色短硬毛;叶片长圆状披针形,顶端羽裂渐尖,**一回羽状**,羽片 25—30 对,边缘浅裂或深羽裂;裂片三角形或长圆形,钝头或急尖头,边缘稍有粗齿。孢子囊群圆形,着生于小脉顶端,**囊群盖杯状**。

缙云山广布,生于林缘、路边灌草丛中。

1	2
3	4
5	6	7

1、植株生境 2、植株 3、根状茎 4、羽片背面示孢子囊群
5、羽片正反面 6、叶轴及羽片基部正面 7、叶柄

碗蕨科 Dennstaedtiaceae · 鳞盖蕨属 *Microlepia*

假粗毛鳞盖蕨

***Microlepia pseudostrigosa* Makino**

中形蕨类。**根状茎横走，密被红棕色长毛**。叶远生，叶柄深禾秆色；叶片**二回羽状至三回羽裂**；小羽片，边缘有圆裂片或粗齿牙，基部不对称；叶纸质，下面**密被褐色粗短毛**。孢子囊群生于分叉细脉顶端；**囊群盖肾形，以阔基部着生**。

生于沟边或路边草丛中。

1、植株 2、叶柄 3、羽片正面 4、小羽片背面示孢子囊群
5、羽片背面 6、裂片背面及孢子囊群 7、孢子囊群及孢子

碗蕨科 Dennstaedtiaceae（蕨科 Pteridiaceae）· 蕨属 *Pteridium*

蕨（蕨菜）

***Pteridium aquilinum* var. *latiusculum*（Desv.）Underw. ex A.Heller**

草本。**根状茎长而横走**，被锈褐色茸毛。叶远生；二回羽状或四回羽裂，末回小羽片或裂片长圆形。**孢子囊群线形**，沿叶缘的边脉上伸长，**由变质的叶缘反折囊群盖包被**。拳卷的幼叶曾作"蕨菜"食用。

常生于荒坡、路边。

1、生境 2、植株 3、局部羽片正面 4、局部羽片背面 5、未充分发育的幼叶
6、拳卷的幼叶（"蕨菜"）

凤尾蕨科 Pteridaceae（铁线蕨科 Adiantaceae）· 铁线蕨属 *Adiantum*

铁线蕨

***Adiantum capillus-veneris* L.**

草本。**根状茎细长横走**，密被棕色披针形鳞片。叶远生或近生，**叶柄栗黑色**，叶片卵状三角形，中部以下多为二回羽状，中部以上为一回奇数羽状；末回小羽片上缘圆形，具2—4浅裂或深裂成条状的裂片，不育裂片先端钝圆形，能育裂片先端截形；叶脉多回二歧分叉。孢子囊群每羽片3—10枚，生于小羽片的上缘；**囊群盖长形**，全缘，宿存。

生于阴湿崖壁上。

1、植株及生境 2、叶正面 3、孢子囊群（未成熟）4、孢子囊群（成熟）

凤尾蕨科 Pteridaceae（铁线蕨科 Adiantaceae）· 铁线蕨属 *Adiantum*

扇叶铁线蕨（过坛龙）

***Adiantum flabellulatum* L.**

草本。**根状茎短而直立**，连同叶柄密被棕色钻状披针形鳞片。叶簇生，叶柄紫黑色，上面有纵沟 1 条；**叶片扇形，奇数一回羽状，二至三回不对称的二叉分枝**；小羽片 8—15 对，互生，平展，对开式的半圆形（能育的），或为斜方形（不育的）；能育部分具浅缺刻，裂片全缘，不育部分具细锯齿。孢子囊群每羽片 2—5 枚，横生于裂片上缘和外缘，以缺刻分开；**囊群盖半圆形**，褐色，全缘，宿存。

生于马尾松林下，路边。

1̄/2̄|3̄|4̄　1、生境 2-3、植株 4、羽片背面及孢子囊群

凤尾蕨科 Pteridaceae（铁线蕨科 Adiantaceae）·铁线蕨属 Adiantum

假鞭叶铁线蕨

Adiantum malesianum Ghatak

草本。根状茎短而直立,被褐色狭披针形鳞片。叶簇生,叶柄黑褐色,叶轴顶端常延伸成**长鞭状,着地生根**,营无性繁殖；**一回羽状**,羽片对生。孢子囊群生于裂片顶端,不连续；**囊群盖肾形**,全缘。

常生于岩石上。

1
2|3|4　1、植株 2、叶轴顶端延伸成鞭状 3、羽片正面 4、羽片背面及孢子囊群

凤尾蕨科 Pteridaceae（中国蕨科 Sinopteridaceae）· 粉背蕨属 *Aleuritopteris*

银粉背蕨

Aleuritopteris argentea（S.G.Gmel.）Fée

草本。**根状茎直立或斜升**，先端被披针形，棕色、有光泽的鳞片。叶簇生；叶柄红棕色、有光泽；**叶片五角形**，羽片 3—5 对，基部三回羽裂，中部二回羽裂，上部一回羽裂；基部一对羽片直角三角形；叶下面被白色蜡粉。孢子囊群线形，沿叶缘连续延伸；囊群盖线形，膜质。

生于石灰岩石缝中或墙缝中。

———— 1、植株 2、叶片正面 3、叶片背面

凤尾蕨科 Pteridaceae（中国蕨科 Sinopteridaceae）·碎米蕨属 *Cheilanthes*

毛轴碎米蕨（舟山碎米蕨）

***Cheilanthes chusana* Hook.**

草本。根状茎短而直立，被褐棕色狭披针形鳞片。叶簇生，叶柄栗黑色，上面有 1 条阔纵沟；**叶片二回深羽裂**，羽片近无柄。孢子囊群沿叶缘排列，囊群盖肾形。

生于路边石缝中。

1、生境 2、植株 3、叶背面及孢子囊群

凤尾蕨科 Pteridaceae（中国蕨科 Sinopteridaceae）· 金粉蕨属 *Onychium*

野雉尾金粉蕨（日本金粉蕨、野雉尾）

***Onychium japonicum*（Thunb.）Kunze**

根状茎长而横走，疏被棕色鳞片。叶散生，纸质，叶柄基部褐棕色，上部禾杆色；叶片卵状三角形，**四回羽状细裂**；羽片 12—15 对，互生。叶干后坚草质或灰绿色，无毛。**孢子囊群线形**，囊群盖灰白色。

生于路边或荒坡草丛中。

1	2
3	4
5	6	7

1、植株 2、叶 3、羽片正面 4、根状茎
5、羽片背面 6、裂片及孢子囊群 7、幼叶

凤尾蕨科 Pteridaceae · 凤尾蕨属 *Pteris*

欧洲凤尾蕨（凤尾蕨）

***Pteris cretica* L.**
=*Pteris nervosa* Thunb.

草本。根状茎斜升，被褐色条状披针形鳞片。**叶簇生，二形**；叶柄深禾秆色，上面有 1 条深沟；**一回羽状**，羽片 3—7 对，对生，有短柄或上部的无柄，基部 1 对常叉状分裂；**不育叶羽片较宽**，边缘有锯齿，能育叶常高出不育叶，羽片稍狭。孢子囊群线形，沿叶缘连续着生；囊群盖膜质，全缘。

生于石缝、林缘草丛中。

1	2
3	4
	5

1、生境 2、叶正面 3、植株
4、不育羽片背面 5、能育羽片及孢子囊群

凤尾蕨科 Pteridaceae · 凤尾蕨属 *Pteris*

剑叶凤尾蕨

Pteris ensiformis Burm.f.

草本。**根状茎细长**,斜升或横卧,被黑褐色鳞片。**叶二形**;叶片长圆状卵形,不育叶远比能育叶短;不育叶常为羽状,小羽片2—3对,对生,密接,无柄,斜展;能育叶的羽片疏离,通常为2—3叉,中央的分叉最长,小羽片2—3对。孢子囊群为叶缘反卷包被。

生于马尾松林下路边,为**酸性土壤指示植物**。

1、植株 2、幼嫩的能育叶 3、成熟的能育叶
4、不育叶正面观 5、不育叶羽片背面观 6、叶轴

凤尾蕨科 Pteridaceae · 凤尾蕨属 *Pteris*

井栏边草

Pteris multifida Poir.

草本。根状茎直立,被深褐色条状钻形鳞片。叶簇生,**二形**;叶柄禾秆色或深禾秆色,有 4 棱;叶片长卵形至长圆形,一回羽状,羽片 4—7 对,下部 1—2 对羽片通常二至三叉状分裂;除基部 1 对有柄外,其他各对羽片基部沿叶轴下延,**在叶轴两侧形成狭翅**;不育羽片常比能育羽片宽,边缘有不整齐的锯齿,能育羽片狭条形,全缘。**孢子囊群线形**,为叶缘反卷形成的囊群盖所包被。

常生于石缝中。

1、植株 2、叶 3、不育羽片(左)和能育羽片(右)4、孢子囊群

凤尾蕨科 Pteridaceae · 凤尾蕨属 *Pteris*

斜羽凤尾蕨（奄美凤尾蕨）

***Pteris oshimensis* Hieron.**

草本。根状茎短，直立，被深褐色、线状披针形鳞片。叶簇生，**一形**；叶柄基部褐色，向上为禾秆色；叶片长圆形，**二回深羽裂或基部三回深羽裂**，侧生羽片 7—12 对，条状披针形，**篦齿状深羽裂几达羽轴**，基部 1 对羽片的下侧基部常二叉；叶轴上面沟边及中脉上均有**软尖刺**。孢子囊群线形，沿叶缘连续着生，顶端不育；囊群盖线形，膜质，全缘。

生于林下路旁。

1、植株 2、叶 3、羽片正面 4、羽片背面及孢子囊群
5、羽片背面 6、裂片中脉上的软尖刺 7、叶柄基部

凤尾蕨科 Pteridaceae · 凤尾蕨属 *Pteris*

溪边凤尾蕨

***Pteris terminalis* Wall. ex J.Agardh**
=*Pteris excelsa* Gaudish.

植株大形,高达 2m。叶簇生,基部暗褐色,上部为禾秆色;叶片阔三角形,**二回深羽裂**;顶生羽片长圆状阔披针形;篦齿状深羽裂几达羽轴,裂片镰刀状长披针形,先端渐尖,基部下侧下延,**不育叶顶部叶缘有浅锯齿**;羽轴下面隆起,上面有浅纵沟,**沟两旁具粗刺;孢子囊群线形**,沿裂片边缘着生;囊群盖膜质,全缘。

分布于溪边疏林下。

1 | 2
3 | 4
  | 5

1、生境 2、小羽片正面 3、裂片及孢子囊群
4、叶柄正面 5、叶柄背面

凤尾蕨科 Pteridaceae · 凤尾蕨属 *Pteris*

蜈蚣草

Pteris vittata L.

草本。根状茎直立，密生黄褐色鳞片。叶簇生，叶柄疏被鳞片；**一回羽状**，羽片互生或近对生，无柄。**孢子囊群线形**，生于能育羽片小脉顶端的连接脉上，沿叶缘下面两侧连续分布；**囊群盖线形**，膜质，为叶缘反卷形成。

常生于石缝中，为碱性土壤的指示植物。

1、植株 2、叶柄横切 3、根状茎
4、羽片正面 5、羽片背面及孢子囊群

铁角蕨科 Aspleniaceae · 铁角蕨属 *Asplenium*

三翅铁角蕨

Asplenium tripteropus Nakai

草本。根状茎短而直立,先端密被线状披针形鳞片。**叶簇生**,叶柄乌木色,基部密被与根状茎上同样的鳞片,**三角形**,在上面两侧和下面棱脊上各有 1 条棕色膜质**全缘阔翅**;叶片长线形,一回羽状,羽片 23—35 对,对生或上部的互生,无柄,**基部不对称;叶轴顶部常有腋生芽胞**,能在母株上萌发。孢子囊群椭圆形,锈棕色,位于主脉与叶边之间;囊群盖椭圆形,全缘,开向主脉。

生于阴湿岩壁上。

1、植株及生境 2、羽片正面 3、羽片背面及孢子囊群

铁角蕨科 Aspleniaceae · 铁角蕨属 *Asplenium*

虎尾铁角蕨

***Asplenium incisum* Thunb.**

草本。根状茎短而直立或横卧,先端密被狭披针形鳞片。**叶密集簇生**,叶柄淡绿色,在上面两侧各有 1 条淡绿色的狭边;叶片阔披针形,两端渐狭,**二回羽状**;**下部羽片逐渐缩短成卵形或半圆形**;小羽片 4—6 对,互生,斜展,圆头并有粗齿牙。孢子囊群椭圆形,生于小脉中部或下部,紧靠主脉,不达叶边;囊群盖椭圆形,全缘。

生于林下潮湿岩石上。

1、生境 2、叶正面和背面 3、植株
4、叶片基部狭缩的羽片 5、羽片背面孢子囊群

铁角蕨科 Aspleniaceae · 铁角蕨属 *Asplenium*

倒挂铁角蕨

Asplenium normale D.Don

草本。根状茎直立或斜升,顶部密被深褐色条状披针形鳞片。叶簇生,叶柄栗褐色;叶片一回羽状,叶轴顶端常有**1枚芽胞**(着地生根发育成新植株);羽片近无柄,基部下侧平截,**上侧稍呈耳状**。孢子囊群长圆形,囊群盖膜质,全缘。

生于阴湿岩壁上。

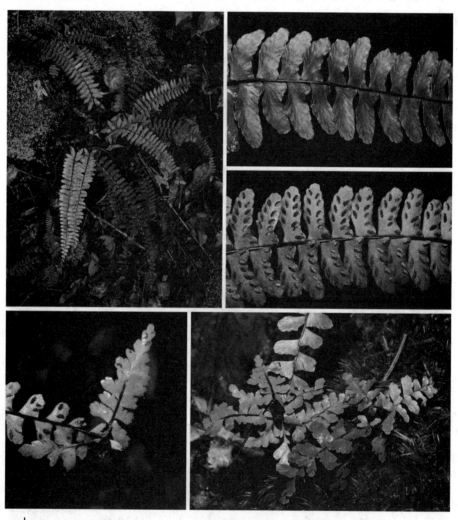

1、植株及生境 2、羽片正面 3、羽片背面 4-5、无性芽胞及萌发的幼苗

铁角蕨科 Aspleniaceae · 铁角蕨属 *Asplenium*

北京铁角蕨

***Asplenium pekinense* Hance**

草本。根状茎短而直立,顶部被黑褐色狭长披针形鳞片。叶簇生,叶柄淡绿色;叶片椭圆状披针形,**二回羽状至三回羽裂**;末回裂片狭倒卵形,顶端有 2—3 个尖齿。孢子囊群线形,着生于小脉中部以上;囊群盖膜质,全缘。

生于石壁上。

1、植株 2、叶片正面 3、叶片背面示孢子囊群

铁角蕨科 Aspleniaceae · 铁角蕨属 *Asplenium*

长叶铁角蕨

Asplenium prolongatum Hook.

草本。根状茎短而直立,被黑褐色鳞片。叶簇生,叶柄近肉质,上面有 1 条纵沟;**叶片二回羽状,顶端有芽胞。孢子囊群线形**,囊群盖厚膜质,全缘。

生于阴湿岩壁上。

1
——
2│3│4 1、植株及生境 2、叶片 3、羽片背面 4、羽片背面和孢子囊群

金星蕨科 Thelypteridaceae · 毛蕨属 *Cyclosorus*

齿牙毛蕨

Cyclosorus dentatus (Forssk.) Ching

草本。根状茎短而直立,先端及叶柄基部密被披针形鳞片。**叶簇生**,叶柄基部褐色,向上禾秆色,有短毛密生;叶片披针形,**二回羽裂**,羽片 11—13 对,近互生,下部 2—3 对略缩短。羽片每裂片下部结合,侧脉先端交结成**钝三角形网眼**。孢子囊群小,生于侧脉中部以上;囊群盖中等大,厚膜质。

生于林下路边。

```
1 | 2
  | 3     1、植株及生境 2、叶片正面 3、叶片背面
——————
4 | 5 | 6
      | 7   4、根状茎 5、叶轴 6-7、裂片及孢子囊群
```

金星蕨科 Thelypteridaceae·针毛蕨属 *Macrothelypteris*

普通针毛蕨

***Macrothelypteris torresiana*(Gaudish.)Ching**

草本。根状茎横卧,**顶部密被披针形鳞片**。叶近簇生,叶柄禾秆色,**被鳞片和稀疏的黑色小瘤状突起**;叶三回羽裂或羽状,羽片基部 1 对最大;小羽片无柄,在羽轴上以狭翅相连;叶草质,各回羽轴疏被**多细胞针状长毛**。孢子囊群小,**无囊群盖**。

生于林下、路边或沟旁草丛中。

1	2
3	4	5
6	7	8

1、植株及生境 2、叶片 3、羽片正面
4-5、裂片背面及孢子囊群 6、羽片背面 7-8、孢子囊群

金星蕨科 Thelypteridaceae · 金星蕨属 *Pharathelypteris*

金星蕨（腺毛金星蕨）

***Parathelypteris glanduligera*（Kunze）Ching**

根状茎长而横走。叶近生；叶柄禾秆色，叶片阔披针形，先端渐尖并羽裂，向**基部不变狭**；**二回羽状深裂**，羽片互生或下部的近对生，无柄。孢子囊群每裂片 4—5 对，生于侧脉近顶部；**囊群盖圆肾形**。

生于路边或林缘。

1	2
3	4
5	6	7

1、植株及生境 2、叶片基部 3、羽片正面 4、裂片及孢子囊群
5、羽片背面 6、根状茎 7、叶柄

金星蕨科 Thelypteridaceae·卵果蕨属 *Phegopteris*

延羽卵果蕨

***Phegopteris decursive-pinnata*(H. C.Hall) Fée**

草本。根状茎短而直立,被棕色披针形鳞片。叶簇生,叶柄禾秆色,疏生鳞片;叶片顶部羽裂渐尖,**中部最宽,下部渐变狭**;二回羽裂,羽片基部沿叶轴以**耳状或钝三角形的翅彼此相连**;叶草质,两面被单细胞短毛。孢子囊群近圆形,无囊群盖。

生于路边石缝中或沟边土壤上。

1、植株及生境 2、叶片 3、植株 4、羽片正面 5、羽片背面

金星蕨科 Thelypteridaceae · 新月蕨属 *Pronephrium*

红色新月蕨

***Pronephrium lakhimpurense*(Rosenst.) Holttum**

大形蕨类,植株高达 1.5 米。根状茎长而横走。叶远生,叶柄深禾秆色;叶奇数一回羽状,侧生羽片 8—12 对,宽 4—6 厘米,**羽片全缘或浅波状**;叶脉纤细,连结成一个三角形网眼,似人字。孢子囊群圆形,生于小脉中中部,在侧脉间排成 2 行,无囊群盖。

常分布于阴湿沟边。

1、植株及生境 2、叶片 3、羽片正面 4、根状茎
5、羽片背面及人字形叶脉 6-7、孢子囊群

金星蕨科 Thelypteridaceae · 新月蕨属 *Pronephrium*

披针新月蕨

Pronephrium penangianum（Hook.）Holttum

大形蕨类,植株高达1米。根状茎长而横走。叶近生或远生;叶柄基部暗褐色,向上深禾秆色;叶片**奇数一回羽状**侧生羽片10—15对,宽1.5—3厘米,羽片有短柄,条状披针形,**边缘具短尖齿或粗钝齿**;侧脉之间小脉形成人字形叶脉。孢子囊群圆行,位于小脉近中部,无盖。

生于阴湿沟谷。

1	2	
3	4	
5	6	7

1、植株及生境 2、叶片 3、羽片正面 4、羽片背面及人字形叶脉
5、孢子囊群 6、根状茎 7、叶轴

乌毛蕨科 Blechnaceae · 狗脊属 *Woodwardia*

狗脊（狗脊蕨、缙云狗脊蕨）

Woodwardia japonica（L.f.）**Sm.**
=*Woodwardia affinis* Ching et P.S.Chiu

形态特征与顶芽狗脊相似，主要区别在于叶轴顶部**无芽苞**；羽片下侧茎基部裂片缩短**成圆耳形**；短线形的孢子囊群成熟后**汇成长线形**。

生于阔叶林和针叶林下。**异名 *Woodwardia affinis* Ching et P.S.Chiu**（**缙云狗脊蕨**）的模式标本采自缙云山。

1	2	
	3	
4	5	6

1、植株及生境 2、羽片基部 3、羽片背面
4、幼叶 5-6、孢子囊群（成熟和幼嫩时）

乌毛蕨科 Blechnaceae · 狗脊属 *Woodwardia*

顶芽狗脊（顶芽狗脊蕨、宽片狗脊蕨）

***Woodwardia unigemmata*（Makino）Nakai**

大形草本，高约 1 米。根状茎粗短，密被红棕色鳞片。叶簇生，叶片卵状长圆形，叶轴近顶部有 1 个被红棕色鳞片的大芽胞；叶片二回深羽裂。孢子囊和囊群盖群长圆形，**成熟后不汇合。**

生于林缘山坡。异名 *Woodwardia latiloba* Ching et P. S. Chiu et W.（宽片狗脊蕨）的模式标本采自缙云山。

1｜2／3｜4｜5｜6　1、植株及生境 2、羽片基部正面 3、羽片背面

4、叶轴近先端的大芽孢 5-6、孢子囊群

蹄盖蕨科 **Athyriaceae** · 蹄盖蕨属 *Athyrium*

翅轴蹄盖蕨

***Athyrium delavayi* Christ**

草本。根状茎短而直立,密被棕色鳞片。叶簇生,叶片矩圆形,二回羽状;**叶轴及羽轴有短腺毛**;羽片无柄,顶端尾状渐尖;**基部 1 对略大,覆盖叶轴**。孢子囊群和盖长圆形,生小脉中部。

生于路边、林缘草丛中。

1	2
3	4
	5

1、生境 2、叶片背面 3、植株
4、羽片正面 5、羽片背面及孢子囊群

蹄盖蕨科 Athyriaceae · 蹄盖蕨属 *Athyrium*

光蹄盖蕨

Athyrium otophorum（ Miq. ）Koidz.

草本。根状茎短,先端斜升,顶部和叶柄基部密被深褐色或黑褐色线状披针形鳞片。叶簇生,叶片长圆形,顶端尾状渐尖,**二回羽状;叶轴及羽轴无毛**。孢子囊群长圆形,每小羽片3—5 对,生于叶边与主脉中间;囊群盖褐色,全缘。

生于阔叶林下。

1	2
3	4
5	6	7

1、植株及生境 2、叶 3、羽片正面

4-5、羽片背面及孢子囊群 6-7、叶柄及鳞片

蹄盖蕨科 Athyriaceae · 对囊蕨属 *Deparia*（假蹄盖蕨属 *Athyriopsis*）

毛叶对囊蕨（毛轴假蹄盖蕨）

Deparia petersenii（Kunze）M.Kato
≡*Athyriopsis petersenii*（Kunze）Ching

草本。根状茎横走被红棕色阔披针形鳞片。叶远生，叶柄禾秆色；**二回深羽裂**，羽片8—10对，近无柄；叶轴、羽轴及叶脉上被红棕色节状毛。孢子囊群短线形。

生于路旁草丛。

1	2
3	4
5	6	7

1、植株及生境 2、植株 3-5、羽片背面及孢子囊群
6-7、叶轴、裂片及毛被

蹄盖蕨科 Athyriaceae · 双盖蕨属 *Diplazium*（短肠蕨属 *Allantodia*）

毛柄双盖蕨（毛柄短肠蕨）

***Diplazium dilatatum* Blume**
≡*Allantodia dilatata*（Blume）Ching

大形蕨类，高达 1.5 米。根状茎粗壮横卧，顶部密被深棕色鳞片。叶簇生，被棕黑色鳞片；叶片近三角形，**二回羽状**；末回羽片圆头或近截头。孢子囊群线形，长 **3 毫米以上**，从小脉基部向上延伸，不达叶边。

生于阔叶林下。

1	2
3	4
5	6	7

1、植株及生境 2、叶柄基部 3、羽片正面 4、小羽片背面及孢子囊群 5、羽片背面
6、叶轴腹部 7、叶轴背部

鳞毛蕨科 **Dryopteridaceae** · 复叶耳蕨属 *Arachniodes*

斜方复叶耳蕨

Arachniodes amabilis（Blume）Tindale
=*Arachniodes rhomboidea*（Wall.）Ching

草本。叶片长卵形，**二回羽状**，顶生羽片长尾状，侧生羽片 4—6 对，基部一对最大，三角状披针形；末回小羽片 7—12 对，**菱状椭圆形**，基部不对称，上侧截形并为耳状凸起，下侧斜切，上侧边缘具有芒刺的尖锯齿。孢子囊群生小脉顶端，囊群盖圆肾形，**边缘有睫状毛**。

生于林下路边。

1	2
3	4
5	6	7

1、植株及生境 2、根状茎及叶柄基部 3、羽片正面

4-5、羽片背面及孢子囊群 6-7、裂片及孢子囊群

鳞毛蕨科 Dryopteridaceae · 复叶耳蕨属 *Arachniodes*

西南复叶耳蕨(灰脉复叶耳蕨)

***Arachniodes assamica*(Kuhn)Ohwi**
=*Arachniodes leuconeura* Ching

草本。地下茎横走。叶二回羽状,叶片卵状三角形;叶柄禾秆色。孢子囊群大,位于中脉与叶片之间;囊群盖棕色,脱落。

生于阔叶林下路边。异名 *Arachniodes leuconeura* Ching(灰脉复叶耳蕨)的模式标本采自缙云山。

1	2
4	
3	5

1、植株及生境 2、叶片 3、根状茎 4、裂片正面 5、裂片背面及孢子囊群

鳞毛蕨科 Dryopteridaceae. 复叶耳蕨属 *Arachniodes*

中华复叶耳蕨(镰羽复叶耳蕨、尾形复叶耳蕨、凸角复叶耳蕨、半育复叶耳蕨）

Arachniodes chinensis（Rosenst.）Ching
=*Arachniodes falcata* Ching；=*Arachniodes caudata* Ching；
=*Arachniodes cornopteris* Ching；=*Arachniodes semifertilis* Ching

根状茎横卧，连同叶柄基部密被暗棕色披针形鳞片。叶近生，叶柄禾秆色。叶片卵状三角形，三回羽状；小羽片略呈镰刀状披针形，基部下侧一片略较大。孢子囊群位于中脉与叶边之间；囊群盖圆肾形，成熟时棕色，近革质。

生于林缘、路边。异名 *Arachniodes cornopteris* Ching（凸角复叶耳蕨）、*Arachniodes semifertilis* Ching（半育复叶耳蕨）的模式标本采自缙云山。

1 | 2
3 | 4
5 | 6 | 7

1、植株及生境 2、叶片 3、羽片正面 4、裂片背面及孢子囊群
5、羽片背面 6、根状茎纵切 7、叶柄基部

鳞毛蕨科 Dryopteridaceae · 复叶耳蕨属 *Arachniodes*

长尾复叶耳蕨（异羽复叶耳蕨）

Arachniodes simplicior（Makino）Ohwi

草本。叶片卵状五角形，顶部有一片具柄的**顶生羽状羽片**，与其下侧生羽片同形；叶三回羽状，侧生羽片4对，基部一对对生，向上的互生；末回小羽片互生，几无柄，基部不对称，上侧截形，下侧斜切，**边缘具有芒刺的尖锯齿**。孢子囊群近叶边生；囊群盖**全缘、深棕色**。

生于林下路边。

1	2
3	4
5	6	7

1、植株 2、叶 3、叶片顶端正面观 4、羽片背面孢子囊群
5、叶片顶端背面观 6、小羽片背面孢子囊群 7、囊群盖

鳞毛蕨科 Dryopteridaceae（实蕨科 Bolbitidaceae）· 实蕨属 *Bolbitis*

长叶实蕨

***Bolbitis heteroclita*（C.Presl）Ching**

草本。**根状茎长而横走**，密被盾状着生的卵状披针形鳞片。叶近生或稍远生，二形；**不育叶叶柄禾秆色**，上面有沟槽，基部疏被鳞片；叶为三出复叶，羽片有短柄，顶羽片特大，披针形，顶端长尾状渐尖，**顶部能着地生根（形成不定芽）**，基部楔形，边缘浅波状；叶脉网状，网眼为不规则的四角形或六角形；**能育羽片与不育羽片同形**，但较小。孢子囊群满布于能育叶下面，无囊群盖。

生于阴湿岩壁上。

1　2　　1、植株及生境 2、不育叶背面 3、根状茎
3　4
　　5　　4、能育叶背面及孢子囊群 5、叶顶端着地生根发出的新植株

鳞毛蕨科 Dryopteridaceae · 贯众属 *Cyrtomium*

贯众（昏鸡头）

***Cyrtomium fortunei* J.Sm.**

草本。根茎直立，密被棕色鳞片。叶簇生，叶柄禾秆色，**腹面有浅纵沟**，密生棕色鳞片；叶片矩圆披针形，奇数一回羽状；侧生羽片卵状披针形，**基部偏斜、上侧有耳状凸**。孢子囊群遍布羽片背面；囊群盖圆形，盾状，全缘。

生于石缝中。地下茎入药，又名**"昏鸡头"**。

1、植株及生境 2、根状茎及叶柄基部 3、根状茎纵剖 4、羽片背面及孢子囊群

鳞毛蕨科 Dryopteridaceae · 鳞毛蕨属 *Dryopteris*

迷人鳞毛蕨（异盖鳞毛蕨）

***Dryopteris decipiens*（Hook.）Kuntze**

根状茎粗短，连同叶柄基部密被深棕色披针形鳞片。叶簇生；叶柄深禾秆色，基部以上疏被鳞片；**一回羽状**，羽片镰状披针形，互生或近对生，有短柄，边缘有稀疏浅钝齿；孢子囊群圆形，沿中脉两侧各排成 1 行；囊群盖圆肾形，全缘。

生于阔叶林下。

1	2
3	4	5
6	7	8

1、植株 2、叶柄及鳞片 3、叶片中下部 4、羽片正面

5、羽片背面孢子囊群 6、叶片中上部 7-8、羽片背面孢子囊群

鳞毛蕨科 Dryopteridaceae · 鳞毛蕨属 *Dryopteris*

红盖鳞毛蕨(鳞毛蕨)

***Dryopteris erythrosora*(Eaton) Kuntze**

根状茎横卧或斜升,残存的叶柄基部包被在其外侧。叶簇生,禾秆色,基部密被栗黑色披针形鳞片;叶二回羽状,**小羽片长圆状披针形,基部不对称,下侧基部沿叶轴下延,无柄,**边缘具粗锯齿;叶片上面无毛,下面疏被**泡状**鳞片。孢子囊群在小羽片中脉两侧各一行;囊群盖圆肾形,**中央红色,**边缘灰白色。

生于疏林下面。

1	2
3	4
5	6	7

1、植株及生境 2、叶片 3、羽片正面 4、裂片背面及孢子囊群

5、羽片背面 6、孢子囊群 7、泡状鳞片

鳞毛蕨科 Dryopteridaceae · 鳞毛蕨属 *Dryopteris*

稀羽鳞毛蕨

Dryopteris sparsa（D.Don）Kuntze

草本。根状茎短，直立或斜升。叶簇生；叶柄基部以上连同叶轴、羽轴**均无鳞片**；叶二回羽状至三回羽裂；**羽片对生或近对生**，有短柄，多少呈镰刀状，顶端尾状渐尖；基部一对羽片最大，下侧1片**小羽片一回羽状**。孢子囊群圆形，生于小脉中部；囊群盖圆肾形，全缘。

生于阴湿沟谷及路边疏林下。

1	2
3	4
5	6	7

1、植株及生境 2、叶片 3、羽片正面 4、裂片背面及成熟孢子囊群

5、羽片背面 6、根状茎纵切 7、羽片背面及孢子囊群

鳞毛蕨科 Dryopteridaceae · 耳蕨属 *Polystichum*（贯众属 *Cyrtomium*）

单行耳蕨（单行贯众）

***Polystichum uniseriale*（Ching ex K.H.Shing）Li Bing Zhang**
≡ *Cyrtomium uniseriale* Ching ex K.H.Shing

草本。根茎直立，密被鳞片。叶簇生，1回羽状，羽片镰状披针形，**先端羽裂渐尖**；孢子囊群位于中脉两侧网眼内，各成1行；囊群盖圆形。

生于阴湿岩壁。异名 ***Cyrtomium uniseriale* Ching ex K.H.Shing**（单行贯众）的模式标本采自缙云山。

1	2
3	4	5
6	7	8

1、植株及生境 2、根状茎 3、叶正面 4、孢子囊群
5、囊群盖 6、叶背面 7、孢子囊群 8、孢子囊

肾蕨科 Nephrolepidaceae · 肾蕨属 *Nephrolepis*

肾蕨

Nephrolepis cordifolia (L.) C.Presl

草本。根状茎直立,被披针形鳞片,下部有匍匐茎,先端有**肉质块茎**。叶簇生,一回羽状;羽片 40—80 对,镰状披针形,顶端钝尖,基部下侧圆,**上侧呈三角状耳形**,边缘有疏钝齿。孢子囊群和盖均为肾形,近叶缘着生。

生于岩石缝中。缙云山植物志上的名称"*Nephrolepis auriculata* (L.) Trimen"是**废弃名**。

$\begin{array}{c|c} 1 & 2 \\ \hline & 4 \\ 3 & \\ & 5 \end{array}$ 1、植株及生境 2、羽片正面 3、根状茎及匍匐茎
4、羽片背面及孢子囊群 5、匍匐根茎先端的肉质块茎

水龙骨科 Polypodiaceae（槲蕨科 Drynariaceae）· 槲蕨属 *Drynaria*

槲蕨

***Drynaria roosii* Nakaike**
附生蕨类。根状茎横走，粗壮，密被披针形鳞片，鳞片边缘有睫毛。**叶二形**；不育叶淡**绿色或枯黄色**，卵形无柄，边缘粗浅裂；**能育叶高大，绿色，一回羽裂**，两侧有**狭翅**，基部密被**鳞片**；叶脉网状，两面明显。孢子囊群圆形，着生于内藏小脉的交结点上，沿中脉两侧各排成 2—4 行。

附生于树干、石壁、墙壁上。

1	2
	3
4	5

1-3、植株及生境 4、不育叶 5、能育叶部分背面及孢子囊群

水龙骨科 Polypodiaceae · 瓦韦属 *Lepisorus*

拟鳞瓦韦

Lepisorus suboligolepidus Ching

草本,植株高约 30 厘米。根状茎横走,密被披针形鳞片;鳞片中部不透明,棕褐色,仅边缘 1—2 行网眼透明。**叶近生**,叶柄长 1.5—3 厘米,禾秆色;**叶片披针形,通常在下部 1/3 处为最宽**,向基部狭缩并下延。主脉粗壮,上下均隆起。**孢子囊群圆形**,通常聚生于叶片上半部狭缩部位,较小,彼此相距约 1—1.5 个孢子囊群体积,位于主脉和叶缘之间。

附生于树干和岩石上。

1、植株及生境 2、叶片背面孢子囊群(未成熟)3、植株
4、叶片背面孢子囊群(成熟)5、横走根状茎

水龙骨科 Polypodiaceae · 薄唇蕨属 *Leptochilus*（线蕨属 *Colysis*）

曲边线蕨

***Leptochilus ellipticus* var. *flexilobus*（Christ）X.C.Zhang**
≡*Colysis flexiloba*（Christ）Ching

草本。根状茎横走,密被鳞片;叶远生,**近二形**,能育叶常高出不育叶;叶一回羽状深裂,裂片4—6对,叶轴两侧形成狭翅,**边缘呈波状**。孢子囊群线形,位于裂片中脉两侧,**无囊群盖**。

生于阴湿岩壁上。

1
2│3│4　1、植株及生境 2、叶背面 3、叶背面线形孢子囊群 4、横走根状茎

水龙骨科 Polypodiaceae · 盾蕨属 *Neolepisorus*（星蕨属 *Microsorum*）

江南星蕨

Neolepisorus fortunei（T.Moore）Li Wang

≡*Microsorum fortunei*（T.Moore）Ching

草本。**根状茎长而横走**,被鳞片。叶远生,叶柄禾秆色;**叶片线状披针形,基部下延**。孢子囊群大,沿中脉两侧排成 1 行。

附生于石壁上。

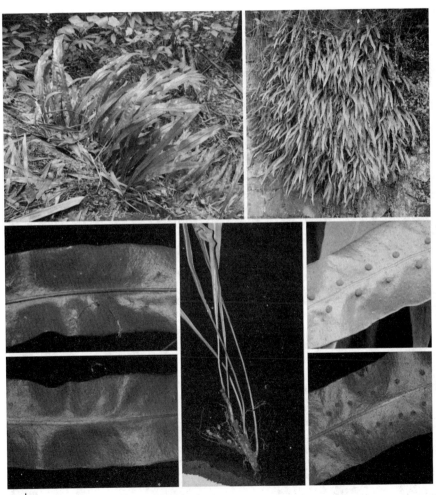

1—2、植株及生境 3、叶正面
4、叶背面 5、根状茎 6—7、孢子囊群

水龙骨科 Polypodiaceae · 石韦属 *Pyrrosia*

石韦（矩圆石韦、长圆石韦）

***Pyrrosia lingua*（Thunb.）Farw.**
=*Pyrrosia martinii*（Christ）Ching

根状茎长而横走，密被鳞片。叶远生，**近二形（能育叶和不育叶不一致）**；能育叶常比不育叶大，约长过不育叶 1/3；叶片上面灰绿色，近光滑无毛，下面淡棕色或砖红色，被星状毛。**孢子囊群布满整个叶片下面。**

常附生于树干或岩石上。

1、植株及生境 2、叶柄基部 3、叶背孢子囊群（未成熟）4、叶背孢子囊群（成熟）

水龙骨科 Polypodiaceae · 修蕨属 *Selliguea*（假瘤蕨属 *Phymatopteris*）

金鸡脚假瘤蕨

***Selliguea hastata*（Thunb.）Fraser-Jenk.**
≡***Phymatopteris hastata*（Thunb.）Pic.Serm.**

土生植物。根状茎长而横走，密被披针形鳞片，棕色。叶远生，纸质，**背面通常灰白色，两面光滑无毛**；叶柄长短不一，禾秆色，光滑无毛；叶片为单叶，形态变化较大，**单叶不分裂，或戟状二至三分裂**；叶片边缘具加厚的软骨质边，呈波状。孢子囊群圆形，在叶片中脉**两侧各一行。**

常生长在石壁或土坎上。

1、植株及生境 2-3、叶背面及孢子囊群

三、裸子植物 Gymnospermae

松科 Pinaceae · 松属 *Pinus*

马尾松

Pinus massoniana Lamb.

常绿乔木。**树皮纵裂**。**针叶 2 针一束**,细软似马尾而得名;叶鞘宿存。球花单性同株,雄球花成簇生于当年生枝下部;雌球花生于新枝顶端。**球果卵圆形**,种鳞的鳞盾平。种子有翅。花期 3—4 月,球果次年 9—10 月。

缙云山针叶林优势种。

1	2
3	4	5
6	7	8

1、植株及生境 2、树干及树皮 3、针叶 4、雄球花

5、未成熟球果 6、当年生长枝下部的雄球花序 7、雌球花 8、成熟球果

柏科 Cupressaceae（杉科 Taxodiaceae）· 杉木属 Cunninghamia

杉木

Cunninghamia lanceolata（ **Lamb.** ）**Hook.**

常绿乔木。叶在枝**上排成二列**，披针形，叶柄基部贴于枝上。雌雄同株；雄球花簇生枝顶；雌球花单生或 2—3 个着生枝顶，苞鳞和珠鳞合生，苞鳞大，珠鳞小，先端 3 裂，腹面具 3 粒胚珠。球果近球形。种子扁平，**两侧有窄翅**。花期 3 月，球果 10—11 月成熟。

缙云山针叶林优势树种。

1	2
3	4	5
6	7	8

1、植株及生境 2、树干及树皮 3、叶正面 4、雄球花序
5、雌球花 6、叶背面 7、晚期雄球花序 8、成熟球果

红豆杉科 Taxaceae · 红豆杉属 *Taxus*

南方红豆杉

***Taxus wallichiana* var. *mairei*（Lemée & H.Lév.）L.K.Fu & Nan Li**
≡*Taxus chinensis*（Pilger）Rehder var. *mairei*（Lemée & H.Lév.）W.C.Cheng & L.K.Fu
常绿乔木；叶螺旋状着生，排成二列，近镰刀形；叶片背面两侧有淡绿色气孔带。雌雄异株，球花单身叶腋或枝顶；种子倒卵圆形，位于杯状肉质的假种皮中，假种皮成熟后变红色。

生于阔叶林中，国家一级保护植物。

1	2
3	4	5
6	7	8

1、植株 2、叶 3、枝正面 4、雄球花序
5、假种皮及种子 6、枝背面 7、雌花 8、种子

四、被子植物 Angiospermae

三白草科 Saururaceae · 蕺菜属 *Houttuynia*

蕺菜(鱼腥草、侧耳根)

***Houttuynia cordata* Thunb.**

多年生草本。植株有特殊的鱼腥臭气味。根状茎细长,节上生须根;茎直立。叶宽卵形,基部心形,下面常紫红色。穗状花序,总苞片白色。蒴果壶形,顶端具宿存花柱。花期4—7月,果期7—9月。

缙云山广布。根状茎及嫩叶可食用,又名"折耳根"、"侧耳根"、"鱼腥草"或"猪鼻拱"。

1、生境 2、叶 3、地下茎 4、花序 5、果序

马兜铃科 Aristolochiaceae · 细辛属 *Asarum*

花脸细辛(青城细辛)

Asarum splendens (F.Maek.) **C.Y.Cheng & C.S.Yang**

多年生草本。根状茎横生,有多数肉质根。叶2—3片,卵心形,表面有白色云斑,顶端急尖,基部耳状深裂。花被管皿状或近半球形,喉部不缢缩成一宽大喉孔,裂片3片不等大,近喉部有乳突状皱褶区;药隔伸出,钝圆,花丝极短;子房近上位,花柱6个,离生。花期4—5月。

全草药用。生于草丛或竹林阴湿地。

1	2
3	5	6
4	7	8

1、植株及生境 2、植株 3、花正面观 4、花侧面观
5、雄蕊群 6、雄蕊 7、雌蕊群 8、雌蕊

樟科 **Lauraceae** · 黄肉楠属 *Actinodaphne*

红果黄肉楠

***Actinodaphne cupularis*(Hemsl.) Gamble**

小乔木。小枝细,幼枝被灰色柔毛。叶革质,通常 5—6 片**簇生于枝端成轮生状**,长圆状披针形;上面绿色,有光泽,下面粉绿色。伞形花序单生或数个簇生于枝侧,无总梗;花被裂片 6（—8），能育雄蕊 9。果卵形,成熟时红色,着生于**杯状果托**上;花期 10—11 月,果期 8—9 月。

生于常绿阔叶林中。

$\frac{1}{2 \mid 3}$　1、植株 2、叶 3、幼果

樟科 Lauraceae·琼楠属 *Beilschmiedia*

贵州琼楠(缙云琼楠)

***Beilschmiedia kweichowensis* W.C.Cheng**

常绿乔木。顶芽大、无毛，小枝幼时无毛。叶革质，近对生，中脉覆面凹陷。圆锥花序着生当年生枝下部；花被片6枚；发育雄蕊9枚。果卵球形。花期4—5月，果熟期9—10月。

生于常绿阔叶林中。

1	2
3	4 5
	6

1、植株 2、叶 3、花序 4-5、果 6、果横切

樟科 Lauraceae · 厚壳桂属 *Cryptocarya*（琼楠属 *Beilschmiedia*）

雅安厚壳桂（雅安琼楠、李氏琼楠）

***Cryptocarya yaanica* N.Chao ex H.W.Li et al.**

≡*Beilschmiedia yaanica* N.Chao

形态特征与贵州琼楠相似，主要区别在于顶芽小、被绢毛；叶片中脉凸起，果长圆形。花期7—8月，果熟期次年8—9月。

生于缙云寺附近常绿阔叶林中。

1	2
3	4

1、植株 2、叶 3、果 4、果枝

樟科 Lauraceae · 山胡椒属 *Lindera*

黑壳楠

***Lindera megaphylla* Hemsl.**

常绿乔木。枝条圆柱形,**紫黑色**。顶芽大,卵形。叶互生,倒披针形至倒卵状长圆形,革质,下面淡绿苍白色。**伞形花序**,有四枚总苞;花单性,雌雄异株。花被裂片 6 片,成 2 轮,能育雄蕊 9 枚,排成 3 轮。**果椭圆形**,成熟时紫黑色,**宿存果托杯状**。花期 2—4 月,果期 9—12 月。

生于常绿阔叶林中。

1	2
3	4	5
6	7	8

1、植株 2、叶 3、果序 4、花部解剖 5、内轮雄蕊

6、果部解剖 7、花被片 8、退化雄蕊

樟科 Lauraceae · 山胡椒属 *Lindera*

广东山胡椒

Lindera kwangtungensis（H.Liu）C.K.Allen

常绿乔木。叶椭圆形,羽状脉。**伞形花序,雌雄异株**,花被片6片,两轮;能育雄蕊9枚,排成3轮。**果圆球状**。花期4月,果期10月。

生于常绿阔叶林中。

1	2
3	4	5
6	7	8

1、小枝 2、叶 3、花序 4、花 5、内轮雄蕊
6、果序 7、花被片 8、退化雄蕊

樟科 Lauraceae · 木姜子属 *Litsea*

毛豹皮樟（老荫茶）

***Litsea coreana* var. *lanuginosa*（Migo）Yen C.Yang & P.H.Huang**
常绿乔木。**树皮斑块状剥落**。叶革质，椭圆形，叶柄有毛。伞形花序腋生。果近球形，**果托扁平膨大，有宿存花被裂片**。花期 9 月；果期次年 5—6 月。
生于常绿阔叶林中。叶片可作茶叶，又名**"老荫茶"**。

1、小枝 2、叶 3、树干及脱落树皮 4、花枝 5-6、花序

樟科 Lauraceae · 木姜子属 *Litsea*

近轮叶木姜子(缙云木姜子、假轮叶木姜子)

Litsea elongata* var. *subverticillata (Yen C.Yang) Yen C.Yang & P.H.Huang

≡*Litsea subverticillata* Yen C.Yang

常绿灌木。嫩枝密生褐黄色毛。叶近于轮生,狭椭圆形,幼时两面密生褐黄色的毛,成长后叶背及主脉有毛。伞形花序近于无梗,花单性,花被裂片6片,能育雄蕊9枚。**果椭圆形,果托碗状,无裂片。**花期8—9月,果期次年5—6月。

生于常绿阔叶林中。异名*Litsea elongata* Yen C.Yang(假轮叶木姜子)的模式标本采自缙云山。

1、植株 2、叶 3、未成熟果序 4、花序 5、成熟果序

樟科 Lauraceae · 木姜子属 *Litsea*

绒叶木姜子

Litsea wilsonii Gamble

常绿乔木。**小枝粗壮,被灰白色绒毛**。叶,革质,倒卵。**伞形花序**单生或 2 ~ 3 个集生叶腋。果椭圆形,成熟时由红变黑;**果托碗状,边缘不规则缺裂**。花期 8 月,果熟期次年 6 月。生于常绿阔叶林中。

1、果枝 2、叶 3、果

樟科 Lauraceae · 木姜子属 *Litsea*

毛叶木姜子

***Litsea mollis* Hemsl.**

落叶乔木。嫩枝密生灰白色短毛。叶纸质,幼时**密生白色短毛**,成长后上面无毛,背面仍密生白色毛。春天,**花先叶开放**;伞形花序,**雌雄异株**。**果圆球形,熟时黑色**。花期3月,果熟期9月。

生于阔叶林中。果实可制造**木姜子油**。

1、枝 2、叶 3、花及花序 4、未成熟果序 5、成熟果序

樟科 Lauraceae · 润楠属 *Machilus*

润楠(楠木、秉氏润楠)

Machilus nanmu (Oliv.) Hemsl.
=***Machilus pingii*** W.C.Cheng ex Y.C.Yang

常绿乔木。芽鳞密被黄褐色短柔毛。叶薄革质,倒卵状阔披针形,**先端渐尖,常偏斜一边。圆锥花序**生于新枝下部,花被片6片,**花后增大反卷**;发育雄蕊9枚。果扁球形。花期3—5月,果期7—10月。

　　生于常绿阔叶林中。异名 *Machilus pingii* W.C.Cheng ex Y.C.Yang 的模式标本采自缙云山。国家二级保护植物。

1、植株 2、叶 3、花 4、果序 5、果背面观 6、果侧面观

樟科 Lauraceae · 润楠属 *Machilus*

利川润楠

***Machilus lichuanensis* W.C.Cheng ex S.K.Lee**

常绿乔木。当年生枝密被淡黄灰色柔毛,基部膨大呈纺锤状。叶革质,长圆形,先端尾尖并偏斜;叶片背面脉上密被长柔毛。圆锥花序;花被裂片6片;发育雄蕊9枚。**果扁球状,宿存的花被裂片长圆状线形,反卷**。花期5月,果期7—9月。

生于常绿阔叶林中。

1、植株 2、叶 3、花序 4、果序 5-6、果

樟科 Lauraceae · 新木姜子属 *Neolitsea*

粉叶新木姜子（白毛新木姜子）

***Neolitsea aurata* var. *glauca* Yen C.Yang**

常绿乔木；嫩枝密生白色短毛。叶在枝顶呈轮生状，离基三出脉，叶片多为长圆状倒卵形，下面被白粉。花序 3—5 个簇生。核果椭圆形。花期 1—4 月，果期 9 月成熟。

生于常绿阔叶林中。模式标本采自缙云山。

1、枝条 2、叶 3、雄花序 4、雌花序 5、雄花序 6、果序

樟科 Lauraceae · 檫木属 *Sassafras*

檫木

Sassafras tzumu（Hemsl.）Hemsl.

落叶乔木。叶倒卵形，**全缘或 2—3 裂**，羽状脉或离基三出脉。圆锥花序顶生，先于叶发出；花两性，花被片披针形；**能育雄蕊 9 枚，不育雄蕊 3 枚**。果近球形，生杯状果托上。

缙云山为引种栽培。

1、小枝、2、叶 3、花枝 4、树干 5、果枝

金粟兰科 Chloranthaceae · 草珊瑚属 *Sarcandra*

草珊瑚

Sarcandra glabra（Thunb.）Nakai

常绿灌木。茎圆柱形,**节膨大,**节间有纵行较明显脊和沟。单叶对生,革质,边缘具粗锯齿,**齿尖具 1 枚腺体;**叶柄基部合生成鞘状。穗状花序顶生,常 3 枝丛生;花黄绿色,雄蕊 1枚。**核果球形,成熟时鲜红色。**花期 6—7 月,果期 8—11 月。

全草入药。生于阴湿林下。

1、植株 2、花序 3、未成熟果序 4、成熟果序

菖蒲科 Acoraceae（天南星科 Araceae）· 菖蒲属 *Acorus*

金钱蒲（钱蒲）

Acorus gramineus Aiton

多年生草本。**叶片揉烂有芳香味**,植株密集丛生。叶线形,长 5—20 厘米,宽不足 6 毫米。**肉穗花序圆柱状**,长 3—10 厘米,黄绿色。果黄绿色。

生于溪沟边;全草入药,又名**"石菖蒲"**。

1、生境 2-3、植株 4、花序局部(示花)

天南星科 Araceae · 磨芋属 *Amorphophallus*

花蘑芋(磨芋、魔芋)

Amorphophallus konjac **K.Koch**
=*Amorphophallus riviere*i Durieu ex Riviere

草本。块茎扁球形。大形叶 1 片,3 裂;每裂片又二歧分裂,小裂片互生,基部的较小,向上渐大,长圆状椭圆形,外侧下延成翅状;叶柄具暗紫色及白色斑块。**花序先于叶自块茎抽出;佛焰苞漏斗形,外面有紫褐色斑点;**肉穗花序比佛焰苞长 1 倍左右,附属器圆柱形,中空。浆果球形。花期 4—5 月,果 8—9 月成熟。

缙云山栽培,已逸为野生。地下茎富含淀粉,可制魔芋。

1、植株 2、叶柄 3、花序 4、佛焰苞 5、根状茎 6、花俯面观

天南星科 Araceae · 天南星属 *Arisaema*

棒头南星

Arisaema clavatum Buchet

草本。块茎球形或卵球形。**叶 2 片**,柄长 40—60 厘米;**叶鸟足状分裂**,小叶 9—15 片,长椭圆形,尾状渐尖,中央 5 枚裂片近等大。佛焰苞绿色,管部带紫色,肉穗花序单性,**附属器略伸出于喉部**;附属器基部长约 1/4 处生钻形中性花,顶端骤然膨大呈棒头状,棒头密生向上的**肉质棒状突起**。花期 2—3 月。

生于林下阴湿处。

1、植株 2、叶 3、地下茎 4-5、佛焰花序
6、钻形中性花 7、花序局部(示雄花)8、果序局部

天南星科 Araceae · 天南星属 *Arisaema*

天南星(异叶南星)

***Arisaema heterophyllum* Blume**

草本。块茎扁球形。**叶 1 片**,鸟足状分裂,裂片 13—23 片,长圆状披针形。佛焰苞绿色,有条纹,管部圆柱形,**上半部内屈成盔状**,先端骤尖;肉穗花序两性或雄花单生;附属器长 10—20 厘米,基部粗,向上渐细呈尾状,**伸出于佛焰苞外**。浆果红色,圆柱形。花期 4—5 月,果期 8—9 月。

生于林下阴湿处。

1	2	1、生境 2、佛焰苞 3-4、叶
3	5 6	5、叶柄 6、佛焰花序 7、果序
4	7	

天南星科 Araceae · 石柑属 *Pothos*

石柑子

Pothos chinensis（Raf.）Merr.

附生藤本。叶纸质,叶片卵状椭圆形,**叶柄扁平叶状**,与叶片相接处有关节。花序腋生,基部具4—5片苞片;佛焰苞绿色,肉穗花序球形;花两性,花被6片,雄蕊6枚。**浆果长圆形,红色**。花果期3—9月。

常以气生根附着于石岩或树干上。

1、植株及生境 2、叶 3、果序及果

天南星科 **Araceae**·半夏属 *Pinellia*

半夏

Pinellia ternata (Thunb.) Makino

草本。**块茎球形**。叶 1—5 片,**幼叶全缘**,成年植株叶 **3 全裂**;叶柄常生珠芽,落地后萌发为新植株。花序梗长过于叶柄;**佛焰苞绿色或绿白色**;**肉穗花序无梗**,雌花部分长 1—2 厘米,**一边与佛焰苞合生**;中间不育部分长约 3 毫米;附属器细长,约 10 厘米,由绿色变为**紫绿色**。浆果卵圆形,顶端有明显的**宿存花柱**。花期 4—5 月。

生于林下、路边。

1	2
3	4	5
		6

1、生境 2、根状茎 3、植株
4、佛焰花序 5-6、叶

天南星科 Araceae（浮萍科 Lemnaceae）· 紫萍属 *Spirodela*

紫萍（紫背浮萍）

Spirodela polyrhiza (L.) Schleid.
漂浮植物；叶状体扁平，阔倒卵形；背面紫色，中央生条状根。
生于水田、水沟。

天南星科 Araceae · 犁头尖属 *Typhonium*

犁头尖

Typhonium blumei Nicolson & Sivad.

草本。**块茎近球形**。叶基出,叶片心状箭形或心状戟形;叶柄基部成鞘,套褶。花序单一,腋生,**佛焰苞盛花时展开,深紫色,先端细长反垂、扭卷;肉穗花序无梗**,雌花部分位于下面长约 3 毫米,中间不孕部分长约 1.5 厘米;雄花位于上部,长约 4 毫米;附属器尾状,长约 10 厘米,紫色,**具恶臭**。花期 5—7 月。

生于阴湿林下、路边。以前误鉴定为 *Typhonium divaricatum* (L.) Blume。

$\dfrac{1}{2 \mid 3}$ 1、植株 2、叶背面 3、佛焰花序

泽泻科 Alismataceae · 慈姑属 *Sagittaria*

华夏慈姑(慈姑)

***Sagittaria trifolia* subsp. *leucopetala*(Miq.) Q.F.Wang**
=*Sagittaria trifolia* var. *sinensis*(Sims) Makino

一年生水生草本。地下生匍匐枝,顶端膨大成球茎。**叶全部基生**,叶柄较长,基部扩展成鞘,叶片戟形。圆锥花序高大,**花常 3 朵轮生于花序轴上。**花单性,上部为雄花,下部为雌花;**花被片 6 片**,2 轮,外轮 3 片花萼状,内轮 3 片花瓣状;雄蕊多数,心皮螺旋密集成球状。瘦果扁薄,具喙。

生于水田中,**球茎供食用。**

1、植株 2、叶 3、茎 4、花正面观 5、花序 6、果序 7、果部解剖

薯蓣科 Dioscoreaceae · 薯蓣属 *Dioscorea*

薯莨

***Dioscorea cirrhosa* Lour.**

缠绕粗壮藤本。地下块茎卵形或葫芦状,外皮黑褐色,凹凸不平,**断面红色。茎右旋,有分枝,下部有刺。叶在茎下部的互生,中部以上的对生**;叶片革质,长椭圆状披针形,基出脉**3—5;叶柄具双关节。雌雄异株**;穗状花序,雄蕊 6。**蒴果近三棱状扁圆形**;种子着生于每室中轴中部,四周有膜质翅。花期 4—6 月,果期 7—12 月。

生于阔叶林中。

1	2
3	4	5
		6

1、植株 2、枝条基部 3、地下块茎 4、花序 5、地下块茎纵切 6、果实

藜芦科 Melanthiaceae（百合科 Liliaceae）· 重楼属 *Paris*

宽瓣重楼（滇重楼）

Paris polyphylla var. _yunnanensis_（Franch.）Hand.-Mazz.

草本；根状茎粗厚，密生多数环节和须根。茎常带紫红色。叶 6—9 枚轮生。外轮花被片 4—6 枚，绿色；内轮花被片狭条形，中部以上扩大为匙形，宽达 3—6 毫米；雄蕊 10 枚。蒴果紫色。种子具鲜红色外种皮。花期 6—7 月，果期 9—10 月。

生于阔叶林下。根茎入药，又名"七叶一枝花"。

1	2
3	4	5
6	7	8

1、生境 2、植株 3、根状茎 4-5、花
6、花部解剖 7、花 8、花背面观

秋水仙科 Colchicaceae（百合科 Liliaceae）·万寿竹属 *Disporum*

短蕊万寿竹（长蕊万寿竹）

***Disporum bodinieri*（H. Lév. & Vaniot）F.T.Wang & Tang**

草本。根状茎横出，**呈结节状**；根肉质，灰黄色。叶厚纸质，椭圆形，先端渐尖至尾状渐尖，基部近圆形。**伞形花序有花 2—6 朵**，生于茎和分枝顶端；**花被片白色或黄绿色**，倒卵状披针形，基部有短距；**花丝等长或稍长于花被片，花药露出于花被外**。浆果熟时**紫黑色**。花期 3—5 月，果期 6—11 月。

生于林下路边。

1、花枝 2、花序 3、花部解剖 4、花侧面观 5、成熟果序

菝葜科 Smilacaceae（百合科 Liliaceae）· 菝葜属 *Smilax*

菝葜（金刚刺、金刚藤）

Smilax china L.

攀援灌木。根状茎粗厚，坚硬，疏生刺。茎上有稀疏的刺。叶革质，圆形，下面通常淡绿色；**叶柄具宽鞘，有卷须，且脱落点位于靠近卷须处**。花单性异株；伞形花序，花序托膨大，具小苞片；花绿黄色，花被片 6 枚，雄蕊 6 枚。浆果球形，熟时红色，有粉霜。花期 2—5 月，果期 9—11 月。

生于林缘。

1、植株生境 2、叶背 3、果序
4、根状茎 5、雄花序 6、雌花序

菝葜科 Smilacaceae（百合科 Liliaceae）· 菝葜属 *Smilax*

土茯苓

***Smilax glabra* Roxb.**

攀援灌木。根茎横走,成不规则块状,有结节状隆起。茎无刺。叶片革质,常为披针形或椭圆状披针形,背面绿色或带苍白色,叶脱落点位于叶柄近顶端。伞形花序,花序梗常短于叶柄,不具关节;花序着生点上方不具 1 枚与叶相对的鳞片;花绿白色。浆果球形,成熟时紫黑色,具粉霜。

生于林下。

1	2
4	
3	5

1、植株 2、茎 3、根茎 4、叶 5、果序

菝葜科 Smilacaceae（百合科 Liliaceae）· 菝葜属 *Smilax*

马甲菝葜

***Smilax lanceifolia* Roxb.**

攀援灌木。茎具疏刺。叶通常纸质，卵状矩圆形，先端渐尖或骤凸，基部圆形或宽楔形；叶柄有卷须，**脱落点位于叶柄近中部**。伞形花序单生于叶腋；总花梗通常短于叶柄，**在着生点的上方有 1 枚鳞片（先出叶）**；花黄绿色。浆果球形。

生于林缘。

1	2	
3	4	5
6	7	8

1、枝条 2、茎及刺 3、叶 4、雄花序
5、雌花序 6、地下茎 7、雌花序 8、果序

菝葜科 Smilacaceae（百合科 Liliaceae）· 菝葜属 *Smilax*

小叶菝葜

***Smilax microphylla* C.H.Wright**

落叶攀援灌木。茎粗糙，具皮刺。叶纸质至革质，卵形，**基部圆形**；叶柄有不明显的叶鞘，具卷须或卷须不发育，脱落点位于叶柄的顶端。**伞形花序**，腋生雄花外轮花被片卵形至椭圆形，内轮花被片与外轮相似；雌花花被片与雄花相似。浆果球状，成熟时变为紫黑色。花期6—8月，果期10—11月。

生于林下、灌丛中或山坡阴处。**缙云山新记录植物**。

1	2
4
3	5

1、植株 2、叶正面和背面 3、雌花序 4、幼嫩果序 5、成熟果序

兰科 Orchidaceae · 头蕊兰属 *Cephalanthera*

金兰

Cephalanthera falcata（Thunb.）Blume

草本。陆生兰,高 30—60 厘米。根数条,坚实。叶片卵状披针形至椭圆形,顶端急尖至渐尖。**总状花序有 5—10 朵花;花黄色**,两侧萼片菱状椭圆形,钝头,基部狭,中萼片较狭,背面凸起;唇瓣较短,上半部近圆形,不裂或 3 浅裂,有 5—7 条纵褶,后半部基部内陷成囊,侧裂片三角形,略抱蕊柱。花期 4 月,果期 10 月。

生于林下路边。

1、植株及生境 2、叶 3、花 4、花部解剖 5、花序 6、花

仙茅科 Hypoxidaceae · 仙茅属 *Curculigo*

疏花仙茅

Curculigo gracilis（Kurz）Hook.f.

多年生草本。根状茎块状，粗厚，通常有细走茎。叶基生，纸质，长圆状披针形，稍呈折**扇状**，下面脉上稍有毛；**花葶从叶丛中抽出，总状花序，具花 10—20 朵**；苞片披针形，花直径达 2.5 厘米，具短梗；花被裂片 6 片，黄色；雄蕊 6 枚。浆果圆锥形。花期 4—5 月，果期6—8 月。

生于林下、路边。

1-2、植株 3、果序 4、花正面观 5、果部解剖

鸢尾科 Iridaceae · 鸢尾属 *Iris*

蝴蝶花

Iris japonica Thunb.

多年生草本。根状茎具有**直立根状茎**和**纤细横走根状茎**两种类形。叶基生,**剑形**。花茎直立,总状聚伞花序;苞片叶状,宽披针形或卵圆形,包含有 2—4 朵花,花淡蓝色或蓝紫色;花梗伸出苞片之外;花被管明显,外花被裂片倒卵形或椭圆形,中脉上有隆起的黄色鸡冠状附属物,内花被裂片椭圆形;花药长椭圆形,白色。蒴果椭圆状柱形,6 条纵肋明显;种子黑褐色。花期 3—4 月,果期 5—6 月。

生于较阴湿的竹林下或沟谷,因茎基部侧扁又名**"扁竹根"**。

1、植株 2、花序 3-4、花正面观 5、花枝 6、果 7、果横切

阿福花科 Asphodelaceae（百合科 Liliaceae）. 山菅兰属（山菅属）*Dianella*

山菅

Dianella ensifolia (L.) Redouté

草本。茎直立。叶 2 列状排列，条状披针形，基部稍收狭成鞘状。由分枝疏散的总状花序组成**顶生圆锥花序**，花常多生于侧枝上端；花梗稍弯曲；花被片 6 片，条状披针形，绿白色，两轮；花药条形，花丝上部膨大。**浆果近球形，深蓝色**。花果期 3—8 月。

生于林下、路边。

1、植株 2、花序 3、果序 4、果及种子

石蒜科 **Amaryllidaceae** · 石蒜属 *Lycoris*

忽地笑（黄花石蒜）

***Lycoris aurea*（L'Hér.）Herb.**

草本。**鳞茎卵形**，直径约 5 厘米。秋季出叶，**叶剑形**，长约 60 厘米，最宽处达 2.5 厘米。花茎高约 60 厘米；总苞片 2 枚，披针形；**伞形花序**有花 4—8 朵；**花黄色**；花被裂片背面具淡绿色中肋，倒披针形，**强度反卷和皱缩**；雄蕊略伸出于花被外，花丝黄色；花柱上部玫瑰红色。蒴果具三棱，室背开裂。花期 8—9 月，果期 10 月。

生于阔叶林下。

1	2
3	4	5
6	7	8

1、植株 2、花序 3、花 4、花蕾 5、花部解剖
6、鳞茎纵剖 7、鳞茎 8、雄蕊

石蒜科 Amaryllidaceae·石蒜属 *Lycoris*

石蒜

Lycoris radiata(L'Hér.) Herb.

多年生草本。**鳞茎近球形**,直径 1—3 厘米。秋季出叶,叶狭带状,顶端钝,深绿色,中间有粉绿色带。花茎高约 30 厘米;总苞片 2 枚,披针形;**伞形花序有花 4—7 朵,花鲜红色**;花被裂片狭倒披针形,**强度皱缩和反卷**;雄蕊 6 枚,显著伸出于花被外。花期 8—9 月,果期 10 月。

生于阴湿林下。

1 2 3 4 5 6 1、植株 2、鳞茎 3、花 4、花序 5、花部解剖 6、鳞茎纵剖

天门冬科 Asparagaceae（百合科 Liliaceae）·山麦冬属 *Liriope*

禾叶山麦冬

***Liriope graminifolia* (L.) Baker**

草本。根状茎短,具地下走茎,**具纺锤形小块根**。叶丛生,条形,宽 2—4 毫米。**花葶短于叶,总状花序**,花常 3—5 朵簇生于苞片腋内;花被片淡紫色。果近球形,**成熟时蓝黑色**。花期 6—8 月,果期 9—11 月。

生于阴湿阔叶林下。

1、植株 2、花序正面观 3、花序 4、花序侧面观 5、果(种子)

天门冬科 Asparagaceae（百合科 Liliaceae）· 山麦冬属 *Liriope*

阔叶山麦冬

Liriope muscari（**Decne.**）**L.H.Bailey**
=***Liriope platyphylla*** **F.T.Wang & Tang**
特征与禾叶山麦冬相似，主要区别在于叶片较宽，1—3.5 厘米；花序高于叶。
生于阴湿林下、路边。

1、植株 2、叶 3、地下茎及根 4、纺锤形小块根 5、果序

鸭跖草科 Commelinaceae · 鸭跖草属 *Commelina*

饭包草(圆叶鸭跖草)

***Commelina benghalensis* L.**

多年生披散草本。茎大部分匍匐,节上生根。叶互生,**椭圆状卵形,先端钝或急尖**,基部圆形或渐狭而成阔柄状,全缘有睫毛。总苞片漏斗状,与叶对生,常数个集于枝顶;佛焰苞片漏斗状而压扁,**一边相连,仅顶端张开**;聚伞花序具花数朵,几不伸出苞片;**花瓣蓝色**,圆形,内面2枚具长爪。蒴果椭圆状,3室。花期夏秋,果期11—12月。

生于林下阴湿处或路边。

$\dfrac{1}{2 \mid 3}$ 　1、植株 2、花正面观 3、花侧面观

鸭跖草科 Commelinaceae · 鸭跖草属 *Commelina*

鸭跖草(竹叶菜)

Commelina communis L.

一年生草本。茎下部匍匐生根,多分枝。叶互生,**披针形**,近无柄;总苞片漏斗状,与叶对生,常数个集于枝顶;佛焰苞片漏斗状而压扁,两边**不相连**;边缘对合折叠,基部不相连,具毛。聚伞花序具花数朵,略伸出佛焰苞外;萼片3片,内面2片常靠近;花瓣深蓝色,具爪;**雄蕊6枚**,3枚发育,3枚退化。蒴果椭圆形,2室,每室有种子2粒。花期8—10月。

生于林下阴湿处或路边。

1	
2	3	4

1、植株 2、花正面观 3、花侧面观 4、花序(花蕾)

鸭跖草科 Commelinaceae · 水竹叶属 *Murdannia*

牛轭草

Murdannia loriformis (Hassk.) R.S.Rao & Kammathy

多年生草本。主茎不发育,有莲座状叶丛;主茎上的叶密集,成莲座状,禾叶状或剑形;可育茎上的叶较短,叶鞘上沿口部一侧有硬睫毛。蝎尾状聚伞花序单支顶生;聚伞花序有长的总梗,有数朵非常密集的花,几乎集成头状;萼片草质,卵状椭圆形,浅舟状;花瓣紫红色或蓝色,倒卵圆形;能育雄蕊 2 枚。蒴果卵圆状三棱形;种子黄棕色,具以胚盖为中心的辐射条纹,并具细网纹。花果期 5—10 月。

生于路边草丛。

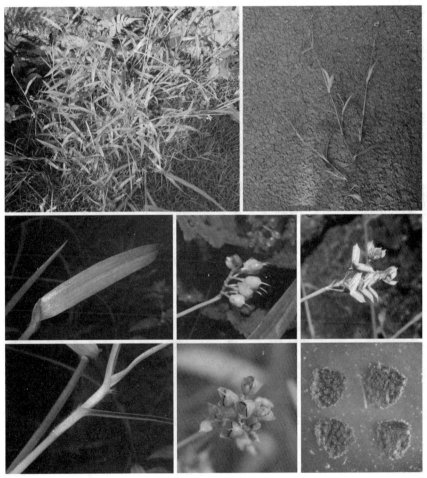

1	2
3	4	5
6	7	8

1、生境 2、植株 3、叶片 4、果序(幼嫩)5、果序(成熟)
6、叶鞘被毛 7、果正面观 8、种子

鸭跖草科 Commelinaceae · 紫露草属 *Tradescanita*

白花紫露草

***Tradescanita fluminensis* Vellozo**

多年生常绿草本。茎匍匐,光滑,有略膨大节,节处易生根。叶互生,长圆形或卵状长圆形,仅叶鞘上端有毛。花多朵聚生成伞形花序,**白色**,为**2叶状苞片**所包被,花期夏、秋季。原产南美洲,已逸生,分布于阴湿林下、路边。**缙云山新记录植物**。

$\frac{1}{2|3|4}$ 1、植株及生境 2、枝 3、花正面观 4、花侧面观

四、被子植物 Angiospermae

雨久花科 Pontederiaceae · 雨久花属 *Monochoria*

鸭舌草

***Monochoria vaginalis*（Burm.f.）C.Presl ex Kunth**

水生植物。根状茎极短，具柔软须根；茎直立或斜上，**全株光滑无毛**。叶基生和茎生；叶片形状和大小变化较大，由心状宽卵形、长卵形至披针形；**叶柄基部扩大成开裂的鞘**。**总状花序**从叶柄中部抽出，基部有 1 披针形苞片；花通常 3—5 朵，蓝色；花被片卵状披针形；雄蕊 6 枚，其中 1 枚较大，其余 5 枚较小。蒴果卵形至长圆形。花期 8—9 月，果期 9—10 月。常生于水田中。

1、植株 2、叶 3、花部解剖 4、花序

姜科 Zingiberaceae · 山姜属 *Alpinia*

山姜（箭秆风）

***Alpinia japonica*（Thunb.）Miq.**

草本,植株高约1米。具横生根茎。叶常2—5片,椭圆形,叶背被极短柔毛。总状花序顶生,花序轴密生绒毛;总苞片条形,小苞片极小,早落;花常2朵并生,花萼管状、被毛,顶端3齿裂;花冠管被疏柔毛;**侧生退化雄蕊线形,唇瓣卵形,白色而具红色脉纹,先端2浅裂**。蒴果球形,熟时红色,顶端有宿存花萼。花期5—6月,果期7—12月。

生于林下沟谷。

1	2
3	4

1、植株及生境 2、花 3、花序 4、果序

姜科 Zingiberaceae · 山姜属 *Alpinia*

四川山姜

Alpinia sichuanensis Z.Y.Zhu

多年生草本,高达 1.2 米。根状茎分枝,**具节和鳞片**。叶片在茎下部为卵圆形,上部为长圆状披针形,**两面无毛**。总状花序顶生,总苞片 2 枚,线形,早落;花序轴被柔毛,花 2—4 朵;小苞片半圆形;花黄白色,花萼管状,外被短柔毛,先端齿裂;花冠管外无毛,内被疏短柔毛;**唇瓣黄白色,具红色条纹,边缘圆齿状**;侧生退化雄蕊线形,紫红色。蒴果球形,成熟红色,顶端具宿存萼。花期 5—6 月;果期 8—11 月。

生于针阔混交林下。**缙云山新记录植物**。

1、植株 2、花 3、叶背面 4、根状茎 5、花序 6、果序(未成熟)

姜科 Zingiberaceae · 姜花属 *Hedychium*

峨眉姜花

Hedychium flavescens Carey ex Roscoe
=*Hedychium emeiensis* Z.Y.Zhu

多年生草本。**具根茎**。叶片椭圆状披针形,**揉烂有辛辣味**;叶面光滑无毛,叶背被白色长柔毛;叶舌膜质,被白色长柔毛。**穗状花序顶生**,花淡黄色,芳香。**蒴果球形**。花期9—11月。生于阴湿沟谷。

1、植株及生境 2、花序 3、花部解剖 4、根状茎

图例:
1 苞片
2 小苞片
3 4 5 裂片,线形
6 7 侧生退化雄蕊
　　长圆状披针形
8 唇瓣(2退化雄蕊联合)
　　倒卵圆形,先端2裂
9 能育雄蕊
10 雌蕊,经9花丝槽中穿出

香蒲科 Typhaceae · 香蒲属 *Typha*

香蒲

Typha orientalis C.Presl

湿生草本。根状茎乳白色。地上茎粗壮。叶片条形。雄雌花序自上而下紧密连接；雌花序呈圆柱形，又名"水蜡烛"。花果期5—8月。

生于沼泽及水田。**缙云山新记录植物。**

1、植株 2、根状茎 3、叶鞘 4、花序

禾本科 Poaceae（Gramineae）· 弓果黍属 *Cyrtococcum*

弓果黍

Cyrtococcum patens (L.) A.Camus

一年生草本。秆较纤细。**叶鞘常短于节间**，边缘及鞘口被疣基毛；叶舌膜质，叶片线状披针形或披针形，两面贴生短毛，近基部边缘具疣基纤毛。**圆锥花序**由上部秆顶抽出；小穗被细毛或无毛，颖具 3 脉，第一颖卵形，第二颖舟形；第一外稃约与小穗等长；第二外稃背部弓状隆起，顶端具鸡冠状小瘤体；雄蕊 3。花果期 9 月至次年 2 月。

生于林下阴湿路边。

1、植株 2、叶正面观 3-4、节间和叶鞘 5、小穗 6-7、颖果（外稃内稃包被）

禾本科 Poaceae（Gramineae）· 野青茅属 *Deyeuxia*（拂子茅属 *Calamagrostis*）

野青茅

***Deyeuxia pyramidalis*（Host）Veldkamp**
=*Calamagrostis arundinacea* (L.) Roth

多年生草本。秆直立，其节膝曲。叶鞘疏松裹茎，叶舌膜质；叶片扁平或边缘内卷。圆锥花序紧缩似穗状，小穗长 5—6 毫米，颖片披针形；外稃长 4—5 毫米，芒柱扭转；内稃近等长或稍短于外稃。花果期 6—9 月。

生于山坡草地、路旁。

1、植株 2、茎 3、花序 4、叶鞘及叶舌 5、节

禾本科 Poaceae（Gramineae）· 芒属 *Miscanthus*

五节芒

***Miscanthus floridulus* Warb ex K.Schum & Lauterb.**

多年生草本，**具发达根状茎**。秆高大似竹，约 2 米，节下具白粉。叶片披针状线形。圆锥花序大形，主轴粗壮，延伸达花序的 2/3 以上；分枝较细弱，通常 10 多枚簇生于基部各节，具 2—3 回小枝；总状花序轴的节间长 3—5 毫米，小穗柄无毛；小穗卵状披针形，第二颖等长于第一颖；第一外稃长圆状披针形，第二外稃卵状披针形，芒长 7—10 毫米；雄蕊 3 枚，花药桔黄色。花果期 5—10 月。

生于向阳山坡。**缙云山新记录植物。**

1	2
3	5	6
4		7

1、生境 2、植株 3-4、花序 5、叶鞘 6、雄蕊 7、成熟果序

禾本科 Poaceae（Gramineae）· 雀稗属 *Paspalum*

圆果雀稗

***Paspalum scrobiculatum* var. *orbiculare*（G.Forst.）Hack.**
≡***Paspalum orbiculare* G.Forst.**

多年生草本。秆丛生。叶鞘无毛,鞘口有少数长柔毛;总状花序 2—10 枚排列于主轴上;小穗卵形。花果期 6—11 月。

生于马尾松林下路边。

1、植株 2、叶鞘 3-5、花序及果序 6-7、叶鞘

禾本科 Poaceae·结缕草属 *Zoysia*

细叶结缕草

***Zoysia pacifica*(Goudsw.)M.Hotta & S.Kuroki**

多年生草本,**具匍匐茎**。秆纤细。叶鞘无毛,紧密裹茎;叶舌膜质,顶端碎裂为纤毛状,鞘口具丝状长毛。**小穗窄狭**,黄绿色,或有时略带紫色,披针形;第一颖退化,第二颖革质,顶端及边缘膜质,具不明显的 5 脉;外稃与第二颖近等长,具 1 脉,内稃退化;无鳞被;花柱 2,柱头帚状。颖果。花果期 8—12 月。

缙云山系引种栽培,常用作草坪。

1、植株 2-4、花序 5、雄花 6、雌花

罂粟科 Papaveraceae · 紫堇属 *Corydalis*

紫堇

Corydalis edulis Maxim.

一年生草本。叶片近三角形，上面绿色，下面苍白色，**二至三回羽状全裂**；叶片揉烂后有**异味**。总状花序，**花粉红色至紫红色**；花瓣距末端**钝圆形**（地锦苗花瓣具**钻形的距**）。蒴果条形。

生于山坡、路边。

$\dfrac{1}{2\mid3}$ 1、植株 2-3、花序

罂粟科 Papaveraceae · 紫堇属 *Corydalis*

小花黄堇

Corydalis racemosa（ Thunb. ）Pers.

二年生草本。**无块茎**。叶二至三回羽状深裂。总状花序；萼片小，卵形；**花瓣淡黄色**，距长 1—2 毫米，囊状，末端圆。**蒴果线形**；种子黑色。花期 4—5 月，果期 5—6 月。

生于林缘、沟边阴湿处。

1、生境 2、花侧面观 3、花序 4、花正面观 5、蒴果

罂粟科 Papaveraceae · 紫堇属 *Corydalis*

地锦苗（尖距紫堇）

Corydalis sheareri S.Moore

多年生草本。植株揉烂有臭味。块茎圆柱形，干时黑褐色，被以残枯的叶柄基；叶片三角卵形，二至三回羽状全裂。总状花序，苞片倒卵形或楔形；萼片小，扇形；花瓣紫色，距钻形。蒴果条形。花果期4—5月。

生于沟边或林下潮湿地。

1、植株 2、叶 3、花序 4、根状茎 5、蒴果

木通科 Lardizabalaceae · 木通属 *Akebia*

白木通

***Akebia trifoliata* subsp. *australis*（Diels）T.Shimizu**

落叶木质藤本。三出复叶，小叶 3 片，中央小叶通常较大。腋生总状花序，雌雄同株；雄花序淡黄色、生上部，雌花序红褐色，心皮分离。浆果长椭圆形。

常生于阔叶林中。

1	2
3	4	5
		6

1、植株 2、叶 3、雄花序 4、基部具雌花的花序 5、花部解剖 6、果

木通科 Lardizabalaceae · 野木瓜属 *Stauntonia*

钝药野木瓜(短药野木瓜)

Stauntonia leucantha Diels ex Y.C.Wu

常绿木质藤本。枝褐色,有细条纹。**叶互生,掌状复叶**,小叶 5—7 片。花单性,**雌雄同株,总状花序成簇腋生**;萼片 6 片,2 轮,花瓣状;外轮卵状披针形,内轮线状披针形;**花瓣缺**;雄蕊 6 枚,花丝下部联合成管。**浆果长卵圆形**。花期 4 月,果期 7 月。

生于阔叶林及竹林下。

1、植株 2、叶 3-4、花序 5、花 6、花部解剖

防己科 Menispermaceae · 轮环藤属 *Cyclea*

轮环藤

***Cyclea racemosa* Oliv.**

藤本。老茎木质化,有条纹,被柔毛或近无毛。**叶盾状或近盾状**,纸质,卵状三角形,顶端尾状渐尖,基部近截平,**下面通常密被柔毛**;掌状脉9—11条。**花单性,淡紫色**,排成腋生总状花序,花序梗有长柔毛;雄花花萼钟形,4深裂几达基部;**花冠碟状**;聚药雄蕊;**雌花花萼或花瓣为2或1**;子房密被刚毛,柱头3裂。核果扁球形。花期4—5月,果期8月。

缠绕其他植物上生长。

1	2
3	4

1、植株 2、叶盾状着生 3、花序 4、叶

防己科 Menispermaceae · 秤钩风属 *Diploclisia*

秤钩风

Diploclisia affinis（Oliv.）Diels

木质藤本。当年生枝草黄色,有条纹,老枝红褐色,有许多纵裂的皮孔。叶革质,菱状扁圆形,**宽度常稍大于长度**,顶端具小凸尖,基部近圆形;**掌状脉常 5 条**;叶柄与叶片近等长。**聚伞花序腋生**,有花 3 至多朵,总梗长 2—4 厘米;萼片 6 片,2 轮,花瓣 6 瓣,雄蕊 6 枚。**核果红色**,倒卵圆形。花期 4—5 月,果期 7—9 月。

生于阔叶林中。

1、植株 2、叶 3、果序

防己科 Menispermaceae · 细圆藤属 *Pericampylus*

细圆藤

Pericampylus glaucus（Lam.）Merr.

攀援藤本。嫩枝有黄色绒毛。**叶纸质**，三角状卵形，顶端钝而具小凸尖，基部近心形，边缘有圆齿或近全缘，**掌状脉 5 条**。花单性，**伞房状聚伞圆锥花序单生或 2—3 个簇生**；雄花萼片 9 片，3 轮，花瓣 6 瓣；雄蕊 6 枚，离生；雌花与雄花特征类似。**核果球形**。花期 4—7 月，果期 7—12 月。

常缠绕在其他植物上生长。

3cm

1、植株 2、叶 3-6、花序 7、果序

小檗科 Berberidaceae · 鬼臼属 *Dysosma*

八角莲

Dysosma versipellis（Hance）M.Cheng ex T.S.Ying

多年生草本。**根状茎粗壮,横走、多须根**;茎生叶1—2片,盾状,近圆形;4—9掌状浅裂,**常8裂**,裂片宽三角形,**边缘具细刺齿,下面疏生柔毛。**伞形花序生于近叶柄顶部离叶基不远处,**花暗紫红色,花梗细长而下垂**;萼片、花瓣和雄蕊均6枚。浆果椭圆形。花期4—6月,果期6—10月。生于阴湿沟谷。

地下茎药用,**重庆市级保护植物。**

1	2
	4
3	5

1、果序 2、果 3、地下茎 4、叶背面示柔毛 5、叶缘刺齿

毛茛科 Ranunculaceae · 银莲花属 Anemone

打破碗花花

Anemone hupehensis（Lemoine）Lemoine

多年生草本。基生叶 3—5 片，**三出复叶**，小叶卵形，不分裂或不明显 3 或 5 浅裂，边缘具牙齿，**两面疏生糙毛**。聚伞花序常**二至三回分枝**，总苞片 2—3 片；**萼片 5 片，红紫色**，无花瓣，雄蕊多数。**聚合果球形**，瘦果密生绵毛。花期 10 月，果期翌年 4—5 月。

生于向阳山坡。

1、植株 2、叶 3、花序 4、花蕾 5、花背面观

毛茛科 Ranunculaceae · 翠雀属 *Delphinium*

卵瓣还亮草

***Delphinium anthriscifolium* var. *savatieri*（Franch.）Munz**

一年生草本。茎及花序轴、花梗有反曲细柔毛。叶二至三回羽状全裂。总状花序，小苞片生花梗中部，条形；花淡蓝紫色；萼片5片，距长约1厘米；花瓣2瓣，不等3裂；心皮3个。蓇葖果。花期4—5月。

生于林缘或草丛中。

1、植株 2、花序 3、花

毛茛科 Ranunculaceae · 毛茛属 *Ranunculus*

茴茴蒜

***Ranunculus chinensis* Bunge**

一年生草本,整个植株被淡黄色糙毛。**须根多数簇生**。茎直立粗壮,**中空**。基生叶为 3 出复叶,上部叶较小,叶片 3 全裂。花序有较多疏生的花;萼片狭卵形;花瓣 5,黄色;花托在果期显著伸长,圆柱形。聚合果长圆形;**瘦果扁平,喙极短**。花果期 5—9 月。

分布于嘉陵江边。**缙云山新记录植物。**

1、果序 2、叶 3、叶和聚合瘦果 4、果梗 5、花托及瘦果

毛茛科 Ranunculaceae · 毛茛属 *Ranunculus*

石龙芮

***Ranunculus sceleratus* L.**

一或二年生草本。**植株无毛。**叶片宽卵形，3 深裂，中央裂片菱状倒卵形，茎上部叶变小；基生叶和下部叶有长柄，上部叶近无柄。圆锥花序，花黄色。**瘦果密集在细圆柱状花托上；瘦果两侧有皱纹，先端有短喙。**花果期 5 — 8 月。

生于溪沟边或湿地等。

1	2
3	4 5
	6 7

1、植株 2、叶(基生叶) 3、花序 4、花 5、聚合瘦果
6、花瓣 7、雌蕊及雄蕊

毛茛科 Ranunculaceae · 毛茛属 *Ranunculus*

扬子毛茛

***Ranunculus sieboldii* Miq.**

多年生草本。茎常匍匐斜升,**密生开展白色或淡黄色柔毛。3 出复叶**,叶片圆肾形至宽卵形,中央小叶宽卵形,3 浅裂至较深裂;叶柄基部扩大成褐色膜质的宽鞘。**花与叶对生;**萼片狭卵形,花期向下反;花瓣 5,下部渐窄成长爪;雄蕊多数,花托粗短。**聚合果圆球形,**瘦果扁平,先端有成锥状外弯的喙。花果期 5 月至 10 月。

生于沟边、路旁。

1	2
3	4	5
6	7	8

1、植株 2、叶 3、花正面观 4、花瓣 5、未成熟聚合瘦果

6、花背面观 7、雌蕊及雄蕊 8、示心皮(雌蕊群)着生方式

毛茛科 Ranunculaceae · 天葵属 *Semiaquilegia*

天葵

***Semiaquilegia adoxoides*(DC.) Makino**

草本。**具棕黑色块根**。基生叶一回三出复叶,小叶扇状菱形,3 深裂,裂片疏生粗齿。**单歧聚伞花序**;萼片白色;花瓣淡黄色,下部管状,基部有距。蓇葖果 3 个。花期 3—4 月,果期 4—5 月。

常生于林下路边。

1、植株 2、叶 3、花序 4-5、蓇葖果

清风藤科 Sabiaceae · 清风藤属 *Sabia*

尖叶清风藤

Sabia swinhoei Hemsl.

常绿攀援木质藤本。小枝纤细，被柔毛。叶纸质，卵状椭圆形，先端渐尖或尾状尖，基部楔形，幼嫩叶片中脉被毛外，其余无毛。**聚伞花序**有花 2—7 朵，总花梗长 0.7—1.5 厘米，花梗长 2—4 毫米；萼片 5，卵形；花瓣 5 片，卵状披针形；雄蕊 5 枚；花盘浅杯状，子房无毛。**分果爿**熟时深蓝色，基部偏斜。花期 3—4 月，果期 7—9 月。

生于阔叶林下。

1	2
3	4	5
6	7	8

1、植株 2-3、花枝 4、花序正面观 5、幼嫩果实
6、花序侧面观 7、花正面观 8、成熟果实

蕈树科 Altingiaceae（金缕梅科 Hamamelidaceae）·枫香树属（枫香属）*Liquidambar*

枫香树

Liquidambar formosana Hance

落叶乔木。小枝具圆形皮孔。**叶掌状 3 裂**，裂片三角状宽卵形，边缘有锯齿；托叶 2 片，线形，早落。**花单性**同株；雄花呈柔荑状花序；雌花集成头状；无花瓣；萼齿 5 个，花后增长；花柱 2 个。**果序球形**，具宿存呈针刺状花柱和萼齿。花果期 4—10 月。

生于常绿阔叶林中。

1	2
3	4
	5

1、植株 2、小枝、叶柄和托叶 3、枝条 4、果 5、种子

金缕梅科 Hamamelidaceae · 蚊母树属 *Distylium*

杨梅叶蚊母树

***Distylium myricoides* Hemsl.**

常绿灌木,嫩枝有鳞垢。叶革质,矩圆形或倒披针形,**边缘上半部有数个小齿突。总状花序腋生**,花两性,两性花位于雄花上部。蒴果卵圆形,裂为 4 片。

生于阔叶林下。

1、植株 2、叶 3、小枝 4-5、花

金缕梅科 Hamamelidaceae · 檵木属 *Loropetalum*

檵木

***Loropetalum chinense*（R. Br.）Oliv.**

常绿灌木。小枝被锈色星状毛。叶卵圆形，**基部不对称，叶背粉绿色**；叶柄具锈色星状毛。花 4—8 朵簇生，近白色；萼筒卵形，4 齿；花瓣 4 瓣，条形；雄蕊 4 枚；子房半下位，花柱 2 个。**蒴果宽倒卵形**，4 裂。花果期 4—8 月。

常生于马尾松林下；【檵 jì】。

1、植株 2、花枝 3、花 4、果

交让木科(虎皮楠科)Daphniphyllaceae · 虎皮楠属 *Daphniphyllum*

虎皮楠(四川虎皮楠、南宁虎皮楠)

Daphniphyllum oldhamii (Hemsl.) K.Rosenth.

常绿乔木。叶革质,长圆状披针形,先端渐尖,基部楔形,边缘干后反卷,**叶背被白粉**。**总状花序腋生**,花单性,雌雄异株;萼片4—6片,披针形,花瓣缺。**核果椭圆形**,柱头宿存。花期4—5月,果期8—11月。

生于常绿阔叶林中。

1　2
——
　4
3　——
　5

1、植株 2、叶 3、花序 4、雄花 5、果

鼠刺科 Iteaceae（虎耳草科 Saxifragaceae）·鼠刺属 *Itea*

娥眉鼠刺（矩圆叶鼠刺）

Itea omeiensis C.K.Schneid.
=*Itea chinensis* var. *oblonga*（Hand.-Mazz.）Y.C.Wu

常绿灌木。叶薄革质,长圆形,边缘有极明显的**密集细锯齿**。**总状花序腋生**,萼片5片,花瓣5瓣,镊合状,雄蕊5枚。**蒴果狭披针形,顶端有喙,2瓣开裂**。花期3—5月,果期6—12月。生于常绿阔叶林下。

4cm

1	2
3	4	5
		6

1、植株 2、叶 3、花序 4、果序 5、花 6、果

虎耳草科 Saxifragaceae · 虎耳草属 *Saxifraga*

虎耳草

***Saxifraga stolonifera* Curtis**

多年生草本。有长匍匐茎。叶基生,微肉质,被长毛;叶片肾形至广卵形,边缘有不规则的钝锯齿,背面常具紫色斑点。**圆锥花序,花梗上被腺毛;花两侧对称,**萼片 5 片,不等大;**花瓣 5 瓣,**白色,**下方 2 瓣特大;**雄蕊 10 枚;心皮 2 个,合生。蒴果卵形,**顶端有 2 喙。**花期 4—6 月,果期 6—7 月。

全草入药,生于阴湿岩壁上。

1
2│3│4　1、植株 2、叶正面 3、叶背面 4、花

景天科 Crassulaceae · 费菜属 *Phedimus*（景天属 *Sedum*）

齿叶费菜（齿叶景天、天黄七）

***Phedimus odontophyllus*（Fröd.）'t Hart**
≡*Sedum odontophyllum*（Fröd.）'t Hart

多年生草本。**不育枝叶对生或 3 叶轮生**，常聚生枝顶。**能育枝叶互生或对生**，卵形或椭圆形，先端稍急尖或钝，边缘有疏而不规则的牙齿。聚伞状花序，分枝蝎尾状；花无梗，萼片 5—6，花瓣 5—6。**蓇葖果横展**，腹面囊状隆起。花期 4—6 月，果期 6 月。

生于山坡阴湿岩石上。

1、植株 2、小枝 3、花序

景天科 Crassulaceae · 景天属 *Sedum*

珠芽景天

***Sedum bulbiferum* Makino**
多年生草本。根须状。茎下部常横卧,叶腋常有**圆球形珠芽着生。基部叶卵状匙形,对生,上部叶匙状倒披针形,互生。聚伞状花序**,分枝 3 个,常再二歧分枝;萼片 5 片,披针形至倒披针形,有短距;花瓣 5 瓣,**黄色**,披针形;雄蕊 10 枚;心皮 5 个,略叉开。花期 4—5 月。
生于山坡、路边等处。

1、植株 2、叶片及珠芽 3、花

景天科 Crassulaceae · 景天属 *Sedum*

凹叶景天

Sedum emarginatum Migo

多年生草本。**叶对生**,匙状倒卵形至宽卵形,**先端有微缺**。聚伞花序顶生,常有 3 个分枝;花黄色,无梗;萼片、花瓣均 5 片;心皮 5 个;蓇葖果腹部有浅囊状突起。花期 5—6 月,果期 6 月。

生于山坡阴湿处。

1、植株 2、叶片正面示先端凹缺 3、花

小二仙草科 Haloragaceae · 小二仙草属 *Gonocarpus*（*Haloragis*）

小二仙草

***Gonocarpus micranthus* Thunb.**

≡*Haloragis micrantha*（Thunb.）R.Br. ex Siebold & Zucc.

陆生直立或下部倾卧小草本。**茎常红色**，具棱槽。叶厚而小，具短柄，对生或上部者互生，通常卵圆形，**边缘具锯齿**。**圆锥花序顶生**，由纤细的总状花序组成；花两性，极小；花萼4裂，花瓣4瓣，红色；雄蕊8枚；子房下位，4室，花柱4个。核果近球形，具8条钝棱。

生于马尾松林下路边。

1、生境 2、叶 3、植株 4、花序 5、花枝 6、果（未成熟）

葡萄科 Vitaceae · 蛇葡萄属 *Ampelopsis*

三裂蛇葡萄

***Ampelopsis delavayana* Planch. ex Franch.**

半常绿木质藤本。小枝有柔毛。**掌状复叶具 3—5 片小叶**,有时兼具不裂叶,中间小叶长圆形,侧小叶极偏斜。**聚伞花序与叶对生**,常二歧分枝;花小,萼浅裂;**花瓣 5 瓣。浆果扁球形,熟时由绿转红,后紫蓝色。**花期 5—8 月,果期 7—9 月。

生于山坡、路边。

1、植株 2、叶 3、花序 4、果(成熟)

葡萄科 Vitaceae · 乌蔹莓属 *Cayratia*

乌蔹莓

***Cayratia japonica*（Thunb.）Gagnep.**

草质藤本。卷须常 **2** 叉；幼枝有柔毛。鸟足状复叶具 **5** 片小叶，叶草质，顶小叶有长柄。**聚伞花序腋生**，花黄绿色，萼杯状，边缘膜质；花瓣 4 瓣；花盘发达；柱头圆形，花柱基部渐增大。果近球形，熟时黑色。花期 3—8 月，果期 8—10 月。

生于林缘、路边。

1、叶 2、花序 3、果序 4、果

葡萄科 Vitaceae · 崖爬藤属 *Tetrastigma*

三叶崖爬藤（金线吊葫芦）

Tetrastigma hemsleyanum Diels & Gilg ex Diels

草质藤本。具长圆形块根。卷须不分枝或偶 2 分枝。**掌状复叶 3 片小叶**，草质至纸质，**中间 1 片小叶较大**，卵状披针形，边缘有具腺头的疏齿，侧生小叶片偏斜。聚伞花序腋生于当年新枝上，被短柔毛；花单性异株，黄绿色，萼 4 个齿；花瓣 4 瓣；雄蕊 4 枚，生花盘外；雌花花柱粗短，柱头盘状 4 裂，花盘明显。**浆果球形**。花期 5 月，果期 7—8 月。

生于林缘、路旁。

1、叶 2-3、花序 4、花部特写 5、果

葡萄科 Vitaceae · 崖爬藤属 *Tetrastigma*

崖爬藤

Tetrastigma obtectum（Wall. ex M.A.Larson）Planch. ex Franch.

常绿木质藤本,常附生树干上。小枝被毛。卷须分枝,顶端膨大呈吸盘。**掌状复叶具5片小叶**,小叶近无柄,菱状倒窄卵形,常带紫红色,边缘有稀疏小锐齿。**伞形花序生小枝顶端**或腋生,花序被毛;花单性,萼小,花瓣4瓣,雄蕊4枚,柱头4裂。浆果球形或倒卵形。花期4—5月,果期6—8月。

生于阔叶林中。

1	2
	4
3	5

1-2、生境及植株 3、花序 4、叶 5、果序

豆科 Fabaceae（Leguminosae）· 合萌属 *Aeschynomene*

合萌（田皂角）

***Aeschynomene indica* L.**

亚灌木。**茎具小凸点**。**一回羽状复叶**,具 20—30 对小叶,小叶近无柄,线状长圆形；托叶膜质,卵状披针形,基部下延成**耳状**。**总状花序**,**蝶形花冠淡黄色**,具紫色纵脉纹。**荚果线状长圆形**,成熟时荚节逐节脱落；种子肾形。花期 7—8 月,果期 8—10 月。

生于水田、路边。

1、植株及生境 2、茎上小凸点 3、叶 4-5、果 6、托叶 7、花

豆科 Fabaceae（Leguminosae）·合欢属 *Albizia*

山槐（山合欢）

Albizia kalkora（Roxb.）Prain

落叶小乔木；枝条有显著皮孔。二回羽状复叶,羽片 2—4 对；小叶 5—14 对,**基部偏斜而不对称。头状花序** 1—3 个生于叶腋或于枝顶排成圆锥花序；**花初白色,后变黄**；花萼管状,花冠中部以下连合呈管状；雄蕊基部连合呈管状。荚果带状。种子倒卵形。花期 5—6 月；果期 8—10 月。

生于山坡灌丛、疏林中。

1、植株及生境 2、花序 3、果

豆科 Fabaceae（Leguminosae）· 紫穗槐属 *Amorpha*

紫穗槐

Amorpha fruticosa L.

落叶灌木。**奇数羽状复叶**，小叶 11—25 枚，披针状椭圆形，先端急尖，有小尖头，叶背被腺点。**总状花序**集中生枝顶部；萼钟状，5 裂；**蝶形花冠仅具 1 旗瓣**，紫色；雄蕊 10 枚。荚果小，弯曲。花期 4—5 月，果期 6—9 月。

缙云山系人工栽培。

1、植株生境 2、叶 3、花序 4、果序

豆科 Fabaceae（Leguminosae）·猴耳环属 *Archidendron*

亮叶猴耳环

Archidendron lucidum（Benth.）I.C.Nielsen

常绿乔木。小枝有明显的棱角，密被黄褐色绒毛。**二回羽状复叶**，羽片通常 4—5 对；**叶轴及叶柄近基部处有腺体**；小叶斜菱形，基部极不等侧，近无柄。**圆锥花序**顶生或腋生；花萼钟状，蝶形花冠白色或淡黄色。**荚果**旋卷似猴子的耳朵而得名"**猴耳环**"。种子椭圆形，种皮皱缩。花期 2—6 月；果期 4—8 月。

生于常绿阔叶林中。

1	2
3	4	5
6	7	8

1、植株 2、叶 3、小叶 4-7、荚果 8、种子

豆科 Fabaceae（Leguminosae）· 云实属 *Caesalpinia*

华南云实（川云实）

Caesalpinia crista L.

落叶木质藤本。树皮有少数**倒钩刺**。**二回羽状复叶**，叶轴上有黑色倒钩刺；羽片 2—4 对，对生；小叶 4—6 对，对生。总状花序排列成顶生大形圆锥花序；花芳香，**黄色**；萼片和花瓣各 5 枚。**荚果斜阔卵形**，革质，肿胀；种子 1 颗，扁平。花期 4—7 月；果期 7—12 月。

生于沟谷两侧林中。

豆科 Fabaceae（Leguminosae）· 云实属 *Caesalpinia*

云实（阎王刺）

Caesalpinia decapetala（Roth）Alston

形态特征同华南云实，区别在于**小叶较小**，2.5 厘米以下（华南云实小叶长 3 厘米以上），**荚果长圆形，肿胀，种子 6—9 粒**（华南云实荚果扁平，种子 1 粒）。

生于向阳山坡路边。

1	2
	4
3	5

1、植株及生境 2、羽片 3、花序 4、花 5、果

豆科 Fabaceae（Leguminosae）· 鸡血藤属 *Callerya*（崖豆藤属 *Millettia*）

香花鸡血藤（香花崖豆藤、崖胡豆）

***Callerya dielsiana*（Harms ex Diels）P.K.Lôc ex Z.Wei & Pedley**
≡*Millettia dielsiana* Harms ex Diels

　　攀援灌木。老茎含紫红色液汁，幼枝被锈色短柔毛。羽状复叶具 5 片小叶，小叶革质；叶轴、小叶柄及叶背脉上密被锈色短柔毛；小托叶针状。顶生或腋生圆锥花序，萼钟状，萼及花梗密被锈色毛；花冠紫红色，旗瓣外面密被白色或带锈色绢状毛；两体雄蕊。荚果扁平，满被锈色绒毛，种子 2—4 粒。花期 5—8 月，果期 8—10 月。

　　生于林下或林缘灌丛。

1	2
3	4	5
		6

1、植株、2、叶 3-4、花序 5、花部解剖 6、果

豆科 Fabaceae（Leguminosae）· 杭子梢属 *Campylotropis*

杭子梢（宜昌杭子梢）

Campylotropis macrocarpa（Bunge）Rehder

落叶灌木。小枝贴生柔毛，嫩枝毛密。**羽状复叶**具 3 小叶；小叶宽椭圆形，先端具**小凸尖**。**总状花序**，花序轴密生柔毛；苞片内具 1 朵花，花后脱落；花梗于花萼下有关节；**蝶形花冠**，花冠粉红色。荚果长圆形、**具网脉**，先端具短喙尖。花、果期 4—10 月。

生于山坡灌丛。

1	
2	3

1、植株 2、花 3、果

豆科 Fabaceae（Leguminosae）· 山蚂蝗属 *Desmodium*

大叶拿身草

***Desmodium laxiflorum* DC.**

　　直立或平卧亚灌木。茎具不明显的棱，连同叶、花序被贴伏毛和小钩状毛。叶为**羽状三出复叶**。**总状花序**腋生或顶生，花 2—7 朵簇生于每一节上；花萼漏斗形，裂片披针形，上部裂片先端微 2 裂；**花冠紫色或白色**；雄蕊二体。荚果线形，密被钩状小毛；**种子间缢缩，形成节荚果**。花期 8—10 月，果期 10—11 月。

　　生于林缘、灌丛、草坡、路边。**缙云山新记录植物。**

1、植株 2、叶 3、幼嫩花序 4、花序 5、花侧面观 6、荚果

豆科 Fabaceae（Leguminosae）· 山蚂蝗属 *Desmodium*

长波叶山蚂蝗

***Desmodium sequax* Wall.**

灌木。枝密生淡黄棕色柔毛。**三出复叶**，小叶菱状圆形，两面均被柔毛。总状花序1—3个自叶腋抽出；萼钟状，齿三角形；**花冠紫色**；两体雄蕊。**荚果扁平，种子间缢缩，密生开展的褐色钩状毛**，具5—10荚节。花期7—9月，果期8—10月。

生于向阳山坡。

5cm

1	2
3	4	5
6	7	8

1、植株及生境 2、叶 3、植株 4、花序 5、果实（未成熟）
6、果序 7、花侧面观 8、果实（成熟）

豆科 Fabaceae（Leguminosae）· 刺桐属 *Erythrina*

刺桐（刺木通）

Erythrina variegata L.

落叶乔木。**枝有皮刺**。**三出复叶**，小叶宽卵形或菱状卵形。**总状花序顶生**，花密集于总花梗顶部；**萼佛焰苞状**，一边开裂；**花冠橙红色**；**两体雄蕊，5 长 5 短**。荚果两端渐长尖；种子暗红色，肾形。花期 11 月至次年 5 月。

缙云山系人工栽培，生于公路边。

1、植株及生境 2、叶 3、花序 4、茎上的皮刺 5、花部解剖

豆科 Fabaceae（Leguminosae）· 皂荚属 *Gleditsia*

皂荚（皂角树）

Gleditsia sinensis Lam.

落叶乔木。**枝及杆上有分枝的粗刺**。**一回偶数羽状复叶**，**常集生短枝顶**，小叶 3—7 对，**顶端 1 对常最大**；羽片基部偏斜，边缘有细锯齿。花杂性同株，腋生总状花序；萼 4 裂；花瓣 4 瓣，白色；雄蕊 6—8 枚。**荚果扁平、被白粉**。花期 4—5 月，果期 6—10 月。

生于阔叶林下。荚果煎汁可作为肥皂用，川渝地区又名"**皂角树**"。

1、植株 2、叶 3、茎刺 4、果 5、花序

豆科 Fabaceae（Leguminosae）· 长柄山蚂蝗属 *Hylodesmum*

长柄山蚂蝗

Hylodesmum podocarpum（DC.）H.Ohashi & R.R.Mill

直立草本。茎具条纹。**叶为羽状三出复叶**，小叶纸质，顶生小叶宽倒卵形，侧生小叶斜卵形。总状花序或圆锥花序，顶生或腋生；总花梗被柔毛和钩状毛，通常每节生 2 花；花萼钟形，**蝶形花冠紫红色**；雄蕊单体。**荚果通常有 2 个荚节**，荚果背缝线弯曲，节间深凹入达腹缝线，荚节略呈宽半倒卵形。花、果期 8—9 月。

生于林缘、路边。

1、植株 2、叶 3、花序 4、果序 5、花 6、果

豆科 Fabaceae（Leguminosae）· 木蓝属（槐蓝属）*Indigofera*

河北木蓝（马棘）

Indigofera bungeana Walp.

=Indigofera pseudotinctoria Matsum.

落叶灌木。枝银灰色，被灰白色丁字毛。**一回羽状复叶**，叶轴上面有槽；托叶三角形，早落；小叶 2—4 对，对生，下面丁字毛较粗。**总状花序腋生，蝶形花冠紫红色。荚果线状圆柱形**。花期 5—6 月，果期 8—10 月。

生于向阳山坡或河滩地。

$\dfrac{1}{2 \mid 3}$ ——1、植株及生境 2、叶 3、花序

豆科 Fabaceae（Leguminosae）· 鸡眼草属 *Kummerowia*

鸡眼草

***Kummerowia striata*（Thunb.）Schindl.**

一年生草本。茎常铺地生长。**三出复叶**，小叶长椭圆形，近无柄；**托叶卵形，宿存，有长缘毛**。花1—3朵腋生，萼深裂，紫色；**蝶形花冠淡紫色**。荚果卵状圆形，有细毛，种子1粒。花果期7—10月。

生于向阳山坡路边。

1、植株及生境 2、叶 3、植株 4、茎被毛及托叶 5、花

豆科 Fabaceae（Leguminosae）· 胡枝子属 *Lespedeza*

截叶铁扫帚

***Lespedeza cuneata*（Dum.-Cours.）G.Don**

灌木。枝有柔毛。三出复叶,小叶线形,**先端钝圆**,有短尖,基部楔形,叶背被柔毛。总状花序腋生,具花 2—4 朵;萼裂片披针形,花冠白色或微黄。荚果先端有短尖头。花期 8—9 月,果期 10—11 月。

生于向阳路边。

2cm

1	2
3	5	6
4	7	8

1、小枝 2、叶 3、叶正面 4、叶背面 5、茎 6、花 7、花部解剖 8、果

豆科 Fabaceae（Leguminosae）· 胡枝子属 *Lespedeza*

多花胡枝子

Lespedeza floribunda Bunge

落叶灌木。枝有条棱，被灰白色绒毛。托叶线形，先端刺芒状；羽状复叶具 3 小叶。总状花序腋生，苞片内具 2 花，**蝶形花冠紫红色**。**荚果宽卵形**，超出宿存萼，密被柔毛。花期 6—9 月，果期 9—10 月。

生于向阳山坡。

<u>1</u>|<u>2</u>　1、植株及生境 2、叶 3、茎 4、花序 5、花部解剖 6、果
3|4|5|6

豆科 Fabaceae（Leguminosae）· 胡枝子属 *Lespedeza*

铁马鞭

***Lespedeza pilosa*（Thunb.）Siebold & Zucc.**

多年生草本。**全株密被长柔毛**。羽状复叶具 3 小叶，顶生小叶较大。总状花序腋生；花萼密被长毛，5 深裂，**蝶形花冠黄白色或白色**。荚果广卵形，凸镜状，两面密被长毛，**先端具尖喙**。花期 7—9 月，果期 9—10 月。

常生于路边。

1、植株 2、叶 3-5、花序

豆科 Fabaceae（Leguminosae）· 银合欢属 *Leucaena*

银合欢

Leucaena leucocephala（Lam.）de Wit

灌木或小乔木。托叶三角形。**二回羽状复叶**,羽片 4—8 对,最下一对羽片着生处有 1 **枚黑色腺体**；小叶 5—15 对,基部两侧不对称。**头状花序**通常 1—2 个腋生；花白色；雄蕊 10 枚。**荚果带状**。花期 4—7 月；果期 8—10 月。

缙云山系栽培,分布于公路边。

$\frac{1}{2|3|4}$ 1、植株及生境 2-3、花序 4、果序

豆科 Fabaceae（Leguminosae）· 苜蓿属 *Medicago*

天蓝苜蓿

Medicago lupulina L.

一年生或二年生草本。**茎铺散**，有疏毛。**三出复叶**，小叶倒卵形，先端钝圆，边缘上半部有锯齿，两面均被白色柔毛。总状花序腋生，总花梗长 2—3 厘米，花 10—15 朵密集呈头状或短穗状花序；萼钟状，**花冠黄色**。**荚果卷曲呈肾形，先端有弯曲的喙**，具皱纹。种子 1 粒。花果期 2—6 月。

生于向阳山坡、路边。

1	2
3	4	5
		6

1、植株生境 2、花序和果序 3、植株 4、果序 5、花部解剖 6、果

豆科 Fabaceae（Leguminosae）· 草木犀属 *Melilotus*

草木犀

Melilotus officinalis (L.) Lam.

二年生草本。**羽状三出复叶**，托叶镰状线形；小叶倒披针形，先端钝圆，基部阔楔形，边缘具不整齐疏浅齿；顶生小叶稍大，具较长的小叶柄。**总状花序腋生**，苞片刺毛状，萼钟形，萼齿三角状披针形，**蝶形花冠黄色**。荚果卵形，先端具宿存花柱；种子卵形，黄褐色。花期5—9月，果期6—10月。

常生于山坡、路边。

1、植株及生境 2、叶 3、花序 4、花 5、花部解剖

豆科 Fabaceae（Leguminosae）· 崖豆藤属 *Millettia*

厚果崖豆藤

***Millettia pachycarpa* Benth.**

大形木质藤本。幼枝被白色短绒毛。奇数羽状复叶，小叶 13—17 片，半革质；**新生小叶下垂。总状花序腋生**，花 2—5 朵簇生于花序轴的节上；萼钟状，**花冠淡紫色，旗瓣无毛；雄蕊合生成单体。**荚果木质，肿胀。花期 5—6 月，果期 7—9 月。

生于沟谷或林缘。

1	2
3	4	5
		6

1、植株 2、叶 3、花序 4、花 5、果 6、果部解剖

豆科 Fabaceae（Leguminosae）· 油麻藤属 *Mucuna*

常春油麻藤

***Mucuna sempervirens* Hemsl.**

大形木质常绿藤本。三出复叶，小叶革质，侧小叶偏斜。**短总状花序着生于老茎上**；萼宽钟状，**蝶形花冠暗紫色**；两体雄蕊（9+1）。荚果带状，木质，于种子间缢缩，**满被锈色硬长毛**。种子长圆形，扁平。花期 3—4 月，果期 7—9 月。

生于崖壁上。

1、植株及生境 2、叶 3、花序着生在茎上 4、荚果
5、果部解剖 6、花序 7-8、花

豆科 Fabaceae（Leguminosae）·葛属 *Pueraria*

葛（葛藤、野葛）

***Pueraria montana*（Lour.）Merr.**
=*Pueraria lobata*（Willd.）Ohwi

草质缠绕藤本。**全株被黄褐色硬长毛**；地下**块根肥大**。**三出复叶**，顶小叶菱状卵形，有时 3 浅裂；**托叶盾状**。总状花序腋生，多花密集顶部；萼齿 5 裂，**蝶形花冠紫红色**。荚果条形，**密生黄色硬毛**。花期 7—9 月，果期 10—12 月。

生于向阳山坡。

1、叶 2、托叶 3、花序 4-5、果序

豆科 Fabaceae（Leguminosae）·鹿藿属 *Rhynchosia*

菱叶鹿藿

Rhynchosia dielsii Harms

缠绕草本。茎纤细，通常密被长柔毛。**叶具羽状 3 小叶**；托叶小，披针形，小托叶刚毛状；**顶生小叶卵形**，先端渐尖。总状花序腋生，苞片披针形；花疏生，黄色；花萼 5 裂，裂片三角形；花冠各瓣均具瓣柄。**荚果长圆形或倒卵形**，扁平，成熟时红紫色；种子 2 颗，近圆形。花期 6—7 月，果期 8—11 月。

生于路旁灌丛中。**缙云山新记录植物**。

1、植株 2、枝和托叶 3-4、花序 5、花 6、果序

豆科 Fabaceae（Leguminosae）· 鹿藿属 *Rhynchosia*

鹿藿

Rhynchosia volubilis Lour.

半木质缠绕藤本。植株被开展的淡黄色柔毛。三出复叶，**顶生小叶倒卵状菱形**，侧小叶较小，偏斜，叶背密生红褐色腺点。总状花序腋生，花着生较密集；萼钟状，5 裂；花冠黄色；两体雄蕊。**荚果圆形至长圆形，红褐色**，先端有细喙；种子 1—2 粒，近圆球形，黑色。花果期 5—10 月。

生于向阳山坡。

1、植株 2、叶 3、花序 4、果序 5、荚果及种子 6-7、花

豆科 Fabaceae（Leguminosae）· 车轴草属 *Trifolium*

白车轴草

Trifolium repens L.

多年生草本。茎匍匐蔓生，节上生根。**掌状三出复叶**，小叶无柄，先端凹头至钝圆，叶片中部有一圈白斑。花序球形，顶生；总花梗长，具花 20 朵以上；萼钟形，萼齿 5；**蝶形花冠白色**。荚果长圆形。花果期 5—10 月。

原产于欧洲和北非，逸为野生。

1、植株生境 2、叶 3、花序

豆科 Fabaceae（Leguminosae）· 野豌豆属 *Vicia*

小巢菜

***Vicia hirsuta* (L.) Gray**

二年生草本。茎细弱，方形。羽状复叶，**顶部有卷须**；小叶 8—18 片，先端截形，有短尖。总状花序单生叶腋，顶端有花 2—5 朵，花序轴及花梗均**被淡黄褐色短柔毛**；花萼钟状，5 裂；**花冠白色或淡紫色**；子房密生柔毛。**荚果扁**，被黄褐色柔毛；**种子 1—2 粒**，扁圆形。花果期 3—5 月。

生于向阳路边、草丛。

1、植株 2、叶和果 3、花枝 4、果序

豆科 Fabaceae（Leguminosae）· 野豌豆属 *Vicia*

救荒野豌豆（野豌豆）

Vicia sativa L.

二年生草本。羽状复叶有小叶 8—16 片,顶端有**卷须数条**;**小叶先端截形,微凹,有小尖头**;托叶戟形,边缘有不规则齿。**花 1—2 朵腋生,无梗**;萼钟状,裂片三角状披针形;**花冠紫红色**。荚果扁平,刀鞘形;种子 5—9 粒。花果期 3—5 月。

生于耕地旁、路边。

1、植株 2、叶 3、花 4、果

豆科 Fabaceae（Leguminosae）· 野豌豆属 *Vicia*

四籽野豌豆

***Vicia tetrasperma* (L.) Schreb.**

二年生草本。**茎纤细,有棱**。**羽状复叶**,顶端具 1 卷须;小叶 6—12 片,**先端急尖或圆钝,有短尖头**;托叶戟形。**总状花序腋生**,有花 1—2 朵;花萼宽钟状,裂片三角形;**花冠紫蓝色**。荚果扁,长圆形,**种子通常 4 粒**。花果期 3—5 月。

生于耕地旁、路边。

1	2
3	4
	5

1、植株 2、卷须 3、叶、花、果 4、花 5、果

蔷薇科 Rosaceae · 龙牙草属 *Agrimonia*

龙芽草

***Agrimonia pilosa* Ledeb.**

多年生草本。全株被柔毛。**奇数羽状复叶,羽片间杂有小形裂片**,羽片倒卵形,边缘有粗锯齿;托叶近卵形,通常有裂片或齿。**穗形总状花序顶生**;小苞片对生;萼筒有棱,顶端有一圈钩刺状毛,萼片三角形;**花瓣黄色**;雄蕊 5—15 枚;心皮 2 个离生。**果实有肋条 10,顶端有钩刺**。花果期 5—12 月。

生于路边。

5cm

| 1 | 2 | 1、植株 2、叶 3、花序 |
| 3 | 4 5 6 | 4、果序 5、花 6、果 |

蔷薇科 Rosaceae · 樱属 *Cerasus*（李属 *Prunus*）

尾叶樱桃（尾叶樱）

Cerasus dielsiana（ Schneid. ）T.T.Yu & C.L.Li
≡***Prunus dielsiana*** C.K.Schneid.

落叶乔木或灌木。树皮灰褐色，**生有皮孔**。叶片长椭圆形，叶边有尖锐单齿或重锯齿，齿端有**圆钝腺体**；托叶边缘有腺齿。**花序伞形**，花 3—6 朵；花瓣白色或粉红色，卵圆形，**先端 2 裂**；雄蕊多数，与花瓣近等长。**核果红色**，近球形。花期 4—6 月，果期 5—6 月。

生于阔叶林下。

1、枝条 2、树皮 3、花序 4、果枝 5、果（未成熟）6、花序 7、成熟果序

蔷薇科 Rosaceae · 蛇莓属 *Duchesnea*

蛇莓(蛇泡)

Duchesnea indica(Andrews)Focke

多年生匍匐草本。全株被柔毛,节上生根,生芽。**三出复叶**,小叶片倒卵形至菱状长圆形,边缘有钝齿;托叶阔披针形。花单生腋生,有长梗;**副萼片比萼片稍长**,先端3—5裂,萼片卵形;**花瓣倒卵形,黄色**;雄蕊多数;心皮离生,螺旋状着生于凸起花托上。**花托在果时膨大,近球形,外面鲜红色**,里面为白色海绵质。瘦果卵形。花果期4—8月。

生于向阳路边。

1	2
3	4	5
6	7	8

1、植株 2、花蕾 3、花 4、副萼

5、花瓣 6、聚合瘦果 7、萼片 8、瘦果

薔薇科 Rosaceae · 枇杷属 *Eriobotrya*

大花枇杷

Eriobotrya cavaleriei (H.Lév.) Rehder

常绿乔木。小枝粗壮。叶片集生枝顶,长圆倒披针形,边缘**中上部具疏生锯齿**。圆锥花序顶生,花梗有稀疏棕色短柔毛;萼筒浅杯状,萼片三角卵形;**花瓣白色**,倒卵形;雄蕊 20 枚;花柱 2—3。果实椭圆形,顶端有**反折宿存萼片**。花期 4—5 月,果期 7—8 月。

生于阔叶林下。

1、植株及生境 2、叶 3、花序 4、果序 5、果部解剖

蔷薇科 Rosaceae · 路边青属 *Geum*

柔毛路边青

***Geum japonicum* var. *chinense* F.Bolle**

多年生草本。茎被黄色短柔毛及粗硬毛。**基生叶为大头羽状全裂**,通常有 1—2 对较大的裂片及数对小裂片,**顶生裂片最大**,边缘有粗大圆钝锯齿;上部茎生叶**不裂或 3 浅裂**,叶裂片顶端圆钝。花数朵疏散顶生,萼片三角卵形,花瓣黄色。聚合果近球形,**瘦果顶端有钩**。花期 8—11 月。

生于林下路边。

1、植株生境 2、花 3、植株 4、果

蔷薇科 Rosaceae · 桂樱属 *Laurocerasus*（李属 *Prunus*）

大叶桂樱

***Laurocerasus zippeliana*（Miq.）Browicz**
≡*Prunus zippeliana* Miq.

常绿乔木。小枝具**明显小皮孔**。叶片革质，宽卵形，先端急尖至短渐尖，基部宽楔形，叶边具稀疏或稍密粗锯齿，**齿顶有黑色硬腺体**；叶柄粗壮，**有 1 对扁平的腺体**。**总状花序**单生或 2—4 个簇生于叶腋；萼筒钟形，花瓣近圆形，白色；雄蕊约多数。果实长圆形。花期 7—10 月，果期冬季。

生于常绿阔叶林下。

腺体

1	2
	4
3	
	5

1、植株 2、叶 3、果序 4、叶柄示腺体 5、嫩枝

蔷薇科 Rosaceae · 委陵菜属 *Potentilla*

翻白草

***Potentilla discolor* Bunge**

多年生草本。具粗壮直根。茎直立。**基生叶为羽状复叶**，边缘具圆钝锯齿，**背面密被灰白色棉毛**；茎生叶通常 **3 小叶**。顶生聚伞花序有花几朵至多朵，花黄色。瘦果光滑。花果期 5—9 月。

生于向阳路边、山坡。

$\begin{array}{c|c} 1 & 2 \\ \hline & 3 \\ \hline 4 & 5\,6 \end{array}$ 1、植株及生境 2、叶正面 3、叶背面
4、花序 5、花 6、花正面观

薔薇科 Rosaceae · 火棘属 *Pyracantha*

火棘(红子、救军粮)

Pyracantha fortuneana (**Maxim.**) **H.L.Li**

常绿灌木。**侧枝短、先端成刺状。**叶片倒卵形,先端圆钝,边缘有钝锯齿。**复伞房花序,花瓣白色,**雄蕊多数。**果实近球形、桔红色。**花期 3—5 月,果期 8—11 月。

生于向阳山坡。果可食用,又名**"红子"、"救军粮"。**

1 / 2 | 3　1、植株 2、花序 3、果序

蔷薇科 Rosaceae · 蔷薇属 *Rosa*

金樱子(糖果)

***Rosa laevigata* Michx.**

常绿攀援灌木;小枝散生扁弯皮刺。**三小叶羽状复叶**;小叶柄和叶轴有皮刺和腺毛。花单生于叶腋,花梗和萼筒密被腺毛,随果实成长变为**针刺**;花萼裂片5枚、绿色,花瓣5枚、白色;雄蕊多数;心皮多数。果倒卵形,外面密被**刺毛**。花期4—6月,果期7—11月。

生于向阳山坡。果可食用,又叫**"糖果"**。

4cm

1、植株及生境 2、叶 3、花正面观

4、花侧面观 5、果

蔷薇科 Rosaceae · 蔷薇属 *Rosa*

粉团蔷薇

***Rosa multiflora* var. *cathayensis* Rehder & E.H.Wilsson**

攀援灌木；小枝圆柱形。**一回羽状复叶**，小叶片 5—9，边缘有尖锐单锯齿；**托叶篦齿状，大部贴生于叶柄**。花多朵，排成**圆锥状花序**；花瓣粉红色。果近球形。花期 4—6 月，果期 7—9 月。

生于向阳山坡。

1、植株及生境 2-3、花序 4、花

蔷薇科 Rosaceae · 蔷薇属 *Rosa*

悬钩子蔷薇

***Rosa rubus* H.Lév. & Vaniot**

匍匐灌木。小枝圆柱形,皮刺短粗、弯曲。**一回羽状复叶**,小叶通常 5 片,卵状椭圆形,先端尾尖,基部近圆形,**边缘有尖锐锯齿**;托叶大部贴生于叶柄,离生部分披针形,**全缘常带腺体**。花 10—25 朵排成圆锥状**伞房花序**,花梗被柔毛和稀疏腺毛;萼筒球形,萼片披针形;**花瓣白色**,倒卵形。果近球形,红色,**花后萼片反折**。花期 4—6 月,果期 7—9 月。

生于向阳山坡、路边。

1	2
3	5	6
4	7	8

1、植株及生境 2、托叶 3、叶正面
4、叶背面 5-7、花序 8、果及萼片

蔷薇科 Rosaceae · 蔷薇属 *Rosa*

缫丝花(单瓣缫丝花、刺梨)

***Rosa roxburghii* Tratt.**

灌木。树皮成片状剥落；小枝圆柱形,具成对**皮刺**。**一回羽状复叶**,小叶 4—5 对,小叶片边缘有细锐锯齿；**托叶大部贴生于叶柄**,离生部分呈钻形,边缘有腺毛。花单生或 2—3 朵生于短枝顶端；萼片常宽卵形,有羽状裂片,内面密被绒毛,外面密被针刺；花瓣粉红色,微香；雄蕊多数着生在杯状萼筒边缘。**果扁球形,外面密生针刺**,熟时黄色。花期 5—7 月,果期 8—10 月。

生于向阳山坡。

1	2
	4
3	5

1、植株及生境 2、花背面观 3、小枝 4、花正面观 5、果

蔷薇科 Rosaceae · 悬钩子属 *Rubus*

西南悬钩子

Rubus assamensis Focke

攀援灌木。枝具黄灰色长柔毛和**下弯小皮刺**。单叶,卵状长圆形,顶端渐尖,基部圆形,**下面密被被灰白色绒毛,边缘具不整齐锯齿**;托叶分离,宽倒卵形,掌状深条裂,裂片线状披针形。**圆锥花序顶生或腋生**,总花梗和花梗被黄灰色柔毛;萼片卵形,在果期直立;常无花瓣;雄蕊和雌蕊多数。果实近球形,熟时由**红色**转变为**红黑色**。花期6—7月,果期8—9月。

生于林缘、路边。

1、植株 2、叶 3、花正面观

4、花背面观 5、花序 6、花 7、果

蔷薇科 Rosaceae · 悬钩子属 *Rubus*

寒莓

***Rubus buergeri* Miq.**

蔓生常绿小灌木。常匍匐生根；枝被绒毛状柔毛，**具细小皮刺**。单叶，近圆形，先端圆钝或急尖，基部心形，密具短尖锯齿；幼叶背被绒毛，基部 5—7 掌状脉；托叶离生。腋生及顶生短总状花序；**花瓣白色，5 枚**。聚合果近球形，熟时紫红色。花期 7—8 月，果 9—11 月。生于阔叶林和竹林下。

5cm

1、植株 2、花序 3、叶 4-5、果序

蔷薇科 Rosaceae · 悬钩子属 *Rubus*

山莓

Rubus corchorifolius L.f.

半常绿灌木。**枝被皮刺**。单叶，**萌枝上的常 3 浅裂**，其余不裂；叶片卵形至卵状披针形，先端渐尖，基部截形或微心形，边缘有**重锯齿**；叶柄长 1—2 cm；**托叶与叶柄合生**。花单生或数朵集生于短枝上，白色；子房被短柔毛。**聚合果近球形**，熟时橙色，**可食用**。花期 1—3 月，果期 4—5 月。

生于向阳山坡。

1	2
3	4	5
6	7	8

1、枝条 2、叶 3、花序 4、花正面观
5-6、聚合瘦果 7、花侧面观 8、聚合瘦果及宿存萼片

蔷薇科 Rosaceae · 悬钩子属 *Rubus*

光滑高粱泡（光叶高粱泡）

***Rubus lambertianus* var. *glaber* Hemsl.**

半落叶藤状灌木。**植株光滑无毛**，枝条有小皮刺。单叶宽卵形，顶端渐尖，基部心形，**边缘明显3—5裂或呈波状**，有细锯齿；**托叶离生，线状深裂**。圆锥花序顶生；萼片卵状披针形，花瓣倒卵形，白色；雄蕊多数。果近球形，熟时橙黄色。花期7—8月，果期9—11月。

生于林缘、路边。

1	2
3	5 6
4	7

1、植株及生境 2、叶 3-4、托叶
5、花序和花 6、花 7、果

蔷薇科 Rosaceae · 悬钩子属 *Rubus*

棠叶悬钩子(羊尿泡)

Rubus malifolius Focke

攀援灌木。枝有稀疏的小皮刺。单叶,叶片长圆形,先端渐尖,基部圆形,叶缘疏生浅钝锯齿。**总状花序顶生,苞片披针形**,膜质,不裂;每苞片内有花 1—2 朵;花白色,花瓣 5 枚,雄蕊多数。聚合果扁球形,熟时紫黑色。花期 4—5 月,果期 6—9 月。

生于林缘、路边。

1、植株 2、叶 3、花蕾
4、花序 5、花正面观 6、果及宿存萼片

蔷薇科 Rosaceae · 悬钩子属 *Rubus*

乌泡子

***Rubus parkeri* Hance**

攀援灌木。枝密被灰色长柔毛，皮刺短，散生。单叶，卵状披针形，先端渐尖，**基部心形，**幼叶背密被灰色绒毛，叶缘密生宽短牙齿或锯齿；叶柄短，通常长1厘米以下。**顶生圆锥花序，**总花梗、花梗及花萼密被长短不等的**紫红色腺毛；花瓣白色，**5枚，雄蕊多数。聚合果小，熟时紫黑色。花期5—6月，果期7—8月。

生于林缘、沟谷、路旁。

1|2　1、植株 2、叶 3、花序　4、雄蕊 5、果序
3|4|5
6|7|8　6、花萼被毛 7、花正面观 8、果

蔷薇科 Rosaceae · 悬钩子属 *Rubus*

茅莓

Rubus parvifolius L.

矮小灌木。枝弓形弯曲,**被短柔毛及稀疏皮刺**。羽状复叶通常具 **3 片小叶**,稀 5 片,顶小叶常**宽倒卵形**;小叶先端急圆钝,基部宽楔形,边缘浅裂并有不整齐重锯齿,背面被**灰白色绒毛**。**伞房花序**顶生及近顶端腋生,有花 3—10 朵,花淡紫色。聚合果紫红色。花期 3—5 月,果期 5—8 月。

生于向阳山坡、田壁。

```
1 | 2
3 | 4 | 5
      | 6
```
1、植株 2、叶 3、花序
4、花 5、雌、雄蕊 6、未成熟果及宿存萼片

蔷薇科 Rosaceae · 悬钩子属 *Rubus*

空心泡

Rubus rosifolius Sm.

直立灌木。小枝近无毛，**具细皮刺**。**一回羽状复叶**，小叶 5—7 片；叶形变异大，小叶卵状披针形，先端渐尖，基部圆形，叶缘为不整齐重锯齿，**近无柄**。花 1—3 朵顶生或腋生；萼片卵形，先端长尾尖；**花瓣白色**，5 枚；心皮多数。聚合果长圆形或球形。花期 3—4 月，果期 5—7 月。

生于林缘、路旁。

1、植株及生境 2、植株 3、叶 4、花正面观
5、聚合瘦果（未成熟）6、花蕾 7、花背面观 8、聚合瘦果（核果状瘦果）

薔薇科 Rosaceae · 悬钩子属 *Rubus*

川莓

***Rubus setchuenensis* Bureau et Franch.**

落叶灌木。小枝密被淡黄色绒毛状柔毛。叶近圆形,顶端圆钝,基部心形,下面密被灰白色绒毛;叶脉突起,**基部具掌状 5 出脉**,边缘 5—7 浅裂,裂片有不整齐浅钝锯齿;**托叶离生**,卵状披针形,顶端条裂。**圆锥花序**,顶生或腋生;**花瓣倒卵形**,紫红色,基部具爪。**果实黑色**,常包藏在宿萼内。花期 7—8 月,果期 9—10 月。

生于向阳山坡。

1	2
3	
4	5	6
		7

1、植株及生境 2、叶 3-4、托叶
5、花序 6、花 7、果

蔷薇科 Rosaceae · 悬钩子属 *Rubus*

红腺悬钩子

***Rubus sumatranus* Miq.**

近直立灌木。小枝、叶轴、花序、花梗、花萼均被长短不齐的**紫红色腺毛及细长的皮刺**。**羽状复叶具 5—7 片小叶**,枝顶有时为 3 片小叶或单叶;顶小叶通常卵形,基部常有 1 或 2 片小叶状裂片,先端长渐尖,基部圆形或微心形,边缘有不整齐尖锯齿。花 2—4 朵呈伞房状花序;萼片三角状披针形,花瓣白色;心皮极多。**聚合果长圆形**,橙色,**中空**。花期 4—5 月,果期 5—7 月。

生于阔叶林下。

<table>
<tr><td>1</td><td>2</td></tr>
<tr><td></td><td>4</td></tr>
<tr><td>3</td><td>5</td></tr>
</table>

1、叶 2、茎被腺毛 3、果序 4、花 5、聚合瘦果

蔷薇科 Rosaceae · 悬钩子属 *Rubus*

红毛悬钩子

***Rubus wallichianus* Wight & Arn.**
=*Rubus pinfaensis* H.Lév. & Vaniot

攀援灌木。枝密被**红褐色刺毛**及稀疏皮刺。**3 小叶羽状复叶**，小叶阔椭圆形，顶小叶柄长 1.5—3 厘米，侧生小叶几无柄，先端具尖突，基部宽楔形，叶缘有不整齐锯齿。花单一或数朵簇生叶腋及枝顶；花梗短；花白色。**聚合果橙红色**。花期 3—4 月，果期 5—6 月。

生于阔叶林中。

1	2
	3

1、植株 2、叶正面 3、叶背面

4	5	6
		7

4-5、茎被刺毛 6、花序 7、花正面观

蔷薇科 Rosaceae · 花楸属 *Sorbus*

石灰花楸（石灰树）

Sorbus folgneri（C.K.Schneid.）Rehder

落叶乔木；叶片椭圆卵形，边缘有细锯齿，上面深绿色，下面密被白色绒毛。复伞房花序，花梗被白色绒毛；萼筒钟状，萼片 5 枚、三角卵形；花瓣 5 枚、白色、卵形；雄蕊多数。果实椭圆形。花期 4—5 月，果期 7—8 月。

生于阔叶林中。

1、植株 2-3、花序

蔷薇科 Rosaceae · 红果树属 *Stranvaesia*

绒毛红果树

***Stranvaesia tomentosa* T.T.Yu & T.C.Ku**

常绿灌木或小乔木。幼枝、叶柄、叶背、花序密被黄色绒毛。叶片椭圆形,先端尾状渐尖或渐尖,基部楔形,边缘有带短芒的锐锯齿;叶柄短。伞房花序,花瓣白色,5枚,雄蕊20枚。果实卵球形,熟时桔红色,外面密被绒毛。花期4—5月,果期7—11月。

生于阔叶林下。模式标本采自缙云山。

1、植株 2、叶背面 3、花序 4-5、果序

鼠李科 Rhamnaceae·勾儿茶属 *Berchemia*

光枝勾儿茶

Berchemia polyphylla var. *leioclada* (Hand.-Mazz.) Hand.-Mazz.

藤状灌木。**小枝光滑无毛**。叶纸质,卵状椭圆形,侧脉每边 7—9 条;托叶小,披针状钻形,宿存。**顶生聚伞总状花序**,花白色;萼齿卵状,花瓣近圆形。核果圆柱形,成熟时由红色变黑色,顶端尖,**宿存花盘呈皿状**。花期 5—9 月,果期 7—11 月。

生于山坡灌丛。

1	2
3	4	5
		6

1、植株 2、叶 3、花序 4、果序 5、花 6、果

鼠李科 Rhamnaceae · 枳椇属 *Hovenia*

枳椇(拐枣)

Hovenia acerba Lindl.

落叶乔木。嫩枝、幼叶背面、叶柄和花序轴有短柔毛,后脱落。叶片宽卵形,基部圆形或心形,**常不对称**,边缘有细锯齿,**基出 3 脉**。**聚伞花序顶生或腋生**,花小,黄绿色。**果梗肉质,扭曲**,果实近球形。花期 6 月,果期 8—10 月。

缙云山系栽培。膨大花序轴富含糖分,可食用,又名**"拐枣"**。

1、植株 2、叶 3、果枝 4、果序分枝 5、膨大花序轴

鼠李科 Rhamnaceae · 马甲子属 *Paliurus*

马甲子（铁篱笆）

***Paliurus ramosissimus*(Lour.) Poir.**

落叶灌木。叶互生，卵状椭圆形，**基生三出脉**；叶柄基部有 **2 个紫红色针刺**。**腋生聚伞花序**，花黄色，5 基数。核果杯状，周围具木栓质 3 浅裂的窄翅。花期 5—8 月，果期 9—10 月。生于向阳路边或栽培。常做绿篱，又叫 **"铁篱笆"**。

1	2	
	3	
4	5	6

1、植株 2、叶柄基部针刺 3、枝条
4、花 5、果正面观 6、果背面观

鼠李科 Rhamnaceae · 鼠李属 *Rhamnus*

贵州鼠李

Rhamnus esquirolii H.Lév.

落叶灌木。小枝无刺,具不明显瘤状皮孔。**叶大小异形,交替互生**;叶长椭圆形,顶端渐尖至长渐尖,基部圆形或楔形,边缘具细锯齿。**花单性,雌雄异株**,通常数个排成**腋生聚伞总状花序;花5基数**。核果倒卵状球形,基部有宿存的萼筒,紫红色,成熟时变黑色。花期5—7月,果期8—11月。

生于向阳山坡。

```
 1 │ 2
   │ 3      1、植株 2、枝正面观 3、枝背面观
 ──┼──
 4 │ 5 │ 6  4、叶 5、果 6、钻状托叶 7、种子
   │   │ 7
```

鼠李科 Rhamnaceae · 枣属 *Ziziphus*

枣（枣子、红枣）

Ziziphus jujuba Mill.

落叶乔木。**枝具刺**。叶纸质，卵状椭圆，先端钝或圆形，**基部稍不对称**，近圆形，边缘具圆齿状锯齿，**基生三出脉**。花单生或2—8朵密集成腋生聚伞花序；花两性，**黄绿色，五基数**；萼片卵状三角形，花瓣倒卵圆形；花盘厚，肉质圆形。核果长圆形，成熟时红色，后变红紫色。花期5—7月，果期8—9月。

缙云山系栽培。

1	2
3	4	5
		6

1、植株 2、叶 3、茎及刺 4、花枝 5、花 6、果（未成熟）

大麻科 Cannabaceae（榆科 Ulmaceae）· 朴属 *Celtis*

朴树

***Celtis sinensis* Pers.**

落叶乔木。树皮平滑，灰色。叶革质，宽卵形，**基部歪斜**，中部以上边缘有浅锯齿，**三出脉**。花杂性，两性花和单性花同株；花被片 4 片；雄蕊 4 枚；柱头 2 个。核果近球形。花期 5，果熟期 7—9 月。

生于路边、林下或荒地。

2cm

1、枝条 2、叶 3、果枝及果

大麻科 Cannabaceae（桑科 Moraceae）· 葎草属 *Humulus*

葎草

Humulus scandens（Lour.）Merr.

多年生蔓性草本。茎长可达数米，**有纵槽棱**，生有瘤基状双叉小钩刺。叶通常掌状 5 深裂，中央裂片稍大，边缘有粗锯齿或重锯齿，基部心形；叶柄较长，疏生倒钩刺。**花单性异株，**雄花集生成圆锥状花序，花被片 5 片，雄蕊 5 枚；雌花集成下垂穗状花序，柱头 2 个。瘦果淡黄色，扁圆形。花期 6—9 月，果期 9—11 月。

生于山坡、路边。

1	2
3	4	5
		6

1、植株及生境 2、叶 3、雄花序 4、雌花序 5、雄花 6、雌花

大麻科 Cannabaceae（榆科 Ulmaceae）·山黄麻属 *Trema*

羽脉山黄麻（羽脉山麻黄）

***Trema levigata* Hand.-Mazz.**

落叶乔木。小枝被贴生灰白色柔毛。叶卵状披针形，先端尾状渐尖，基部浅心形，叶片下面绿色，**叶脉羽状，侧脉 5—8 对**。聚伞花序。核果近球，成熟时紫黑色，**花被在果时脱落**。花期 5—7 月，果期 8 月。

生于山坡疏林中。

1 | 2
3 | 4 | 5
6 | 7 | 8

1、植株 2、叶 3、枝正面 4、花序
5、幼果 6、枝背面 7、雄花 8、果序

大麻科 Cannabaceae（榆科 Ulmaceae）· 山黄麻属 *Trema*

银毛叶山黄麻（银叶山麻黄）

***Trema nitida* C.J.Chen**

落叶乔木。小枝被贴生灰白色柔毛。叶卵状披针形，先端尾状渐尖，基部浅心形，下面贴生一层**银灰色毛**，叶脉基部三出，侧生一对达叶的中部边缘。聚伞花序。核果近球形，成熟时紫黑色，具**宿存花被**。花期5—7月，果期8月。

生于山坡疏林中。

1、小枝 2、叶 3、叶背面 4、花序 5、果序

桑科 Moraceae · 构属 *Broussonetia*

楮

Broussonetia kazinoki Siebold

落叶灌木。小枝斜上,幼时被毛,成长脱落。叶卵形至斜卵形,先端渐尖至尾尖,基部近圆形,边缘具三角形锯齿;托叶小,线状披针形。**花雌雄同株;雄花序球形头状**,雄花花被 4—3 裂,裂片三角形,雄蕊 4—3;**雌花序球形**,被柔毛,花被管状,顶端齿裂,花柱单生。**聚花果球形**,瘦果扁球形。花期 4—5 月,果期 5—6 月。

生于林缘、路旁。**缙云山新记录植物**。

1、植株 2、叶 3、雄花序 4、雌花序 5、聚花果(未成熟)6、聚花果(成熟)

桑科 Moraceae · 构属 *Broussonetia*

构树

Broussonetia papyrifera (L.) Vent.

落叶乔木。枝叶含白色乳汁。树皮皮孔显著,小枝密生白色长柔毛。叶互生,卵形至阔卵形,**边缘全缘或有3—5裂**,上面粗糙,下面密被细柔毛;叶柄长3—10厘米。花单性异株;雄花集成圆柱形柔荑花序,腋生,下垂;雌花集成头状花序,苞片4片。聚花果球形。花果期4—9月。

生于山坡及住宅附近。

1、植株 2、叶背面 3、雄花序 4、雌花序 5、聚花果(成熟时红色)

桑科 Moraceae · 榕属 *Ficus*

菱叶冠毛榕（树地瓜）

Ficus gasparriniana var. *laceratifolia*（H.Lél. & Vaniot）Corner

落叶灌木。茎灰褐色，具**环状皮孔**。**叶菱状倒卵形**，先端尾状渐尖，基部楔形，中部以上有 1—3 对粗齿，或**中部作琴状 4 浅裂**；托叶披针形。**隐头花序**，花序托通常单生叶腋，卵球形，**幼时有白色斑点**，口部苞片直立；雄花与瘿花同生一花序托中，雄花具雄蕊 2 枚，花被片 3 片；雌花另生一花序托中，花被 4 片，红色，花柱侧生。花果期 6—10 月。

生于林缘、山坡，果可食用，綦江等区县又名"**剪刀泡**"。

1 | 2 | 3 | 4　1、植株 2、叶 3、榕果（隐头花序）4、榕果及横切面和纵剖面

桑科 Moraceae · 榕属 *Ficus*

异叶榕（异叶天仙果）

***Ficus heteromorpha* Hemsl.**

落叶灌木。茎皮红褐色，**枝叶含白色乳汁**。叶互生，**叶形多样**，常为长椭圆形、倒卵状矩圆形或琴形，基部或中部常有 3 裂；先端渐尖或短钝尖，基部圆形，全缘或有少数钝齿，**两面粗糙**。**隐头花序球形无梗**，单生或成对生当年枝上部；雄花和瘿花同生一花序托中，花被片均为 5 片；雄花雄蕊 3 枚。花果期 6—11 月。

生于阔叶林中。

1、植株 2、叶背面 3-4、榕果（隐头花序）

桑科 Moraceae · 榕属 *Ficus*

长柄爬藤榕(无柄爬藤榕)

***Ficus sarmentosa* var. *luducca*(Roxb.)Corner**
=*Ficus sarmentosa* var. *luducca* f. *sessilis* Corner

藤状匍匐灌木,植株具乳汁。小枝有**明显皮孔**。叶长椭圆状披针形,先端尾状渐尖,基部楔形,背面网脉蜂窝状。**榕果**腋生,球形,表面疏生瘤状体,总梗短。

生于林下沟谷或岩石旁。

1	2
3	4

1、植株 2、嫩枝及叶柄 3、叶背面及隐头花序 4、榕果(隐头花序)

荨麻科 Urticaceae · 苎麻属 *Boehmeria*

苎麻（天青地白、麻叶、野麻）

***Boehmeria nivea*（ L. ）Gaudich.**

亚灌木或灌木。**枝和叶柄密生白色粗毛。**叶互生；叶片草质，通常圆卵形，顶端骤尖，基部宽楔形；边缘在基部之上有牙齿，上面稍粗糙，**下面密被雪白色绵毛**；托叶分生，钻状披针形。**花单性**，雌雄同株，组成圆锥花序；植株上部的为雌性，其下的为雄性，或同一植株的全为雌性。瘦果近球形。花期 8—10 月。

常生于住宅旁、路边、山坡。茎皮富含纤维，是麻类中之上品。

1、植株及生境 2、叶 3、托叶 4、雄花序 5、雄花
6、花序，上部雌花序、下部雄花序 7、雌花序 8、雌花

荨麻科 Urticaceae · 水麻属 *Debregeasia*

水麻

Debregeasia orientalis C.J.Chen

落叶灌木。小枝纤细,暗红色,常被贴生的白色短柔毛。叶纸质,长圆状狭披针形,先端渐尖,基部宽楔形,边缘有不等的细锯齿或细牙齿,**基出脉 3 条**,其侧出 2 条达中部边缘。花序雌雄异株,**花序仅生于上年生枝和老枝上,早春开花**;花被片 4,雄蕊 4 枚。瘦果小,浆果状,倒卵形,宿存花被肉质紧贴生于果实。花期 3—4 月,果期 5—7 月。

生于阴湿沟谷。

1	2
3	5 6
4	7

1、植株及生境 2、叶 3、枝条 4、腋芽 5、枝 6、雄花 7、果序

荨麻科 Urticaceae · 水麻属 *Debregeasia*

长叶水麻

Debregeasia longifolia (Burm.f.) Wedd.

形态特征与水麻相似,主要区别在于:花序生于当年生枝,上年生枝和老枝上(水麻),**7—9 月开花**(水麻早春开花); 小枝与叶柄密生伸展的粗毛。

分布于阴湿沟谷。**缙云山新记录植物。**

1、植株 2、叶 3-4、叶背面 5-6、雌花序 7、果序

荨麻科 Urticaceae · 楼梯草属 *Elatostema*

华南楼梯草

Elatostema balansae Gagnep.

多年生草本。叶柄短；叶片草质，斜椭圆形，边缘基部之上有牙齿，**上面散生糙伏毛**，下面钟乳体通常明显，**半离基三出脉**；托叶披针形。**雌雄异株**。雄花序单生叶腋，梗短，花序托不规则四边形；小苞片白色，密集；雌花序 1—2 个腋生，梗短；**花序托近方形**，常不等浅裂，苞片扁三角形。瘦果卵球形，有 8 条纵肋。花期 4—6 月。

生于阴湿沟谷、路边。**缙云山新记录植物**。

1、植株及生境 2、叶 3、花序 4、叶背沿中脉毛被 5、苞片
6、雌花序托 7、叶正面毛被 8、瘦果

荨麻科 Urticaceae · 楼梯草属 *Elatostema*

骤尖楼梯草

Elatostema cuspidatum Wight

多年生草本。叶片草质,斜椭圆形,近无柄;**顶端长骤尖**,基部在狭侧楔形或钝,在宽侧宽楔形,边缘在狭侧中部以上有尖牙齿,**半离基三出脉**;托叶膜质,白色,条状披针形,中脉明显。花序雌雄同株或异株,单生叶腋;雄花序具短梗,花序托长圆形;雌花序具极短梗,花序托椭圆形。瘦果狭椭圆球形。花期5—8月。

生于阴湿沟谷、路边。

1、植株 2、叶 3、雌花枝 4、托叶 5、雌花序托

荨麻科 Urticaceae · 楼梯草属 *Elatostema*

多序楼梯草

Elatostema macintyrei Dunn

亚灌木。茎常分枝,钟乳体极密。叶有短柄,叶片从基部到顶端有密浅牙齿。**雌雄异株**;雄花序多个腋生,有梗,雄花花被片 4,雄蕊 4;雌花序 5—9 个簇生,有梗,花序托近长方形,常二裂,苞片多数,正三角形。瘦果椭圆球形,有 10 条纵肋。花期春季。

生于阴湿沟谷。

1	2
3	4	5
6	7	8

1、植株 2、叶 3、雄花序 4、叶背中脉边缘
5、雌花序花序托 6、雌花序 7、侧脉边缘网结 8、瘦果

荨麻科 Urticaceae · 蝎子草属 *Girardinia*

红火麻

***Girardinia diversifolia* subsp. *triloba*（C.J.Chen）C.J.Chen & Friis**

一年生草本。**植株被刺毛**，茎和叶柄常带**紫红色**。叶膜质，宽卵形或近圆形，先端短尾状或短渐尖，基部近圆形或浅心形，边缘具多数较整齐的牙齿，有时下部的为重牙齿，中下部的齿较大，基部截形或心形。**花雌雄同株**，花序穗状，雌花序单个或雌雄花序成对生于叶腋。瘦果宽卵形，双凸透镜状。花期 7—9 月，果期 9—11 月。

生于住宅旁或路边。**缙云山新记录植物**。

1、植株及生境 2、叶 3、茎及刺毛 4、果序

荨麻科 Urticaceae · 糯米团属 *Gonostegia*

糯米团

Gonostegia hirta（Blume）Miq.

多年生草本。茎蔓生。**叶对生**，叶片草质，宽披针形，顶端长渐尖，基部浅心形或圆形，边缘全缘，基出脉3—5条。**团伞花序腋生**，通常两性，有时单性，雌雄异株。花被片5，雄蕊5枚。瘦果卵球形。花期5—9月。

生于水田、沟边。

1	
2	3

1、植株及生境 2、叶 3、花序

荨麻科 Urticaceae · 花点草属 *Nanocnide*

毛花点草

Nanocnide lobata Wedd.

细弱草本,高约 8 厘米。**铺散丛生**,被向下弯曲的微硬毛。叶宽卵形,边缘每边具粗圆齿,脉上密生紧贴的短柔毛,基出脉 3—5 条。花单性,雄花序常生于枝的上部叶腋,雌花序由多数花组成**团伞花序**;雄花淡绿色,花被片(4—)5;雌花花被片绿色,不等 4 深裂。瘦果卵形,外面围以宿存花被片。花期 4—6 月,果期 6—8 月。

生于草丛中。

1	2
3	4	5
6	7	8

1、植株及生境 2、叶 3、雄花序 4、叶正面
5、托叶 6、雌花序 7、叶背面 8、雄花

荨麻科 Urticaceae · 紫麻属 *Oreocnide*

紫麻

Oreocnide frutescens (Thunb.) Miq.

落叶灌木。**小枝褐紫色**,上部常有粗毛。叶常生于枝上部,草质,先端尾状渐尖,基部圆形,下面常被**灰白色毡毛**,**基出三脉**,侧出一对伸到叶先端。花序生于老枝上,呈簇生状,几无梗;雄花花被片3,在下部合生,雄蕊3;退化雌蕊棒状,被白色绵毛;雌花无梗;宿存花被变深褐色,肉质花托浅盘状,包裹瘦果基部。花期3—5月,果期6—10月。

生于林下阴湿路边。

4cm

1、植株及生境 2、叶 3-4、雄花 5、雌花序 6、雌花 7、果及种子

荨麻科 Urticaceae · 赤车属 *Pellionia*

赤车

Pellionia radicans（Siebold et Zucc.）Wedd.

多年生草本。茎下部卧地,节处生根。叶具极短柄或无柄;叶片斜狭菱状卵形,基部不对称,宽侧耳形,两面无毛,**半离基三出脉**;托叶钻形。**花序雌雄异株**;雄花序为稀疏的聚伞花序,花被片 5,雄蕊 5,退化雌蕊狭圆锥形;雌花序有短梗,花多数密集,花被片 5,果期 3个较大,2 个较小。瘦果近椭圆球形,有小瘤状突起。花果期 5—10 月。

生林下阴湿路边。

1、植株及生境 2、叶 3、雌花序 4-5、雄花序 6、雄花 7、果序

荨麻科 Urticaceae · 赤车属 *Pellionia*

曲毛赤车

Pellionia retrohispida W.T.Wang

多年生草本。茎下部在节上生根,**被反曲并贴伏的糙毛**。叶片草质,斜椭圆形,顶端短渐尖,基部狭侧圆形,宽侧耳形,边缘下部全缘,**半离基三出脉**;托叶绿色,三角形。花序雌雄异株,雄花序具长梗,雌花序具短梗。瘦果狭卵球形,有小瘤状突起。花期4—6月。

分布于阴湿沟谷、路边。**缙云山新记录植物。**

1、植株及生境 2、叶 3、枝条正面 4、枝条背面
5、雄花序 6、茎(示柔毛)及托叶

荨麻科 Urticaceae · 赤车属 *Pellionia*

缙云赤车

***Pellionia jinyunensis* C.Xiong, F.Chen & H.P.Deng**

多年生草本。茎斜升肉质,叶近无柄,斜长圆形或长椭圆形,**顶端长渐尖**,托叶钻形。雌雄同株或异株;**雄聚伞花序**单生叶腋;雄花花被片 5,椭圆形,外面顶端具角状突起,雄蕊 5;**雌头状花序**单生叶腋,分成 4 个小头状花序,小头状花序有 7~15 朵花,苞片约 12 枚,分两层;雌花花被片 5,船形,背面顶端具角状突起;退化雄蕊明显。瘦果椭圆形,具瘤状突起。花果期 1-5 月。

生于阴湿沟谷、溪边。**中国荨麻科赤车属新发表的物种,模式标本采自缙云山。**

1	2
3	4	5
6	7	8

1、植株及生境 2、叶 3、枝正面观 4、雄聚伞花序
5、果序 6、枝背面观 7、瘦果和宿存花被片 8、瘦果电镜照

荨麻科 Urticaceae · 赤车属 *Pellionia*

蔓赤车（赤车状楼梯草）

***Pellionia scabra* Benth.**

=*Elatostema pellioniifolium* W.T.Wang

亚灌木。茎基部木质，上部**有开展糙毛**。叶具短柄或近无柄；叶片草质，上部具有小牙齿，**半离基三出脉**；托叶钻形。花序雌雄异株；雄花组成稀疏的聚伞花序，花被片 5，雄蕊 5，退化雌蕊钻形；雌花序近无梗，苞片条形，花被片 4—5。瘦果近椭圆球形，有小瘤状突起。花期春季至夏季。

生于阴湿沟谷、路边。**异名 *Elatostema pellioniifolium* W.T.Wang（赤车状楼梯草）的模式标本采自缙云山。**

1、植株 2、叶 3、雄花序 4-5、雌花序 6、茎及托叶 7、果序

荨麻科 Urticaceae · 冷水花属 *Pilea*

山冷水花

***Pilea japonica*(Maxim.) Hand.-Mazz.**

草本。茎肉质。叶对生，茎顶部叶密集成近轮生，**同对的叶不等大**；叶基部稍不对称，下部全缘，上部有齿，**基出脉 3 条**；托叶膜质。花单性，雌雄同株或异株，雄聚伞花序具细梗，雌聚伞花序具纤细长梗；苞片卵形；雄花花被片 5，覆瓦状排列，合生至中部；雄蕊 5 枚；雌花花被片 5。瘦果卵形。花期 7—9 月，果期 8—11 月。

生于林下阴湿沟谷、路边。**缙云山新记录植物**。

1、植株及生境 2、叶 3、花序 4、茎

荨麻科 Urticaceae · 冷水花属 *Pilea*

小叶冷水花

***Pilea microphylla* (L.) Liebm.**

纤细小草本,**铺散或直立**。茎肉质,**密布条形钟乳体**。叶对生、同对的不等大,倒卵形;托叶不明显。**雌雄同株**,聚伞花序密集近头状;雄花具梗,花被片4,雄蕊4;雌花花被片3。瘦果卵形。花期夏秋季,果期秋季。

生于潮湿石壁上。**缙云山新记录植物**。

1	2
3	4

1、植株生境 2、小枝、叶正面
3、雌、雄花序 4、小枝、叶背面

荨麻科 Urticaceae · 冷水花属 *Pilea*

苔水花(齿叶冷水花)

Pilea peploides (**Gaudich.**) **Hook. & Arn.**
=*Pilea peploides* var. *major* Wedd.

一年生小草本,常丛生。茎肉质,**带红色**。叶对生,常集生于茎和枝的顶部,同对的近等大,菱状圆形,边缘全缘、波状或有不明显的**钝齿。雌雄同株,聚伞花序密集成头状**;雄花具梗,花被片 4;雄蕊 4。雌花具短梗,花被片 2,不等大。瘦果,卵形,顶端稍歪斜。花期 4—7月,果期 7—8 月。

生于阴湿沟谷、岩壁。

1、植株及生境 2、植株、叶 3-4、花序

荨麻科 Urticaceae · 冷水花属 *Pilea*

石筋草

Pilea plataniflora C.H.Wright

多年生草本。茎肉质,基部多少木质化,常被灰白色蜡质。**叶对生**,同等的不等大或近等大;**叶形变异很大**,先端尾状渐尖,基部心形。花雌雄同株或异株,花序聚伞圆锥状;雄花黄绿色,花被片 4,合生至中部,雄蕊 4;雌花带绿色,花被片 3。瘦果卵形。花期 5—9 月,果期 7—10 月。

生于林缘、岩石缝中。**缙云山新记录植物。**

1	2
3	4

1、植株及生境 2、叶 3-4、花序

荨麻科 Urticaceae · 冷水花属 *Pilea*

翅茎冷水花

***Pilea subcoriacea*（Hand.-Mazz.）C.J.Chen**

多年生草本。地下茎横走。茎常有数条**波状膜质翅**。叶对生、同对等大，边缘下部全缘，以上有圆齿状锯齿，**基出三脉**；**托叶宿存**。**雌雄异株**，雄花序聚伞圆锥状，具花梗，花被片和雄蕊各 4 枚；雌花序多回二歧聚伞花序，雌花小，花被片 3 。瘦果近圆形，熟时表面有细疣点。花期 4 月，果期 5—6 月。

生于阴湿沟谷。

1、植株 2、叶 3、雄花序 4、雌花序

5、茎上纵列膜质翅及宿存托叶 6、瘦果着生方式 7、瘦果

荨麻科 Urticaceae · 冷水花属 *Pilea*

疣果冷水花

***Pilea verrucosa* Hand.-Mazz.**

多年生草本。根状茎横走。**茎常有瘤状凸起**。叶对生,**同等近等大**;边缘有锯齿或圆齿状锯齿,**基出三脉**;托叶三角形,宿存。**雌雄异株**,花序多回二歧聚伞状,成对生于叶腋;雄花序总花梗长 1—2.5 厘米;雌花序梗较短,长 0.7—2 厘米。雄花花被片 4,雄蕊 4;雌花花被片 3。瘦果圆卵形,双凸透镜状。花期 4—5 月,果期 5—7 月。

生于阴湿沟谷。

1	2
3	5	6
4		7

1、植株及生境 2、叶 3、雄花序 4、雌花序
5、植株 6、茎上的瘤状凸起 7、托叶

荨麻科 Urticaceae · 雾水葛属 *Pouzolzia*

红雾水葛

***Pouzolzia sanguinea*（Blume）Merr.**

灌木。小枝有浅纵沟,被贴伏或开展的短糙毛。叶互生,叶片薄纸质,狭卵形,顶端短渐尖至长渐尖,基部宽楔形,边缘在基部之上密生牙齿,两面均稍粗糙,侧脉 2 对。**团伞花序**单性或两性,花被片 4 枚,雄蕊 4 枚与花被片对生。瘦果卵球形。花期 4—6 月,果期 7—9 月。

生于阴湿路边、林缘。

1、植株及生境 2、叶 3、花序 4、雄花 5、雌花

荨麻科 Urticaceae · 雾水葛属 *Pouzolzia*

雾水葛

Pouzolzia zeylanica (L.) Benn.

草本。叶上部**对生,下部互生**,叶片草质,宽卵形,顶端短渐尖,基部圆楔形,边缘全缘。**团伞花序**腋生,通常两性;花被片 4,狭长卵形;雄蕊 4 枚。瘦果卵形。花期 4—8 月。

生于路边、沟谷。

1、植株及生境 2、叶 3-4、花序

荨麻科 Urticaceae · 荨麻属 *Urtica*

荨麻(裂叶荨麻、活麻、火麻)

***Urtica fissa* E.Pritz. ex Diels**

多年生草本。茎、**叶密生刺毛和被微柔毛**。叶对生,近膜质,宽卵形,边缘有 5—7 对浅裂片或掌状 3 深裂,边缘有数枚不整齐的牙齿状锯齿;**2 枚托叶在叶柄间合生**,宽矩圆状卵形。**雌雄同株**,雌花序生上部叶腋,雄的生下部叶腋;花序圆锥状。瘦果近圆形,稍双凸透镜状。花期 8—10 月,果期 9—11 月。

生于住宅旁、路边。**刺毛有毒性**,人一旦碰上就如蜂蛰般疼痛,川渝地区又名**"活(火)麻"**。

1、植株及生境 2、叶 3、雄花序 4、刺毛及托叶 5、果序

壳斗科 **Fagaceae** · 栗属 *Castanea*

板栗（栗）

Castanea mollissima Blume

落叶乔木。小枝被灰色绒毛。叶纸质，长椭圆状披针形，先端渐尖，基部宽楔形，边缘疏生锯齿，**齿有短刺毛状尖头**，下面密被白色绒毛；叶柄长 1—2 厘米。**雄花序为直立菜夷花序**，雌花着生于雄花序基部，通常 3 花聚生于多刺的总苞内。壳斗通常包含坚果 2—3 个，**壳斗外被刺**；坚果栗褐色。花期 5—6 月，果熟期 9 月。

缙云山系栽培。

$\dfrac{1}{2\,|\,3}$ 1、植株 2、叶 3、壳斗及坚果

壳斗科 Fagaceae·栲属 *Castanopsis*

短刺米槠(西南米槠、小叶栲、丝栗)

***Castanopsis carlesii* var. *spinulosa* W.C.Cheng & C.S.Chao**

常绿乔木。叶卵状披针形,顶端尾尖,基部楔形或宽楔形,**边缘上部有锯齿或全缘**,背面有光泽。**雄花序为直立菜荑花序,每一总苞内有 1 朵雌花。壳斗近球形或椭圆形**,壳斗外的鳞片为分枝短刺,刺长 1—3 毫米。坚果卵形。花期 4—5 月,果熟期次年 10—11 月。生于常绿阔叶林中。

2cm

1、植株 2、叶 3、雄花序 4、果序

壳斗科 Fagaceae · 栲属 *Castanopsis*

栲（丝栗栲）

Castanopsis fargesii Franch.

常绿乔木。叶椭圆状形,长 10—13 厘米,先端渐尖,基部楔形,全缘或顶端具 1—3 对浅锯齿,**下面密生红棕色至黄棕色鳞粃**。雄花序为直立**菜夷花序**,圆锥状,花序轴被红锈色粉状鳞枹;雌花单生于总苞内。**壳斗近球形,鳞片刺长达 1 厘米;坚果球形**。花期 4—5 月,果熟期次年 10—11 月。

生于常绿阔叶林中。

3cm

1、枝条 2、叶 3、坚果及壳斗

壳斗科 Fagaceae · 柯属(石栎属) *Lithocarpus*

木姜叶柯(缙云甜茶、多穗石栎、箭杆柯)

***Lithocarpus litseifolius*(Hance) Chun**

常绿乔木。叶革质,椭圆形,顶端渐尖或尾尖,基部楔形,**中脉在叶面凸起**。雄花序为直立**菜荑花序**;雌花序通常 2—6 穗聚生枝顶部,雌花 3—5 朵一簇。壳斗浅碟状,顶部边缘通常平展,向下明显增厚呈硬木质,小苞片三角形,覆瓦状或基部的连生成圆环。坚果近圆球形。花期 5—9 月,果次年 6—10 月成熟。

生于阔叶林中。幼叶味甜,可制茶,又名"**缙云甜茶**"。

1、小枝 2、果序 3、坚果及壳斗 4、坚果

壳斗科 Fagaceae · 栎属 *Quercus*

白栎(青冈)

Quercus fabri Hance

落叶乔木。小枝密生灰黄色及灰褐色绒毛。叶倒卵形,先端钝,基部楔形,边缘波状,侧脉 8—12 对;叶柄短。花单性,雄花序为下垂的葇夷花序,雌花单生。**壳斗杯形**,包被坚果约 1/3,鳞片小,卵状披针形;坚果长椭圆形,果脐略隆起。花期 4 月,果熟期 9—10 月。

生于阔叶林中。

1、植株 2、叶 3、雄花序 4、坚果及壳斗

壳斗科 Fagaceae · 栎属 *Quercus*

乌冈栎

Quercus phillyreoides A.Gray

常绿乔木。小枝无毛。叶倒卵形,先端钝,基部楔形,基部以上有锯齿,**叶柄短**。花单性,雄花序为下垂的**菜夷花序**,雌花单生。壳斗半球形,**包被坚果 1/3—1/2,鳞片宽卵形**。坚果卵状椭圆形,果脐隆起。花期 5 月,果第二年成熟。

生于岩壁上。

1、植株 2、小枝 3、叶 4、壳斗包被的坚果

杨梅科 Myricaceae · 杨梅属 *Myrica*

毛杨梅（杨梅）

Myrica esculenta Buch.-Ham. ex D.Don

常绿乔木。**小枝密被毡毛**。叶革质，楔状倒卵形，全缘或有时在中部以上有不明显锯齿，除叶柄密生毡毛外，其余无毛。**雌雄异株**；雄花序为圆锥状花序，通常生于叶腋；雌花序圆锥状，单生于叶腋；雌花具 2 细长柱头。核果成熟时红色，**外表面具乳头状凸起**。花期 9—10 月，果期次年 4—5 月。

生于常绿阔叶林下。

1、果枝 2-5、雄花序 6、叶 7、嫩枝 8、核果

胡桃科 Juglandaceae · 黄杞属 *Engelhardia*

黄杞

***Engelhardia roxburghiana* Wall.**

常绿乔木。**芽有橙黄色盾状腺体**。偶数羽状复叶,小叶常 4—5 对,革质,长椭圆状披针形。雌雄同株;雌花序 1 条及雄花序数条,长而俯垂;雌花及雄花的苞片均 3 裂;花被片 4 片。果序较长;果坚果状,密生腺体,**有 3 片苞片形成的膜质果翅**。花期 4—5 月,果期 8—9 月。生于阔叶林中。

1、植株 2、叶 3、果序 4、果及果翅

胡桃科 Juglandaceae · 化香树属 *Platycarya*

化香树

Platycarya strobilacea Siebold & Zucc.

落叶乔木。**奇数羽状复叶互生**；小叶 7—23 片，无柄，**边缘具锯齿**。**花单性，雌雄同株**；穗状花序直立，伞房状排列于小枝顶端；两性花序通常生于中央顶端，雄花序在上，雌花序在下；两性花序下方周围者为雄花序。果序长椭圆状柱形；**小坚果扁平，有 2 个翅**。花期 5—6 月，果期 9 月。

常生于向阳山坡。

1、植株花期枝条 2、叶背面 3、叶正面
4、雄花序 5、果序（未成熟）6、果序（成熟）

胡桃科 Juglandaceae · 枫杨属 *Pterocarya*

枫杨(麻柳)

Pterocarya stenoptera C.DC.

落叶乔木。小枝有灰黄色皮孔；芽裸露，密被锈褐色盾状着生的腺体。**偶数羽状复叶互生，叶轴有翅**；小叶无柄，长椭圆形，侧脉腋内有一**丛**星状毛。花单性，雌雄同株；**雄花序单生叶痕腋内**，下垂；**雌花序顶生**。果序下垂，果实长椭圆形。**果翅 2 个**，条状矩圆形。花期 4 月，果熟期 9 月。

速生树种，常生于河谷两岸。

1	2
3	4	5
6	7	8

1、植株 2、叶 3、花序 4、雄花序部分示雄花
5、雌花序部分 6、果序 7、雄花 8、雌花

桦木科 Betulaceae · 桦木属 *Betula*

亮叶桦

Betula luminifera H.J.P.Winkl.

落叶乔木。单叶互生，叶卵形，**叶柄密生短柔毛和腺点**，叶片下面沿脉疏生毛。**雌雄同株**，雄葇荑花序通常 2—4 个簇生小枝顶端；雌葇荑花序单生或 2—4 个生于短枝顶端。**果序长圆柱状，下垂。翅果倒卵形。**花期 4—6 月，果熟期 5—6 月。

生于阔叶林内。

1	2	
3	4	5
6	7	8

1、雄花序 2、雌花序 3-5、雄花序及雄花 6-8、雌花序及雌花

马桑科 Coriariaceae · 马桑属 *Coriaria*

马桑

***Coriaria nepalensis* Wall.**

落叶灌木。枝斜展,**有棱**。**叶对生**,宽椭圆形,顶端急尖,基部近圆形,全缘,**基出三脉**。**总状花序**侧生于去年枝上;花杂性,**雄花序先叶开放**。浆果状瘦果,成熟时由红色变紫黑色,外被肉质花被所包。花期2—4月,果期4—6月。

生于向阳山坡、路边。

1	2
3	5	6
4	7	8

1、植株 2、叶 3、雄花枝 4、雌花枝
5、雄花 6、果序 7、雌花 8、果

葫芦科 Cucurbitaceae · 绞股蓝属 *Gynostemma*

绞股蓝

Gynostemma pentaphyllum（Thunb.）Makino

草质藤本。卷须 2 分枝或不分枝。**掌状复叶通常 5 片小叶**，小叶片菱状狭卵形，边缘有锯齿。**花单性异株**，组成**圆锥花序**；花梗短，花萼裂片三角形；**花冠绿白色**，裂片三角状披针形。**果实球形**，熟时紫黑色；种子 1—3 粒。花期 7—10 月，果期 10—12 月。

常生于山谷密林、灌丛或路旁草丛中。全草药用。

1、植株 2、叶 3、花序 4、果序

葫芦科 Cucurbitaceae · 栝楼属 *Trichosanthes*

全缘栝楼

***Trichosanthes pilosa* Lour.**
=*Trichosanthes ovigera* Blume

草质藤本。卷须 2—3 个分枝。叶片纸质,卵状心形,**不裂或具 3 齿裂,两面均被短毛**;叶柄密被短柔毛。花雌雄异株,雄花为总状花序或单花,雌花单生;小苞片披针形,边缘具三角状齿;萼片全缘;花冠白色,**裂片具丝状流苏**。果实卵圆形,熟时橙红色;**种子近三角形**。花期 5—9 月,果期 9—12 月。

生于林缘、灌丛或路旁草丛中;【栝 guā】。

1	2
3	5	6
4	7	8

1、植株 2、叶 3-4、花部解剖

5、果 6、果的横切 7、成熟果 8、种子

葫芦科 Cucurbitaceae · 栝楼属 *Trichosanthes*

中华栝楼（华中栝楼）

Trichosanthes rosthornii Harms

多年生草本。块根肥厚，具根瘤状突起。卷须 2—3 个分枝。**叶光滑无毛**，片阔卵形，**3—7 深裂**，裂片窄披针形。花雌雄异株，雄花呈总状花序或单生，雌花单生；小苞片棱状倒卵形，萼筒被微毛，裂片线形；**花冠具丝状长流苏**。果实球形，种子扁平，**卵状椭圆形**。花期 6—8 月，果期 8—11 月。

生于林缘、灌丛或路旁草丛中；【栝 guā】。

1	2
3	5	6
4	7	8

1、植株 2、叶 3、花部解剖 4、花背面观
5、花侧面观 6、果（未成熟）7、花正面观 8、种子

葫芦科 Cucurbitaceae · 马㼎儿属 *Zehneria*

钮子瓜

Zehneria bodinieri（H.Lév.）W.J.de Wilde & Duyfjes

攀援草本。茎纤细；**卷须不分枝**。叶片心形或三角状宽卵形，**不裂或 3—5 浅裂**，边缘有小波状齿，基部宽心形。**花单性，雌雄同株**，雄花数朵呈伞房花序；雌花单生于叶腋；花小，萼管短，5 齿裂；花冠浅钟状，浅黄色。果球形，熟时红色。

生于林边或山坡路旁。以前误鉴定为 *Zehneria maysorensis* Arn.；【㼎 jiāo】。

1、植株 2、叶 3、花 4、果

秋海棠科 Begoniaceae · 秋海棠属 *Begonia*

缙云秋海棠

Begonia jinyunensis C.I Peng，Bo Ding & Qian Wang

多年生草本。根状茎肉质，粉红色。掌状复叶 **5** 片，叶柄长 9—12 厘米，小叶卵状披针形，先端渐尖，疏生三角形浅锐齿；小叶柄短。二歧聚伞状花序腋生；花白色，常 2—4 朵，花序梗长 4—7.5 厘米，苞片和小苞片膜质；花被片 5；**蒴果有 3 翅，其中 1 翅特别大，长三角形。**花期 7—8 月，果期 9—11 月。

生于阴湿沟谷或石壁上。模式标本采自缙云山，以前误鉴定为掌叶秋海棠(*Begonia hemsleyana* Hook.f.)。

1	2
3	4	5
6	7	8

1、植株 2、叶背面 3、果侧面观 4-5、花正面观 6、果背面观 7-8、花背面观

卫矛科 Celastraceae · 南蛇藤属 *Celastrus*

青江藤

***Celastrus hindsii* Benth.**

常绿藤本。小枝紫色,具稀少皮孔。叶纸质或革质,长方窄椭圆形,边缘具疏锯齿。顶生**聚伞圆锥花序**,腋生花序近具 1—3 花。花淡绿色,花萼裂片近半圆形,覆瓦状排列;花瓣长方形;花盘杯状,浅裂,裂片三角形;雄蕊着生花盘边缘;雌蕊瓶状,子房近球状。**果实近球状**,幼果顶端具明显**宿存花柱**;种子 1 粒,**假种皮橙红色**。花期 5—7 月,果期 7—10 月。

生于阔叶林下路边。

1、植株 2、枝条 3、花序 4、果序 5、果及包被红色假种皮的种子

卫矛科 Celastraceae · 卫矛属 *Euonymus*

缙云卫矛(绿花卫矛)

***Euonymus chloranthoides* Yen C.Yang**

常绿灌木。**小枝方形具 4 窄棱**。叶对生,薄革质,倒卵形,边缘具整齐刺状大齿。**聚伞花序腋生,花黑紫色**;花瓣边缘稍有不整齐浅齿;雄蕊花丝极短;子房每室有 1—2 悬垂胚珠,基部有浅杯状红色假种皮。**蒴果 5 裂**,种子近圆球形。花期 10—11 月,果期 5—8 月。

生于阴湿林下沟谷或路边。**模式标本采自缙云山**。

1、植株及生境 2、叶 3、花序 4、果
5、植株 6、花 7、果实、假种皮包被种子

酢浆草科 Oxalidaceae · 酢浆草属 *Oxalis*

酢浆草 (酸鸠草)

***Oxalis corniculata* L.**

多年生草本。茎细弱,匍匐或斜生,被柔毛。**3 小叶**,小叶倒心形,顶端凹,叶背疏被平伏毛。花单生或数朵组成腋生**伞形花序**；**花黄色**,萼片长卵状披针形,花瓣长倒卵形；雄蕊花丝基部合生成筒；子房 5 室,柱头 5 个。**蒴果近圆柱形,熟时弹裂。**花期 5—8 月,果期 6—9 月。

生于路边、地旁和荒地等地。茎叶含草酸,咀嚼有酸味,又名**"酸鸠草"**。

1、植株 2、叶 3、蒴果 4、花 5、果横切

酢浆草科 Oxalidaceae · 酢浆草属 *Oxalis*

红花酢浆草(铜锤草)

Oxalis corymbosa DC.

多年生直立草本。无地上茎,地下部分有**球状鳞茎**。叶基生,叶柄被毛;小叶 3,倒心形。总花梗被毛,**二歧聚伞花序**,通常排列成伞形花序式;花梗、苞片、萼片均被毛;每花梗有膜质苞片 2 枚;萼片、花瓣 5 枚,**花冠淡紫色至紫红色**;雄蕊 10 枚;子房 5 室,花柱 5,柱头浅 2 裂。花、果期 3—12 月。

原产南美热带地区,已逸为野生。

1、植株 2、球状鳞茎 3、花

杜英科 Elaeocarpaceae · 杜英属 *Elaeocarpus*

日本杜英（薯豆）

Elaeocarpus japonicus Siebold & Zucc.

常绿乔木，一年四季植株多少有红色的叶片脱落。单叶互生，革质，叶片背面有黑腺点；**叶柄两端膨大，呈双关节状**。总状花序腋生，花杂性，淡黄色，下弯；萼片和花瓣各 5 枚；雄蕊多数。核果椭圆形。花期 5 月，果期 9 月。

生叶阔叶林中。

1、枝条 2、叶 3、花序 4、果序
5、花 6、花盘 7、雄蕊 8、雌蕊

杜英科 **Elaeocarpaceae** · 猴欢喜属 *Sloanea*

薄果猴欢喜(缙云猴欢喜、北碚猴欢喜)

Sloanea leptocarpa Diels
= ***Sloanea tsinyunensis*** **S.S.Chien**

常绿乔木。嫩枝被褐色柔毛。叶革质,披针形或倒披针形,下面脉上和脉腋间有毛;**叶柄具双关节**,被褐色柔毛。花单生叶腋,萼片和花瓣各 4—5 片。蒴果圆球形,裂成 3—4 瓣,密生脱落刺毛,内壁紫红色;果爿薄;种子黑色。花期 4—5 月,果期 10—11 月。

生于常绿阔叶林中。异名 *Sloanea tsinyunensis* S.S.Chien(缙云猴欢喜和北碚猴欢喜)的模式标本采自缙云山。

1	2
3	5	6
4	7	8

1、植株 2、叶 3、果枝正面 4、果枝背面
5、叶柄示双关节 6、果部解剖 7、果 8、果实及种子

大戟科 Euphorbiaceae · 铁苋菜属 *Acalypha*

铁苋菜（海蚌含珠）

Acalypha australis L.

一年生草本。枝被贴毛柔毛。叶卵状椭圆形，边缘具圆锯，**基出脉 3 条**。**花单性，雌雄同株**，穗状花序腋生；雄花多数，生花序上方，雌花生于花序下方的**大形叶状苞片内**，折合时形如**河蚌**。蒴果钝三棱形。花期 5—7 月，果期 7—11 月。

生于山坡、路边。果实位于形似河蚌的苞片内，又名**"海蚌含珠"**。

1、植株 2、叶 3、总苞片及果实 4-5、花序

大戟科 Euphorbiaceae · 巴豆属 *Croton*

巴豆

Croton tiglium L.

落叶乔木。叶纸质,边缘有细锯齿,三出脉,叶片近基部两侧各有**1 枚杯状腺体**。花雌雄同株,排成顶生**总状花序**;雄花在上部,花瓣长圆形,雄蕊 15—20 枚,雌花在下方,**无花瓣**,花柱 3 个。蒴果椭圆状球形;种子 3 粒,卵形。花期 4—6 月,果期 7—8 月。

生于阔叶林下。种子含有导致腹泻的巴豆油,误食会导致腹泻。

4cm

1	2
	3
4	5	6
		7

1、植株 2、花序 3、果序 4、叶
5-6、果序 7、果部解剖

大戟科 Euphorbiaceae · 丹麻杆属 *Discocleidion*

毛丹麻杆(假奓包叶)

***Discocleidion rufescens*(Franch.) Pax & K.Hoffm.**

落叶灌木；植株密**被白色柔毛**。叶纸质，上面被糙伏毛，下面被绒毛；**基出脉 3—5 条**：叶片基部有**褐色斑状腺体 2—4 个**。总状花序或圆锥花序，花单性异株。蒴果扁球形、被柔毛。花期 4—8 月，果期 8—10 月。

分布于路边；【**奓 zhà**】。

$\frac{1}{2|3|4}$ 1、植株 2、叶 3、花序 4、果序

大戟科 Euphorbiaceae · 大戟属 *Euphorbia*

斑地锦

***Euphorbia maculata* L.**

一年生草本。**植株具乳汁**。茎匍匐,被**白色疏柔毛**。叶对生,**基部不对称**,叶上面中部常具有长圆形**紫色斑**;叶柄较短。**花单性**,组成**杯状聚伞花序**,生于叶腋;总苞狭杯状,5裂;腺体4,黄绿色。雄花4—5,伸出总苞外;雌花1,子房柄伸出总苞外。蒴果三角状卵形,成熟时分裂为3个分果爿。花果期4—9月。

原产北美,逸为野生,分布于低山路边。

1、植株及生境 2、叶背面 3、花序 4、果枝

大戟科 Euphorbiaceae · 野桐属 *Mallotus*

毛桐

Mallotus barbatus Müll.Arg.

落叶灌木。整个植株被**星状绒毛**。叶宽卵形，**盾状着生**，常 3 浅裂。**总状花序**顶生及腋生，花单性异株，花无花瓣；雄花序通常分枝，5—8 朵簇生，萼片 4—5 片，雄蕊多数；雌花序雌花单生或少数簇生。**果序下垂，蒴果扁球形**。种子黑色。花期 3—5 月，果期 5—10 月。

生于向阳山坡。

1	2
3	4	5
6	7	8

1、植株及生境 2、植株 3、叶正面 4、雄花序
5、果序 6、叶反面 7、雌花序 8、果序

大戟科 Euphorbiaceae · 野桐属 *Mallotus*

粗糠柴

Mallotus philippensis（Lam.）Müll.Arg.

常绿乔木。**小枝被褐色星状绒毛**。叶革质,背面被粉质星状绒毛及红色腺点,**基出 3 脉**,叶柄具**双关节**,近叶柄处有 **2 枚**腺体。花单性同株,**总状花序**顶生及腋生；雄花序 1 或数枚簇生,雄蕊 18—32 枚；雌花子房球形,2—3 室。蒴果球形,**被红色腺及星状毛**。花期 4—5 月,果期 6—10 月。

生于林缘。

1、植株 2、叶 3、果枝 4、果序 5、果实及种子

大戟科 Euphorbiaceae · 野桐属 *Mallotus*

石岩枫（杠香藤）

Mallotus repandus（Rottler）Müll.Arg.

常绿攀援灌木。**幼枝被星状柔毛。**叶三角状卵形，**背面密生星状毛。**花单性异株，无花被；**穗状花序顶生或腋生，**雄花序单生或簇生，雄蕊多数；雌花序花疏生，子房球形。**蒴果扁果形，**被黄色绒毛，花柱宿存。花期 4—6 月，果期 8—11 月。

生于向阳山坡。

$\dfrac{1}{2 \mid 3}$ 1、植株及生境 2、花序 3、果序

大戟科 Euphorbiaceae · 野桐属 *Mallotus*

野桐

Mallotus tenuifolius Pax

落叶小乔木。幼枝被星状毛。叶宽卵形,叶柄较长,叶两面**被星状粗毛**,叶片基部两侧有 **1 枚大形腺体**。**花雌雄异株,总状花序**顶生,**无花瓣**;雄花序较长,雄蕊多数;雌花序短而粗壮,花柱 3 个。蒴果球形,表面有星状毛;种子 3 粒。花期 7—11 月,果期 8—12 月。

生于向阳灌丛。

1	2
	3
4	5 6

1、植株 2、叶正面 3、花序
4、雄花序 5、雌花序 6、果序(未成熟)

大戟科 Euphorbiaceae · 蓖麻属 *Ricinus*

蓖麻

Ricinus communis L.

落叶灌木。茎常带白粉,中空。叶掌状分裂,叶柄顶端有 2 枚腺体。圆锥花序顶生;雄花萼 3—5 裂,雄蕊多数,花丝基部合生成束;雌花子房 3 室,柱头 3 个。蒴果长圆形,有刺;种子有各种花纹。花期 5—8 月,果期 7—11 月。

原产非洲东北部,逸为野生,分布于路边。

1、植株 2、叶 3、种子 4、雌花 5、果序

大戟科 Euphorbiaceae · 乌桕属 *Triadica*（*Sapium*）

乌桕（卷子树）

***Triadica sebifera* (L.) Small**
≡*Sapium sebiferum* (L.) Roxb.

落叶乔木。叶片阔卵形,叶柄顶端具**2 腺体**；托叶三角形。花单性,雌雄同株,聚集成顶生的**总状花序**；雄花生于生于花序轴上部。雄花花梗纤细,每一苞片内有 5—10 朵花。雌花花梗粗壮。**蒴果近球形**。花期 5—7 月。

生于向阳山坡。

1、植株 2、叶 3、果序 4、叶柄腺体 5、果

大戟科 **Euphorbiaceae** · 乌桕属 *Triadica*（*Sapium*）

山乌桕

***Triadica cochinchinensis* Lour.**
=*Sapium discolor*（Champ. ex Benth.）Müll.Arg.
落叶乔木。叶互生,革质;叶柄先端有**2枚**腺体。**花单性,雌雄同株**,密集成顶生的**总状花序**;雄花生于上部,雄蕊2枚;雌花生于下部,柱头3裂,外卷。蒴果球形。花期6—7月,果期8—10月。

生于阔叶林中。

1、植株 2、叶 3、花序 4、果序

大戟科 Euphorbiaceae · 油桐属 *Vernicia*

油桐（桐子树）

***Vernicia fordii*（Hemsl.）Airy Shaw**

落叶乔木。树冠开张。叶卵状心形，**先端常 3 浅裂**；叶柄顶端有 **2 枚红色腺体**。花于早春**先叶开放，单性**；花萼 2 裂，花瓣白色，基部常带红色；雄花花盘有 5 枚腺体，雄蕊 8—20 枚，排为 2 轮；雌花子房 3—4 室，花柱 3—4 个。核果大，近球形；种子卵形。花期 3—6 月，果期 6—10 月。

生于向阳山坡或林中。川渝地区，叶子可作为包裹"**麦粑**"的材料。

1	2
3	4	5
6	7	8

1、植株 2、叶正面 3、叶柄红色腺体
4、花 5、果序 6、花序 7、花部解剖 8、果部解剖

叶下珠科 Phyllanthaceae（大戟科 Euphorbiaceae）·五月茶属 *Antidesma*

酸味子（日本五月茶）

Antidesma japonicum Siebold & Zucc.

常绿灌木。**小枝具皮孔**。叶互生，长圆状披针形。**单性异株，花序顶生**；雄花序圆锥状，雄蕊 4 枚；雌花序总状，柱头 3 个。核果卵形，熟时紫黑色。花期 5—6 月，果期 8—12 月。生于阔叶林中。

1、植株 2、叶 3、雄花序 4、雌花序 5、果序（成熟）

叶下珠科 Phyllanthaceae（大戟科 Euphorbiaceae）· 土蜜树属 *Bridelia*

禾串树

Bridelia balansae Tutcher

常绿乔木。茎上常生有**粗短刺状不定根**。叶互生，长椭圆形。花单性同株；雄花淡绿色，花萼和花瓣各 5 枚，花丝合生成柱，上半部分离。**核果卵形**，熟时紫黑色。花期 5—7 月；果期 8 月至次年 3 月。

生于阴湿沟谷。以前误鉴定为 *Bridelia insulana* Hance。

1、植株 2、叶正面 3、叶背面 4、果枝
5、茎上短刺状不定根 6-7、果序

叶下珠科 Phyllanthaceae（大戟科 Euphorbiaceae）·算盘子属 *Glochidion*

算盘子

***Glochidion puberum* (L.) Hutch.**

落叶灌木。小枝灰褐色，密被淡黄褐色短柔毛。**叶常排为 2 列**，下面密被短柔毛。花单性同株或异株，2—5 朵生叶腋，**无花瓣**；雄蕊 3 枚；心皮 5 室。**蒴果扁球形，形似算珠**；种子熟时鲜红色。花期 5—6 月，果期 7—9 月。

生于向阳山坡。

1	2
3	4	5
6	7	8

1、枝条 2、叶 3、果序 4、雄花侧面观
5、雄花正面观 6、果及种子 7、雌花侧面观 8、雌花正面观

叶下珠科 Phyllanthaceae（大戟科 Euphorbiaceae）· 叶下珠属 *Phyllanthus*

叶下珠

***Phyllanthus urinaria* L.**

一年生草本。茎具**翅状纵棱**。叶排成**整齐 2 列**；叶片基部偏斜，几无柄。花雌雄同株，无花瓣；雄花 2—3 朵腋生，萼片 6 片，花盘腺体 6 枚，雄蕊 3 枚，花丝合生；雌花单生叶腋，萼片 6 片。**蒴果扁球形**，表面有**小凸刺或小瘤体**。花果期 7—10 月。

生于路边、草丛中。

1、植株及生境 2、叶 3、果

堇菜科 Violaceae · 堇菜属 *Viola*

戟叶堇菜

***Viola betonicifolia* Sm.**

多年生草本。叶基生,莲座状;**叶片窄披针形**,叶柄长达 10cm,**长为宽的 4 倍以上**;叶片基部平截,边缘有波状牙齿,上半部有窄翅,托叶约 3/4 与叶柄合生。**花白或淡紫色**,有深色条纹,花梗基部附属物较短;上方花瓣倒卵形,侧瓣长圆状倒卵形,内面基部有须毛,距管状,粗短。蒴果椭圆形。花期 3—9 月。

生于林缘、路边。

1	2
	3
4	5	6
	7	8

1、植株及生境 2、叶正面 3、叶背面 4、植株

5、花正面观 6、花侧面观 7、花正面观 8、花背面观

董菜科 Violaceae · 董菜属 *Viola*

七星莲（蔓茎董菜）

Viola diffusa Ging.

一年生草本,植株被白色柔毛。地下茎短或稍长,花期生出地上**匍匐枝**,匍匐枝先端具莲座状叶丛,通常生不定根。基生叶圆状卵形,基部通常截形或楔形,**明显下延于叶柄上部**,顶端圆钝或稍尖。花小,萼片5片,基部附器短；花瓣5瓣,白色或浅紫色,距短,长约2毫米。果椭圆形。花期2—3月。

生于林缘、路旁。

1	2
3	4	5
6	7	8

1、植株及生境 2、植株 3、匍匐枝与不定根 4、叶 5、花正面观
6、花部解剖 7、花背面观 8、花侧面观

董菜科 Violaceae · 董菜属 *Viola*

长萼董菜(多花董菜)

***Viola inconspicua* Blume**
=*Viola pseudo—monbeigii* Chang

草本。茎簇生。叶基生,叶片通常三角状卵形,基部宽心形,稍下延于叶柄,具两**垂片**;托叶草质,通常全缘。花梗与叶近等长;萼片 5 片,基部附器长 2—3 毫米,2 短 3 长;花瓣淡紫色,5 瓣,**距管状**,长 2.5—3 毫米。果椭圆形。花期 2—4 月。

生于林缘、路边。**异名 *Viola pseudo—monbeigii* Chang**(多花董菜)的模式标本采自缙云山。

1、植株及生境 2、花枝 3、叶
4、开裂蒴果 5、花正面观 6、花侧面观

董菜科 Violaceae · 董菜属 *Viola*

犁头草

***Viola japonica* Langsd. ex Ging.**

多年生草本。主根粗壮,白色。茎缩短。叶基生,长卵形,基部心形,边缘具钝锯齿;**叶柄下延成狭翅**;托叶白色,有疏齿。花梗中部有 **2 线形苞片**;**花紫色**;萼片绿色;花瓣倒卵状椭圆形,距管状;**花药贴合,下部两雄蕊有蜜腺,入距内**。蒴果长圆形;种子小球形。花果期 2—12 月。

生于林下、路旁。**缙云山新记录植物**。

1	2
3	4	5
6	7	8

1、植株及生境 2、叶 3、植株 4、花正面观
5、果侧面观 6、花部解剖 7、花侧面观 8、开裂蒴果

亚麻科 Linaceae · 石海椒属 *Reinwardtia*

石海椒(黄亚麻)

Reinwardtia indica Dumort.

常绿直立灌木。叶互生,椭圆形,全缘。花单生或数朵簇生于叶腋或枝顶部;萼片 5 片,宿存;**花瓣 5 瓣,黄色**,外形似高脚碟状;雄蕊 10 枚,5 枚退化;子房 3 室,花柱 3 个。蒴果球形。花期 3—6 月,果期 4—7 月。

生于山坡及路旁。

1、植株 2、叶 3、花

金丝桃科 Hypericaceae（藤黄科 Guttiferae）· 金丝桃属 *Hypericum*

地耳草（小对月草）

Hypericum japonicum Thunb.

一年生小草本。茎纤细，有 4 棱，下部常带紫红色。叶多数，基部抱茎，背面疏生黑色小腺点。聚伞花序顶生；**花黄色**；萼片与花瓣近等长；雄蕊 10 枚以上，基部连合；**子房为侧膜胎座，花柱 3 个，分离**。蒴果长圆形。花期 5—6 月，果期 6 月。

生田边、沟边、草地以及荒地上。

1、植株 2、花枝 3、花

金丝桃科 Hypericaceae（藤黄科 Guttiferae）· 金丝桃属 *Hypericum*

元宝草（大对月草）

***Hypericum sampsonii* Hance**

多年生草本。叶片对生，基部合生为一体，茎贯穿其中心；叶片**背面粉绿色，散布有黑色腺点**。聚伞花序生枝顶端；花小黄色；萼片披针形；雄蕊 3 束；雌蕊花柱 3 个，分离。蒴果宽卵形，3 室，**具宿存花柱与萼片**。

生于路旁、山坡、草地、灌丛、田边、沟边等处。

$\dfrac{1}{2\ \ 3}$　1、植株 2、叶 3、花

牻牛儿苗科 Geraniaceae · 老鹳草属 *Geranium*

野老鹳草

***Geranium carolinianum* L.**

一年生草本。茎直立或斜升，有倒向的密柔毛。叶圆肾形，**5—7深裂**，每裂片再3—5裂。萼片宽卵形，在果期增大；**花瓣淡红色**；雄蕊10枚；子房有长毛。蒴果顶端有长喙，成熟时裂开，5果瓣向上卷曲。花期4—5月，果期6—7月。

生于路旁和山坡杂草丛中，【牻 máng】。

1、植株 2、叶 3、果 4、花 5、成熟果实

牻牛儿苗科 Geraniaceae · 老鹳草属 *Geranium*

尼泊尔老鹳草

***Geranium nepalense* Sweet**

多年生草本；茎蔓延于地面，多分枝，节略膨大，全体被细毛。**叶对生**，有时互生，**肾状五角形**。花序腋生，萼片 5 枚，披针形，有疏白长毛；花瓣 5 瓣，白色、紫红色或淡红色，**先端凹入**，内面有 **5 条紫红色条纹**；雄蕊基部连合；花柱 5 裂。**蒴果有微柔毛**。花期 4—5 月，果期 6—7 月。

生于阔叶林林缘、路边；【牻 **máng**】。

1	2
3	4	5
		6

1、植株 2、叶 3、果（未成熟）4、开裂蒴果 5、花正面观 6、花背面观

柳叶菜科 Onagraceae · 丁香蓼属 *Ludwigia*

假柳叶菜

Ludwigia epilobioides Maxim.

一年生草本。茎多分枝,**略带紫红色**。单叶互生,全缘,矩圆状披针形。花两性,黄色,近无柄,单生叶腋,基部有 2 枚小苞片;**萼筒与子房合生**,裂片 4 片;花瓣 4 瓣;雄蕊 4 枚;**子房下位**。**蒴果圆柱状四方形**。花期 7—10 月,果期 9—11 月。

生于田间、耕地边湿润处。

1、植株 2、叶 3、枝条 4、花正面观
5、花侧面观 6、枝条 7、花萼 8、果

桃金娘科 Myrtaceae · 蒲桃属 *Syzygium*

四川蒲桃

***Syzygium sichuanense* Hung T.Chang & R.H.Miao**

常绿乔木。叶对生，叶片革质，卵状披针形，背面具凸起的腺点。单花或 2—3 朵排成**聚伞花序顶生**；苞片针状；萼管倒圆锥形，萼齿 4 个；**花瓣白色**，5 枚；雄蕊多数，分离。果实扁球形，紫黑色。

生于阔叶林下。**模式标本采自缙云山。**

2cm

1	2
3	4
	5

1、植株 2、叶 3、花枝 4、花序 5、果序

野牡丹科 Melastomataceae · 野海棠属 *Bredia*（锦香草属 *Phyllagathis*）

叶底红（小花叶底红）

***Bredia fordii*（Hance）Diels**
=*Phyllagathis fordii* var. *micrantha* C.Chen

半灌木。**茎带紫红色**，叶、花梗和花萼被柔毛或长腺毛。**叶对生**，坚纸质，卵状长圆形，**背面紫红色**。**聚伞花序顶生**；花瓣 4 枚，紫红色；雄蕊 8 枚同形，花药微弯，药隔膨大，下延成短距。蒴果，花萼宿存。花期 7—8 月。

生于林下阴湿路边。

1	2
3	4	5
6	7	8

1、植株 2、叶 3、枝 4-5、花正面观

6、花蕾 7、花侧面观 8、果

野牡丹科 Melastomataceae · 野牡丹属 *Melastoma*

野牡丹 (展毛野牡丹)

***Melastoma malabathricum* L.**
***=Melastoma normale* D.Don**

灌木。茎、叶、花梗背密被平展的**长粗毛及柔毛,茎褐紫色**。叶对生,厚纸质,卵状椭圆形,**5 条基出脉**。花两性,**伞房花序生于枝顶**;花瓣 5 瓣,紫红色;**雄蕊异形 10 枚,5 长 5 短**,长者药隔基部伸长,弯曲末端 2 裂;短者花药基部具 1 对小瘤。**蒴果坛状球形**,宿存萼与果贴生。花果期 5—8 月。

常生于马尾松林下,为**酸性土壤指示植物**。

1	2
3	4	5
6	7	8

1、植株 2、叶 3、花部解剖 4、花背面观
5、果序 6、花 7、花正面观 8、果

野牡丹科 Melastomataceae · 异药花属 *Fordiophyton*

异药花（伏毛肥肉草、峨眉异药花）

Fordiophyton faberi Stapf

草本。茎稍肉质，四棱。叶薄纸质，**常不等大对生**，长椭圆形或卵形，**基出脉 5 条**。聚伞花序缩短成头状，顶生；花两性，**红紫色**；花萼四棱形，裂片 4 片；花瓣 4 瓣；**雄蕊 8 枚，异形，4 长 4 短**，长者基部钝，呈羊角状叉开，短者基部微叉开。蒴果，顶孔 4 裂。花期 8—9 月。

生于林下阴湿沟谷旁。

1、植株 2、叶 3、花序
4、雄蕊 5、茎 6、雄蕊 7、果

野牡丹科 Melastomataceae · 肉穗草属 *Sarcopyramis*

肉穗草(肉穗菜)

Sarcopyramis bodinieri H.Lév. & Vaniot

矮小草本。**叶对生**，叶片纸质，卵形，边缘具细齿，叶面被**疏糙伏毛**，3—5 条基出脉。**聚伞花序顶生**，有花 1—3（5）朵；花萼具 4 棱，棱上有狭翅；花瓣 4 瓣，紫红色或粉红色；雄蕊 8 枚内向、**同形**，药隔基部延伸成上弯短距；子房坛状，上端具膜质冠。**蒴果有 4 棱，花萼宿存**。花期 5—7 月。

生于林下阴湿路边。

1、植株 2、花正面观 3、花部细节
4、叶 5、雌、雄蕊 6、果

省沽油科 Staphyleaceae · 野鸦椿属 *Euscaphis*

野鸦椿(鸡眼睛)

Euscaphis japonica(Thunb.)Kanitz

落叶灌木。小枝及芽红紫色,**枝叶揉碎后有异味**。**羽状复叶**,**对生**。圆锥花序顶生,花黄白色,花萼与花瓣均为 5 片,覆瓦状排列,花萼宿存;雄蕊 5 枚;心皮 3 个,分离。**蓇葖果**,**紫红色**,果皮软革质,有纵脉纹;种子近球形,黑色,有**肉质假种皮**。花期 4—6 月,果期 8—9 月。

生于阔叶林中。

1、植株 2-3、花序 4、果序 5、花部细节 6、果及种子

旌节花科 Stachyuraceae · 旌节花属 *Stachyurus*

西域旌节花(喜马山旌节花、通条树)

***Stachyurus himalaicus* Hook.f. & Thomson ex Benth.**

落叶灌木。叶坚纸质,椭圆形;顶端尾状渐尖,边缘密被细锯齿;**叶柄紫红色**。**穗状花序腋生**,下垂;**花单性**,雌雄异株;小苞片三角状卵形,萼片与花瓣 4 片,倒卵形,雄蕊 8 枚。**浆果圆球形**。花期 2—3 月,果期 6—8 月。

生于林下沟边。

1	2
	3
4	5	6

1、植株 2、叶正面观 3、叶背面观

4、花序 5、花 6、果序

漆树科 Anacardiaceae · 南酸枣属 *Choerospondias*

毛脉南酸枣

***Choerospondias axillaris* var. *pubinervis*（Rehder & E.H.Wilson）B.L.Burtt & A.W.Hill**

落叶乔木。小枝暗紫褐色，具皮孔。**奇数羽状复叶**，小叶 7—9 片，**叶轴被细柔毛**；叶柄纤细，基部稍膨大；小叶厚纸质，基部稍偏斜，**两面脉上被毛**；顶生小叶柄较侧生小叶长。花萼杯状，花瓣 5 瓣，覆瓦状排列；雄蕊 10 枚；雌花单生上部叶腋。浆果状核果椭圆形，**果核顶部有 5 个椭圆形小孔**。花果期 4—7 月。

生于阔叶林中。果可食用，形似大枣，又名"**酸枣**"。

1、果枝 2、植株 3、叶 4、羽片背面示被毛情况 5、果部解剖

漆树科 Anacardiaceae · 盐肤木属 *Rhus*

盐肤木(五倍子树、肤杨树)

Rhus chinensis Mill.

落叶小乔木或灌木。枝开展,密被褐色皮孔。**奇数羽状复叶**,小叶 7—13 片,有长柄;**叶轴常具绒毛和狭翅**,小叶对生、无柄,边缘有粗锯齿,背面有黄褐色绒毛。**圆锥花序顶生**;花白色;萼片 5 裂;花瓣 5 瓣,覆瓦状排列;雄蕊 5 枚,生于 5 裂花盘下;子房上位,花柱 3 个。**核果扁圆形**,红色。花果期 8—10 月。

生于向阳山坡。五倍子蚜虫常在幼枝和叶上形成虫瘿,即"**五倍子**",常用在工业上。

1	2
3	4	5
6	7	8

1、植株 2、叶 3、虫瘿 4、花
5、果 6、花序 7、果序(未成熟)8、成熟果序

无患子科 Sapindaceae（槭科 Aceraceae）· 槭属 *Acer*

罗浮枫（罗浮槭、红翅槭）

Acer fabri Hance

常绿乔木。小枝绿色。**叶对生**，革质，长圆状披针形，先端短尾尖，基部楔形，全缘或顶部有少数锯齿。雄花与两性花同株，**伞房花序**；萼片 5 片，紫红色；花瓣 5 瓣，白绿色；雄蕊 8 枚。**翅果**，**翅鲜红色**。花期 3—4 月，果期 5—9 月。

生于常绿阔叶林中。

1、植株 2、叶 3、翅果

无患子科 Sapindaceae · 栾树属（栾属）*Koelreuteria*

复羽叶栾树（摇钱树）

***Koelreuteria bipinnata* Franch.**

落叶乔木。小枝密被短柔毛，有皮孔。叶为**二回羽状复叶**，小叶 9—15 片，长椭圆形，顶端短渐尖，基部圆形，**一边稍斜**。**花黄色**，萼片 5 片，基部稍联合；花瓣 4 瓣，匙形，柄上密生长绒毛；雄蕊 8 枚。**蒴果卵形**，3 裂；种子圆形，黑色。花期 9 月，果期 11 月。

常生于道路边，作为行道树。川渝地区又名"**摇钱树**"。

1	2
3	4	5
6	7	8

1、植株 2、叶 3-4、花序

5、花 6、果序 7、蒴果 8、蒴果及种子

无患子科 Sapindaceae · 无患子属 *Sapindus*

无患子（油患子）

***Sapindus saponaria* L.**
=*Sapindus mukorossi* Gaertn.

落叶乔木。小枝有皮孔。叶为**偶数羽状复叶**，互生，小叶 4—8 对，长椭圆形，顶端渐尖，**基部不对称**。圆锥花序顶生，总轴有黄色茸毛，花杂性，萼片和花瓣均为 5 枚；雄蕊 8 枚。核果球形，**果实旁常有子房未发育部分残留**。花期 6 月，果期 9 月。

生于阔叶林下。

1、枝条 2、叶 3、叶柄 4-5、花序 6、果 7、果部横切

芸香科 Rutaceae · 花椒属 *Zanthoxylum*

竹叶花椒(野花椒)

Zanthoxylum armatum DC.

常绿灌木。**茎上皮刺对生**,基部扁宽。**一回羽状复叶**,小叶 3—5,边缘有细小圆锯齿,**并有油腺点**;叶轴及总柄有翅及皮刺。圆锥花序腋生,花黄绿色;雄花的花被片 6—8 片,雄蕊 6—8 枚,雌蕊的心皮 2—4 个,成熟心皮 1—2 个。蒴果红色,表面有粗大突起油点;种子黑色卵形。花期 3—4 月,果期 5—9 月。

生于林缘、灌木林中。

1、植株 2、果序(雌花序)3、果

芸香科 Rutaceae · 花椒属 *Zanthoxylum*

刺壳花椒

Zanthoxylum echinocarpum Hemsl.

攀援藤本。枝、叶、叶轴、花序轴有刺。**一回羽状复叶**有小叶 5—11 片；小叶厚纸质，在叶缘附近有干后变褐黑色细油点。花序腋生，萼片及花瓣均 4 片，萼片淡紫绿色；花瓣小；雄花的雄蕊 4 枚；雌花有心皮 4 个。分果瓣密生长短不等且有**分枝的刺**。花期 4—5 月，果期 10—12 月。

生于阔叶林中。

1	2
3	6
4	5	7

1、植株 2、叶正面和背面 3、幼嫩果序

4、成熟果序 5、花序 6、雄花 7、种子

苦木科 Simaroubaceae · 苦木属（苦树属）*Picrasma*

苦树（苦皮树）

***Picrasma quassioides*（D.Don）Benn.**

落叶乔木，全株有**苦味**。**奇数羽状复叶**，小叶 4—7 对，边缘具不整齐的粗锯齿，基部不对称；花雌雄异株，组成腋**生复聚伞花序**；萼片和花瓣各 5 枚；雄蕊 10。核果卵圆形，成熟后蓝绿色。花期 4—5 月，果期 6—9 月。

分布于阔叶林下。

1、植株 2、叶 3、果序 4、果 5、宿存花萼和花瓣

楝科 Meliaceae · 楝属 *Melia*

楝（川楝、苦楝子树）

***Melia azedarach* L.**
=*Melia toosendan* Siebold & Zucc.

落叶乔木。嫩枝密被褐色星状鳞片，**叶痕和皮孔明显。二回羽状复叶；小叶对生，具短柄或近无柄。圆锥花序聚生于小枝顶部；花淡紫色；萼片 5—6 片，椭圆形至披针形；花瓣 5—6 瓣，匙形；雄蕊管紫色；子房近球形，6—8 室。核果椭圆状球形，内果皮为坚硬木质；种子长椭圆形。花期 3—4 月，果期 10—11 月。

生于缙云山麓山坡、住宅旁。川渝地区又名"苦楝子树"。

1、植株及生境 2、花枝 3、叶正面 4、叶背面
5、花序 6、花部解剖 7、花 8、果

锦葵科 Malvaceae·苘麻属 *Abutilon*

苘麻（白麻）

***Abutilon theophrasti* Medik.**

一年生草本。叶互生，**圆心形**，顶端长渐尖，基部心形，边缘有不规则的圆锯齿，**两面密生星状柔毛**。花单生叶腋，花梗有柔毛；花萼杯状，5 裂，裂片卵形；**花瓣黄色**，倒卵形；心皮 15—20 个，轮状排列。蒴果半球形，分果爿 15—20 个，**顶端有 2 枚长芒**；种子肾形，熟时黑褐色。花期 7—8 月，果期 9—10 月。

常生于路旁、荒地和田野间；【**苘 qǐng**】、【**爿 pán**】。

1、植株 2、叶正面 3、叶背面 4、花和果正面

5-6、果枝 7、果侧面观 8、果背面观

锦葵科 Malvaceae（椴树科 Sterculiaceae）· 田麻属 Corchoropsis

田麻

***Corchoropsis crenata* Siebold & Zucc.**

一年生草本。枝有星状短柔毛。叶卵形，边缘有钝牙齿，两面密生星状短柔毛，**基出脉 3 条**。花单生叶腋，有细梗；萼片 5 片，狭披针形；**花瓣 5 瓣，黄色**，倒卵形；能育雄蕊 15 枚，每 3 枚成一束，不育雄蕊 5 枚，与萼片对生，匙状线形。**蒴果角果状**，圆筒形，有星状柔毛。花期 8—9 月，果期 10 月。

生于路边、林缘等地。以前用"***Corchoropsis tomentosa*（Thunb.）Makino**"为非法名。

1、植株 2、叶 3、花 4、果

锦葵科 Malvaceae · 梵天花属 *Urena*

地桃花（肖梵天花）

***Urena lobata* L.**

直立半灌木状草本。小枝有星状绒毛。叶互生，下部的近圆形，中部的卵形，上部披针形，**下面有灰白色星状绒毛**。花单生叶腋，**淡红色**；小苞片5片，基部1/3处合生；花萼杯状，5裂，有星状柔毛；花瓣5瓣，倒卵形，外面有星状柔毛；雄蕊无毛；子房5室。**果扁球形，**分果爿有**钩状刺毛**，成熟时与中轴分离。花期7—10月。

生于林缘、路旁；【爿 **pán**】。

$\frac{1}{2\;|\;3\;|\;4}$　1、植株 2-3、花 4、果

瑞香科 Thymelaeaceae · 瑞香属 *Daphne*

缙云瑞香

Daphne jinyunensis C.Y.Chang

常绿灌木。叶近革质,椭圆形或倒卵形,叶柄上面具宽沟。**花两性、芳香**,组成顶**生头状花序**;花梗极短,**花萼筒状**,花冠淡黄白色或带紫色,外面密被淡褐色绒毛,裂片 4;雄蕊 8 枚,排成 2 轮。果实宽卵球形,熟时鲜红色。花期 8—10 月,果期 10 月至次年 2 月。

生于阔叶林下。**模式标本采自缙云山。**

$\dfrac{1}{2|3|4}$　1、植株 2、叶 3、花侧面观 4、花正面观

瑞香科 Thymelaeaceae · 瑞香属 *Daphne*

毛柱瑞香

***Daphne jinyunensis* var. *ptilostyla* C.Y.Chang**

形态特征与缙云瑞香相似,主要区别在于叶片纸质,先端通常下陷;花柱幼时密被黄褐色纤毛。

生于阔叶林下,模式标本采自缙云山。

1、叶正面观 2、叶背面观 3、果

瑞香科 Thymelaeaceae · 荛花属 *Wikstroemia*

小黄构(野棉皮、黄构)

***Wikstroemia micrantha* Hemsl.**

常绿灌木。枝纤细,圆柱状。**叶对生**,纸质至近革质,长椭圆形,**两面无毛**;叶柄极短。**圆锥花序顶生或腋生**;花萼筒状,黄色,花萼裂片 4 片;雄蕊 8 枚;花盘鳞片 1 枚,顶端 2 裂。**核果卵形**,成熟后呈紫黑色。花期 8 月,果熟期 9 月。

生于林下、山坡边。

1、植株 2、花枝 3-4、花序 5-6、花

叠珠树科 Akaniaceae（伯乐树科 Bretschneideraceae）·伯乐树属 *Bretschneidera*

伯乐树（钟萼木）

Bretschneidera sinensis Hemsl.

落叶乔木；树皮灰褐色，小枝有明显皮孔。**一回羽状复叶**，小叶 7—15 片；小叶基部多少偏斜。**总状花序**，总花梗、花梗、花萼外面有棕色短柔毛；**花淡红色**；花萼阔钟状，顶端具短的 5 齿；花瓣阔倒卵楔形，内面有红色纵条纹；花丝基部有柔毛；子房、花柱有柔毛。果近球形；种子椭圆球形。花期 4—5 月，果期 8—11 月。

生于阔叶林中，**国家一级保护植物**。

1	2
3	4	5
6	7	8

1、植株 2、叶 3、花序 4、花 5、种子
6、花部解剖 7、果侧面观 8、果正面观

十字花科 Brassicaceae（Cruciferae）· 碎米荠属 *Cardamine*

弯曲碎米荠

***Cardamine flexuosa* With.**

一年生或二年生草本。茎基部多分枝,斜上呈铺散状。**奇数羽状复叶**,基生叶有柄,有小叶 3—7 对;茎生叶有小叶 3—5 对,小叶多呈卵形或线形,有柄或无柄。**总状花序,花冠白色**。长角果线形;种子长圆形,黄褐色。花期 2—3 月,果期 3 月。

生于河边耕地、路旁及草地。

1、植株 2、叶 3、花序 4、果序及长角果

十字花科 Brassicaceae（Cruciferae）· 蔊菜属（漳菜属）*Rorippa*

广州蔊菜

***Rorippa cantoniensis*（Lour.）Ohwi**

一或二年生草本。茎直立或呈铺散状分枝。基生叶具柄,**基部扩大贴茎**,叶片羽状深裂;**茎生叶无柄**,基部呈短耳状抱茎,边缘常呈不规则齿裂。**总状花序**顶生,**十字花冠**,花黄色,**四强雄蕊**。**短角果**圆柱形。种子极多数,扁卵形。花期3—4月,果期4—6月。

生于嘉陵江边。**缙云山新记录植物。**

1、植株 2、基生叶 3、茎 4、茎生叶及果

十字花科 Brassicaceae（Cruciferae）· 独行菜属 *Lepidium*

楔叶独行菜

Lepidium cuneiforme C.Y.Wu

一年生或二年生草本。茎直立，有腺毛。基生叶和下部茎生叶匙形或楔形；茎上部叶常无柄，边缘具不整齐锯齿。萼片常绿色，花瓣白色。短角果卵形或近圆形，侧扁，上部有窄翅；种子长圆形。花期 5 月，果期 6 月。

生于山坡、河滩、村旁、路边等。以前误鉴定为 "*Lepidium didymum* L."。

1	2
3	4	5
		6

1、植株 2、果 3、茎 4、果序 5、短角果纵切示隔膜 6、种子

十字花科 Brassicaceae · 臭荠属 *Coronopus*

臭荠

***Coronopus didymus* (L.) Sm.**

一年或二年生匍匐草本,**全株有臭味**;主茎短且不显明,基部多分枝。叶为**一回或二回羽状全裂**,裂片3—5对,线形或窄长圆形,顶端急尖,基部楔形,全缘。花极小,萼片具白色膜质边缘;花瓣白色,长圆形;雄蕊通常2。**短角果肾形**,果瓣半球形,成熟时分离成2瓣。种子肾形。花期3月,果期4—5月。

生于耕地、路边。**缙云山新记录植物。**

1、植株 2、叶 3、叶和果序 4、果枝

蛇菰科 Balanophoraceae · 蛇菰属 *Balanophora*

葛菌(冬红蛇菰)

Balanophora harlandii Hook.f.
寄生草本。根茎扁球形或近球形,密被小点;花茎长 2—5.5 厘米,淡红色;鳞状苞片 5—10 枚,聚生于花茎基部,宽卵形。**肉穗花序近球形**,紫红色;花单性,雌雄异株;雄花具梗,花被 3 裂;雌花无花被,花柱细长。花期 9—12 月。

常寄生于山矾属植物根上;入药,又名**"角菌"**。

1、植株及生境 2-3、植株 4、球状根茎 5、寄生部位

檀香科 Santalaceae · 檀梨属 *Pyrularia*

檀梨（四川檀梨、无刺檀梨）

Pyrularia edulis（Wall.）A.DC.
=*Pyrularia inermis* Chien

落叶小乔木。叶互生，厚纸质。**花杂性**，雄花组成总状花序，着生于侧枝顶端；雌花单生于枝顶或常数朵成总状花序；花被裂片 5 片，外被柔毛；雄蕊 5 枚；子房下位。**核果梨形**，顶端有**宿存花被**。种子球形。花期 4 月，果期 9 月。

生于阔叶林内。**异名 *Pyrularia inermis* Chien**（四川檀梨）的模式标本采自缙云山。

1	2
3	4	5
6	7	8

1、植株 2、叶 3、花序 4、花正面观
5、花侧面观 6、果序 7、果示宿存花被 8、核果横切

蓼科 Polygonaceae · 酸模属 *Rumex*

羊蹄

***Rumex japonicus* Houtt.**

多年生草本。茎直立,具沟槽。基生叶长圆形,顶端急尖,基部圆形,边缘微波状;托叶鞘膜质,易破裂。**花序圆锥状**,花两性,多花轮生;花梗细长,中下部具关节;花被片6,内花被片果时增大,宽心形,**边缘具不整齐的小齿,全部具长卵形小瘤**。瘦果宽卵形,具3锐棱。花期5—6月,果期6—7月。

生于路边。缙云山新记录植物。

1、植株 2、叶正面 3、叶背面
4、花序 5、果序 6-7、果

蓼科 Polygonaceae · 酸模属 *Rumex*

齿果酸模

Rumex dentatus L.

一年生草本。茎多分枝,具浅沟槽。茎下部叶长圆形或矩圆形,边缘浅波状,上部叶较小,花序生通常有叶。总状花序组成圆锥花序,顶生或腋生,花簇生成轮伞状;花小,两性;花被片 6 片,2 轮,**内轮果时增大呈翅状,边缘具 3—5 对不整齐针状齿,每片具卵形瘤状凸起**,网脉明显;雄蕊 6 枚。瘦果三棱形,果梗基部具关节。花期 4—6 月,果期 5—7 月。

生于路边、沟边。

1、植株 2、叶 3-4、果序
5、花序 6、花背面观 7、花正面观

蓼科 Polygonaceae · 酸模属 *Rumex*

长刺酸模

***Rumex trisetifer* Stokes**

一年生草本。茎直立,具沟槽。茎下部叶长圆形,边缘波状;茎上部的叶较小,狭披针形;托叶鞘膜质。总状花序,顶生和腋生,再组成**大形圆锥状花序**;花两性,多花轮生,上部较紧密,下部稀疏,间断;花梗细长,**近基部具关节**;花被片 6,2 轮,外轮花被片披针形,果时增大,狭三角状卵形,**全部具小瘤,边缘每侧具 1 个针刺**,直伸或微弯。瘦果椭圆形,**具 3 锐棱**。花期 5—6 月,果期 6—7 月。

分布河滩地、路边,**缙云山新记录植物**。

1、植株及生境 2、叶 3、果序
4、花序 5、果序 6-7、果(带针刺的果被)

蓼科 Polygonaceae · 荞麦属 *Fagopyrum*

金荞（金荞麦）

Fagopyrum dibotrys（D.Don）Hara

多年生草本。**主根木化，块状，内部呈黄色**。茎多分枝，**中空**。叶三角卵形，先端渐尖或具长狭尖，基部心形或戟状心形，**基出脉 3 对**；托叶鞘筒状，棕色无毛。**伞房花序顶生或腋生**；苞片三角状披针形；花白色，**花梗中部具关节**；花被片 5 片；雄蕊 8 枚；花柱 3 个。瘦果三棱形。花期 7—10 月，果期 9—11 月。

生于沟边、路边。国家二级保护植物。

1	2
3	4	5	6	7

1、植株 2、叶正面 3-4、花序
5、叶背面 6、花正面观 7、果

蓼科 Polygonaceae · 何首乌属 *Fallopia*（蓼属 *Polygonum*）

何首乌(紫乌藤、夜交藤)

Fallopia multiflora（Thunb.）Haraldson
≡*Polygonum multiflorum* Thunb.

多年生**缠绕草本**。**块根肥厚**,黑褐色。叶卵形,顶端渐尖,基部心形,边缘全缘;**托叶鞘膜质**。花序圆锥状,顶生或腋生。瘦果卵形,具3棱,包于宿存花被内。花期8—9月,果期9—10月。

生于林缘、路边,块根入药。

1、植株 2、叶 3、花序 4、块根

蓼科 Polygonaceae · 萹蓄属（蓼属）*Polygonum*

铁马鞭（习见蓼、叶花蓼）

***Polygonum plebeium* R.Br.**

一年生草本。根细长，圆柱形。茎匍匐状斜升，多分枝，节间通常比叶短。叶线形，**近无柄**，有关节；**托叶膜质透明**。花粉红色或白色，常1至数朵簇生叶腋；苞片膜质，**花梗中部具关节**；花被片5片，**雄蕊5枚**，与花被片互生；花柱3个。瘦果三棱形，位于宿存苞片内。花期4—6月，果期6—9月。

生于河滩地及路边。

1、植株及生境 2、植株 3、花侧面观 4、花正面观

蓼科 Polygonaceae · 萹蓄属(蓼属) *Polygonum*

萹蓄

Polygonum aviculare L.

一年生草本。茎自基部多分枝,具纵棱。叶椭圆形,下面侧脉明显;叶柄短或近无柄,**基部具关节;托叶鞘膜质**,下部褐色,上部白色,撕裂脉明显。花单生或数朵簇生于叶腋,遍布于植株;苞片薄膜质;花梗细,顶部具关节;花被 5 深裂,绿色,**边缘白色或淡红色;雄蕊 8**;花柱 3,柱头头状。瘦果卵形,具 3 棱。花期 5—7 月,果期 6—8 月。

生于路边。

1
2
3
4 5
6
7

1、枝条 2、茎 3、托叶鞘
4、植株 5、叶 6、花 7、果

蓼科 Polygonaceae · 萹蓄属（蓼属）*Polygonum*

火炭母

***Polygonum chinense* L.**

多年生草本。攀援状，茎淡紫色或绿色。叶薄纸质，**基部箭形或浅心形**，上面常有"∧"**形紫黑色斑纹**；托叶鞘白膜质，下部筒状，上部易破裂。总状花序缩短，排成二歧状聚伞花序；花梗被腺毛；苞片膜质；花被片 5 片；雄蕊 8 枚；花柱 3 个。**瘦果成熟包于肉质紫蓝色的增大花被片内**。花期 7—10 月，果期 10—12 月。

生于林下、路旁、沟边。

1	2
3	4	5
6	7	8

1、植株及生境 2、叶 3、花序 4、托叶鞘
5、花序 6、果序 7、花序 8、果序

蓼科 Polygonaceae · 萹蓄属(蓼属) *Polygonum*

尼泊尔蓼(野荞麦)

***Polygonum nepalense* Meisn.**

一年生草本。茎直立,细弱,常淡紫色。叶卵形至三角状卵形,**基部楔形并下延呈翅或耳垂形**;下部叶有柄,上部叶常无柄或抱茎;托叶鞘筒状,膜质。**总状花序呈头状**,顶生或腋生,花梗细长;花白色或粉红色,密集;花被常 4 深裂;雄蕊 5—8 枚;花柱 2 个。瘦果扁圆,双凸镜形,包于宿存花被内。花果期 5—10 月。

常生于耕地、草丛中。

1、植株及生境 2、叶 3、花序

蓼科 Polygonaceae · 萹蓄属 (蓼属) *Polygonum*

头花蓼

Polygonum capitatum Buch.-Ham. ex D.Don

多年生草本。根状茎粗壮；茎蔓生。叶卵形，边有腺状长缘毛，上面常有**紫色"∧"形斑纹**；叶柄短，基部扁形，并有耳垂状裂片；托叶筒状，外面被毛；**总状花序呈头状**，花序梗有腺毛；花被片 5 片；雄蕊 8 枚；花柱 3 个。瘦果三棱状，包于宿存萼片内。花期 6—9 月，果期 9—11 月。

生于林缘岩壁上。

1、植株及生境 2-3、花序

蓼科 Polygonaceae · 萹蓄属(蓼属)*Polygonum*

红蓼(东方蓼)

Polygonum orientale L.

一年生草本。茎直立,密被开展的**长柔毛**。叶宽卵形,边缘全缘,两面密生短柔毛；托叶鞘筒状,**被长柔毛**,顶端具草质、绿色的翅。**总状花序**呈穗状,微下垂；花被 5 深裂,淡红色或白色。**瘦果近圆形**,双凹,黑褐色,包于宿存花被内。花期 6—9 月,果期 8—10 月。

生于耕地、路旁。

1、植株及生境 2、叶 3、花序 4、未成熟的果序 5、托叶鞘 6、果

蓼科 Polygonaceae · 萹蓄属 (蓼属) *Polygonum*

丛枝蓼

***Polygonum posumbu* Buch.-Ham. ex D.Don**

一年生草本。茎细弱, **平卧或斜升**, **近基部多分枝**。叶卵状披针形, 顶端尾状渐尖, 基部楔形, 叶片疏生长柔毛, 有短柄, **托叶鞘筒状**, 膜质, 有长柔毛。**总状花序穗状**, 顶生或腋生; 花稀疏着生, 下部花常间断; 苞片绿色, 漏斗状, 有长于苞片的缘毛; 花小, 粉红色或白色, 3—4 朵生于苞片内; 花被片 5 深裂; 雄蕊 8 枚; 花柱 3 个。**瘦果卵形**, **三棱状**。花期 6—9 月, 果期 7—11 月。

生于阴湿林下、路边、沟边。

4cm

1、植株及生境 2、叶 3、植株 4、花序

蓼科 Polygonaceae · 萹蓄属 (蓼属) *Polygonum*

杠板归 (贯叶蓼、蛇倒退、猫爪刺)

Polygonum perfoliatum L.

茎攀援，红褐色，**疏生倒向小钩刺**。叶三角形，基部截形或微心形，下面沿**脉上疏生小钩刺**；叶柄疏生钩刺，**盾状着生**；**托叶鞘呈叶片状，穿茎**。**总状花序**呈短穗状，顶生或腋生，常包于托叶鞘内；苞片卵圆形；花白色或淡红色，花梗极短；花被 5 深裂，果时增大成肉质蓝色；雄蕊 8 枚；花柱 3 个。瘦果球形，包于增大肉质花被中。花期 6—9 月，果期 7—11 月。

生于山坡、路边。因植株被钩刺，又名**"猫爪刺"**。

1、植株 2、托叶鞘 3、叶背面 4、果序 5、果实及种子

蓼科 Polygonaceae · 萹蓄属（蓼属）*Polygonum*

马蓼（酸模叶蓼）

Polygonum lapathifolium L.

一年生草本。茎直立，**节部膨大**。叶片上面常有一个**黑褐色新月形斑点**，两面沿中脉被短硬伏毛，边缘具粗缘毛；托叶鞘筒状，顶端截形，无缘毛。**总状花序组成圆锥状**，花序梗被腺体；花被淡红色或白色，雄蕊通常6。**瘦果宽卵形，双凹形**，包于宿存花被内。花期6—8月，果期7—9月。

常生于沟边、路旁。

1、植株及生境 2、托叶鞘 3、叶正面 4、叶背面 5、果序 6、花序 7、瘦果

蓼科 Polygonaceae · 萹蓄属(蓼属) *Polygonum*

辣蓼(水蓼)

Polygonum hydropiper L.

一年生草本。枝红褐色,**节常膨大**。叶两面有黑色腺点,背面中脉上有短刺毛;**托叶鞘筒状**,顶端有缘毛。**穗状花序**顶生或腋生,花稀疏,下部花簇常间断;苞片漏斗状,绿色;花白色或淡红色,花梗稍伸出苞外;花被5深裂,散生黄色腺状小点;雄蕊6枚;花柱2—3裂。瘦果卵形,具三棱或一平一凸,包于宿存花被片内。花期7—9月,果期9—11月。

生于湿润水沟边或路边。叶片咀嚼时**具辛辣味**,故名**"辣蓼"**。

1、植株 2、托叶鞘 3、花序 4-5、花 6、瘦果

蓼科 Polygonaceae · 萹蓄属(蓼属)*Polygonum*

蚕茧蓼(大花蓼)

Polygonum japonicum Meisn.

多年生草本。叶披针形,上面边缘被糙伏毛,两面叶脉密被平伏硬毛,叶背具灰白腺点;**托叶鞘筒状**,被伏毛,**缘毛等长于鞘筒**。穗状花序顶生,通常 **2** 个;苞片漏斗状,**缘毛短于苞片**;花被 5 深裂,白色或淡红色;**花梗较长**,约 3—4 毫米;雄蕊 5—8 枚;花柱 2—3 个。瘦果卵形,具二棱或双凸镜形。花期 8—9 月,果期 10—12 月。

生于沟边或路边。

1、植株及生境 2、托叶鞘 3-5、花序 6、瘦果

蓼科 Polygonaceae · 萹蓄属（蓼属）*Polygonum*

长鬃蓼

Polygonum longisetum Bruijn

多年生草本。叶片条状披针形，两面疏生短刺毛，近无柄；**托叶鞘筒状**，密生伏毛，**顶端有长缘毛**。**总状花序呈短穗状**；苞片漏斗状，绿色，**缘毛长于苞片**；每苞片内有花 1—2 朵，白色或粉红色。瘦果三棱形。花期 6—8 月，果期 8—10 月。

生于潮湿路旁、林缘、沟边。

1	2
3	4	5
		6

1、植株及生境 2、托叶鞘 3、花序 4-5、果序 6、瘦果

蓼科 Polygonaceae · 萹蓄属（蓼属）*Polygonum*

阿萨姆蓼

***Polygonum assamicum* Meisn.**

一年生草本。叶椭圆状卵形，顶端急尖，基部宽楔形，下面沿叶脉具短硬伏毛，边缘具缘毛，**叶片干后呈蓝绿色**；托叶鞘筒状，顶端截形、**具长缘毛**。**总状花序呈穗状单生或数个组成圆锥状**，花稀疏，下部通常间断；苞片绿色，具缘毛，每苞内具 1—3 花；花被 5 深裂，红色；雄蕊 5—6。**瘦果卵形，双凸镜状**，包于宿存花被内。花期 6—7 月，果期 8—9 月。

生于湿润路边。**缙云山新记录植物。**

1、植株及生境 2、叶 3、托叶鞘 4、花序 5、叶枯后变为蓝色 6、花

蓼科 Polygonaceae · 虎杖属 *Reynoutria*（蓼属 *Polygonum*）

虎杖（花斑竹）

***Reynoutria japonica* Houtt.**
≡ ***Polygonum cuspidatum* Siebold & Zucc.**

半灌木状草本。茎直立，基部木质化**中空**，表面常有紫色斑点。叶片宽卵形；**托叶鞘筒状**，膜质。**圆锥花序腋生**；花单性，异株；花梗有关节，**上部有狭翅**；花被 5 深裂，2 轮，**外轮3 片果时增大，背部生翅**；雄蕊 8 枚；雌花花柱 3 个，柱头鸡冠状。瘦果椭圆形，有 3 棱，包于增大的**翅状花被内**。花期 7—8 月，果期 9—11 月。

生于林缘、路旁、沟边。

1	2
3	4	5
6	7	8

1、植株及生境 2、叶 3、茎 4、花枝
5、花 6、托叶鞘 7、花序 8、果（果被包被）

石竹科 Caryophyllaceae · 繁缕属 *Stellaria*

雀舌草（滨繁缕、天蓬草）

Stellaria alsine Grimm
=Stellaria uliginosa Murray

一年生或二年生草本。茎丛生，无毛。叶对生，长圆状披针形，无柄。聚伞花序顶生；萼片5片；花瓣5瓣，白色，2深裂达基部；雄蕊5枚；子房卵形，花柱3个。蒴果椭圆形，先端6瓣裂；种子具小瘤状凸起。花果期2—4月。

生于路旁、石缝中。

1、植株及生境 2、叶 3、花正、背面观 4、花 5、花枝 6、果序

石竹科 Caryophyllaceae · 繁缕属 *Stellaria*

繁缕（鹅儿肠）

***Stellaria media* (L.) Vill.**

一年生或二年生草本。茎下部匍匐状，**沿茎之内侧有一纵行细短柔毛**。叶对生，卵形；下部叶片叶柄较长，上部叶无柄。**聚伞花序腋生或顶生**；萼片 5 片，绿色；花瓣 5 瓣，白色，**2 深裂**；雄蕊 10 枚，花药紫色。蒴果长圆形，顶端 6 瓣裂；**种子圆形，具小瘤凸**。花果期 2—6 月。

常生于耕地中。嫩苗可作蔬菜食用，又名**鹅儿肠**。

1、植株及生境 2、花 3、果序 4、果实 5、种子

石竹科 Caryophyllaceae · 繁缕属 *Stellaria*

巫山繁缕

Stellaria wushanensis F.N.Williams

一年生或二年生草本。叶对生，卵形，叶片被疏糙毛。聚伞花序腋生或顶生，花梗较长；萼片 5 片，绿色；花瓣 5 瓣，白色，**花瓣裂至中部**；雄蕊 10 枚，花药黄色。蒴果长圆形，顶端 6 瓣裂；**种子圆形，具小瘤凸。**花期 5—6 月，果期 6—7 月。

生于林缘、路边。

1	2
	4
3	5

1、植株及生境 2、花侧面观 3、枝 4-5、花正面观

石竹科 Caryophyllaceae · 繁缕属 *Stellaria*

箐姑草（石生繁缕）

***Stellaria vestita* Kurz**

多年生草本。**茎蔓生或匍匐状**，植株被星状毛。叶对生，卵状披针形，近无柄。聚伞花序腋生或顶生；萼片 5 片；花瓣 5 瓣，白色，深 2 裂；雄蕊 10 枚；子房卵形，花柱 3—4 个。**蒴果锥状球形**；种子有瘤状小凸。花果期 6—10 月。

生于路旁。

1、植株及生境 2、茎及对生叶 3、花序 4、花侧面观 5、花正面观

石竹科 Caryophyllaceae · 卷耳属 *Cerastium*

球序卷耳

***Cerastium glomeratum* Thuill.**

一年生草本。茎单生或丛生,**密被长柔毛**,上部混生腺毛。**叶对生**,茎下部叶片**匙形**,上部叶片**倒卵状椭圆形**。**聚伞花序**呈簇生状或呈头状,花序轴密被腺柔毛;萼片5,披针形,花瓣5,白色,顶端2浅裂;雄蕊10枚,花柱5。蒴果长圆柱形。花期3—4月,果期5—6月。生于耕地或路边。

1、植株及生境 2、花序 3、叶 4、未成熟果序

苋科 Amaranthaceae · 青葙属 Celosia

青葙

Celosia argentea L.

一年生草本。茎直立,**具显明条纹**。叶片矩圆披针形,顶端具小芒尖。花多数,在茎端形成成单一、无分枝的**圆柱状穗状花序**;苞片及小苞片披针形,白色,顶端延长成细芒;花被片初为白色顶端带红色,后成白色。**胞果卵形**,包裹在宿存花被片内。种子凸透镜状肾形。花期5—8月,果期6—10月。

生于耕地、山坡及路边。

1、植株 2、叶 3、花序 4、子房 5、花序 6、花正面观 7、花侧面观

苋科 Amaranthaceae · 苋属 *Amaranthus*

绿穗苋

***Amaranthus hybridus* L.**

草本。茎直立,绿色。叶缘微波状,幼时有柔毛,后仅叶背脉上被毛。圆锥花序顶生;**苞片及小苞片伸长成芒刺**;萼片 5 片;雄蕊 5 枚;柱头 2 或 3 个。**胞果卵形至倒卵形,周裂;**种子黑褐色。花果期 7—11 月。

常生于弃耕地和路边。

1	2
3	4	5
6	7	8

1、植株 2、茎 3、枝条 4、花序

5、花序局部 6、叶 7、局部花序 8、雄花

苋科 Amaranthaceae · 牛膝属 *Achyranthes*

牛膝

Achyranthes bidentata Blume

多年生草本。**茎直立，节膨大**。叶对生，椭圆状披针形，两面有贴生开展的柔毛。**穗状花序**顶生及腋生，**花后花序轴逐渐伸长**；苞片宽卵形，小苞片刺状；萼片披针形；花丝基部合生成杯状。**胞果长圆形**。花果期 5—11 月。

生于路边、荒地中。

3cm

1、植株 2、叶 3、花序 4、未成熟果序

苋科 Amaranthaceae · 莲子草属 *Alternanthera*

喜旱莲子草(水花生、革命草、空心莲子草)

***Alternanthera philoxeroides*(Mart.)Griseb.**

多年生草本;茎基部匍匐,上部上升,管状。**叶对生**,叶片矩圆状披针形。花密生成具**总花梗的头状花序**,单生在叶腋;苞片及小苞片白色;花被片矩圆形,白色;雄蕊花丝基部连合成杯状。花期 5—10 月。

原产巴西,逸为野生,分布于库塘、耕地、路边等地。因生命力顽强,又名**"革命草"**。

1、植株 2、叶 3、植株及生境 4、茎中空 5、花序

苋科 Amaranthaceae · 莲子草属 *Alternanthera*

莲子草

Alternanthera sessilis (L.) DC.

多年生草本；茎上升或匍匐，有绿色条纹及纵沟。叶片椭圆状披针形，全缘或有不显明锯齿。**头状花序腋生、无总花梗**；花密生，苞片及小苞片白色。胞果倒心形，包在宿存花被片内。花期 5—7 月，果期 7—9 月。

生于水沟、田边潮湿处。

1、植株 2、叶 3、花枝 4、果序 5、果

商陆科 Phytolaccaceae · 商陆属 *Phytolacca*

商陆

Phytolacca acinosa Roxb.

多年生草本。**根肥厚,肉质,圆锥形**。茎绿色或紫红色。叶卵状椭圆形。**总状花序直立,**顶生或侧生；花被片 5 片,初呈绿色,后变淡粉红色；雄蕊 8 枚；**心皮通常 8 个,离生**。浆果扁球形,紫色或紫黑色。花期 4—7 月,果期 7—10 月。

生于林下、路旁及房前屋后阴湿处。

1、植株 2-3、花序 4、果序(果实未成熟)及离生心皮

商陆科 Phytolaccaceae · 商陆属 *Phytolacca*

垂序商陆(美洲商陆)

***Phytolacca americana* L.**

多年生草本。**根粗壮肥大**,倒圆锥形。茎圆柱形,有时带紫红色。叶卵状椭圆形。**总状花序下垂**;花白色,微带红晕,花被片 5 片;雄蕊、心皮及花柱均为 **10 枚**;心皮合生。**浆果扁球形,熟时紫黑色**。花期 4—8 月,果期 8—10 月。

原产美洲,现逸为野生。

1、植株 2、花序 3、未成熟果序 4、成熟果序

粟米草科 Molluginaceae · 粟米草属 *Mollugo*

粟米草

***Mollugo stricta* L.**
=*Mollugo pentaphylla* L.

一年生草本。**茎铺散,多分枝,具棱。基生叶莲座状**,长圆状披针形;茎生叶 3—5 片成**假轮生**,披针形;叶近无柄。**二歧聚伞花序**顶生或与叶对生;萼片 5 片,宿存,椭圆形,无花瓣;雄蕊 3 枚;子房 3 室,花柱 3 个。**蒴果宽椭圆形,3 瓣裂**;种子肾形,粟黄色,具颗粒状突起。花期 6—8 月,果期 8—10 月。

生于耕地及田边。

1、植株及生境 2、植株 3、叶正面 4、花序
5、开裂蒴果 6、叶背面 7、花正面观 8、种子

落葵科 Basellaceae · 落葵薯属 *Anredera*

落葵薯（藤三七、土三七）

Anredera cordifolia（Ten.）Steenis

缠绕藤本。根状茎粗壮。叶片卵形至近圆形，肉质，**具腋生小块茎（掉落地上可以进行营养繁殖）。总状花序纤细下垂**；花被片白色，**5 瓣**；雄蕊 5 枚，白色。花期 6—10 月。

原产南美热带地区，逸为野生。

1、植株及生境 2、叶 3、花序 4、腋生小块茎 5、花

土人参科 Talinaceae · 土人参属 *Talinum*

土人参

Talinum paniculatum（Jacq.）Gaertn.

一年生或多年生草本。主根粗壮,圆锥形。茎肉质。叶互生或近对生,叶片稍肉质,倒卵状长椭圆形。**圆锥花序顶生或腋生**,具长花序梗;萼片卵形,紫红色,早落;**花瓣粉红色**,长椭圆形;雄蕊 15—20 枚,花柱线形。**蒴果近球形**,3 瓣裂;种子多数,扁圆形。花期 6—8 月,果期 9—11 月。

缙云山系栽培。

1、植株及生境 2、叶正面 3、叶背面
4、根 5、果序和花 6、果

马齿苋科 Portulacaceae · 马齿苋属 *Portulaca*

马齿苋(马齿汉)

Portulaca oleracea L.

一年生**肉质草本**。茎匍匐或斜升,基部多分枝,**淡紫色**。叶倒卵形。花通常 3—5 朵簇生于枝端;苞片 4—5 片;萼片 2 片,对生;花瓣 5 瓣,顶端凹陷;雄蕊 8—12 枚,基部合生;子房半下位,1 室。**蒴果**,**盖裂**;种子多数,黑色,扁球形,表面有小疣状突起。花期 6—8 月,果期 7—10 月。

生于路边。植株可作为蔬菜,川渝地区又名**"马齿汉"**。

1	2
3	4	5
6	7	8

1、植株及生境 2、叶正面 3、花正面
4、蒴果 5-7、开裂蒴果及种子 8、种子

山茱萸科 Cornaceae (八角枫科 Alangiaceae)·八角枫属 *Alangium*

八角枫

Alangium chinense (Lour.) Harms

落叶小乔木。小枝略呈"之"字形。单叶互生,卵形或长椭圆形,基部偏斜,背面叶脉分叉处有簇毛。聚伞花序腋生,有花7—30朵,小苞片线形或披针形;萼片6—8片;白色花瓣6—8瓣,上部开花后向外反卷;雄蕊与花瓣同数;子房2室,柱头常2—4裂。核果,成熟后紫黑色。花果期5—8月。

生于山地疏林中及住宅前后。

1、植株 2、叶 3、花序(花蕾)4、花序 5、花枝 6、花部解剖 7、果序

山茱萸科 Cornaceae · 山茱萸属（梾木属）Cornus

灯台树

Cornus controversa Hemsl.

落叶乔木。许多平展的分枝在树干上集生一处而近轮生，形似灯台，得名"灯台树"。叶互生，阔卵形，下面被淡灰白色短柔毛。顶生伞房状聚伞花序，花瓣4瓣，长披针形；雄蕊生花盘周围；柱头头状。核果球形，紫黑色。花期4—6月，果期7—8月。

生于阔叶林中。

1	2
	4
3	5

1、植株 2、花序 3、花枝 4、果序 5、果

山茱萸科 Cornaceae · 山茱萸属 (梾木属) *Cornus*

小梾木

***Cornus quinquinervis* Franch.**
=*Cornus paucinervis* Hance

落叶灌木。幼枝对生，略具 4 棱。**叶对生**，纸质，椭圆状披针形。**伞房状聚伞花序顶生**，被灰白色贴生短柔毛；总花梗圆柱形，密被贴生灰白色短柔毛；花小，白色至淡黄白色；花萼裂片 4；花瓣 4；雄蕊 4；子房下位。核果圆球形。花期 6—7 月，果期 10—11 月。

生于嘉陵江边。

$\dfrac{1}{2\mid 3\mid 4}$ 1、花枝 2、幼嫩果序 3、发育中的果序 4、成熟果序

山茱萸科 Cornaceae·山茱萸属 *Cornus*（四照花属 *Dendrobenthamia*）

黑毛四照花（缙云四照花）

***Cornus hongkongensis* subsp. *melanotricha*（Pojark.）Q.Y.Xiang**
=*Dendrobenthamia ferruginea* var. *jinyunensis*（Fang & W.K.Hu）Fang & W.K.Hu
=*Dendrobenthamia jinyunensis* W.P.Fang & W.K.Hu

常绿小乔木。叶对生，亚革质，下面脉腋有黑褐色髯毛。头状花序，总苞片 **4** 片，阔椭圆形，初为黄绿色，后变为乳白色；花小，花萼管状，上部 4 裂；花瓣 4；雄蕊 4。聚合状核果球形，成熟时红色。生于阔叶林中。异名 *Dendrobenthamia jinyunensis*（缙云四照花）的模式标本采自缙云山。

1、植株 2-3、叶背脉腋黑褐色髯毛 4、花枝
5、苞片 6、花 7、头状花序 8、果序

绣球花科 Hydrangeaceae（虎耳草科 Saxifragaceae）·常山属（黄常山属）*Dichroa*

常山（黄常山）

***Dichroa febrifuga* Lour.**

常绿半灌木。主根木质化,断面黄色。**叶对生**,长椭圆形,边缘具浅锯齿,基部楔形。**伞房状圆锥花序顶生**,或上部腋生;花同形,**蓝色**,无放射花;萼筒5—6齿裂,花瓣5—6瓣,向后反折;雄蕊10—20枚;花柱棒形,4—6个。浆果,有宿存萼齿与花柱。花果期6—12月。

生于林下、路边。

1	2
3	5	6
4	7	8

1、植株 2-3、花序 4、果序 5、花 6、花瓣 7、雌蕊 8、雄蕊

绣球花科 Hydrangeaceae（虎耳草科 Saxifragaceae）· 绣球属 *Hydrangea*

蜡莲绣球（腊莲绣球）

Hydrangea strigose Rehder

落叶灌木。幼枝、叶背被伏毛。**叶对生**，长矩圆形或卵披针形，先端长渐尖，基部楔形，边缘有小锯齿。顶生伞房状聚伞花序；花二形，**不育花具 4 片花瓣状萼片**；能育花白色，萼筒有毛，裂片 5 枚；花瓣 5 瓣，扩展或连合成冠盖；雄蕊 10 枚；花柱 2 个，宿存，子房下位。**蒴果半球形**，全部藏于萼筒内。花果期 8—11 月。

生于山坡、路边。

1、植株 2、不育花背面（示增大的花萼裂片）3、果序

凤仙花科 Balsaminaceae · 凤仙花属 *Impatiens*

凤仙花(指甲花)

Impatiens balsamina L.

一年生草本。茎粗壮,直立。叶披针形,边缘有锐锯齿,微向内弯,近基部常有数对**无柄黑色腺体**;叶柄两侧具数对腺体。**花单一或数朵簇生叶腋**,花有白、粉、红、紫等色;花梗被毛;萼片线形;雄蕊5枚。**蒴果纺锤形,密被柔毛**,两端尖。种子多数,黑褐色。花期6—11月。

缙云山系人工栽培,分布于居民住宅旁。

1	2
3	4	5
6	7	8

1、植株及生境 2、植株 3、花部解剖 4、花蕾
5、果 6、花侧面观 7、花正面观 8、种子

凤仙花科 Balsaminaceae · 凤仙花属 *Impatiens*

湖北凤仙花(霸王七)

***Impatiens pritzelii* Hook.f.**

多年生草本。地下根茎横走,常有 5 节左右膨大成块茎;地上茎直立,肉质,节常膨大。**叶多数集生枝顶,长圆状披针形,边缘具圆齿状齿,齿间具小刚毛,近基部有时具红色有短梗腺体。花序生上部叶腋,总状排列**;基部有苞片,苞片卵形;**花黄色或黄白色,侧生萼片 4 片**;旗瓣宽椭圆形或倒卵形,翼瓣大小不等 5 裂,**唇瓣囊状,黄色具淡棕红色斑纹,基部渐狭**成先端内弯或卷曲成小环的距。蒴果纺锤形,具**长喙**。花果期 9—11 月。

生于阴湿沟谷。

1	2	
3	4	5
6	7	8

1、植株 2、生境 3、叶 4-6、花 7、花部解剖 8、果

凤仙花科 Balsaminaceae · 凤仙花属 *Impatiens*

山地凤仙花

Impatiens monticola Hook.f.

多年生草本。全株无毛。叶互生,叶片椭圆形,**边缘具圆齿状锯齿**,齿间具刚毛。花腋生,总花梗长于叶柄,常有花 2 朵;花浅黄色,侧生萼片 2 片,**旗瓣圆形,绿色,具鸡冠状突起**,翼瓣无柄,唇瓣基部骤狭成与檐部等长或长于檐部的细距,**距端内弯或卷曲成环,翼瓣和旗瓣黄色具橙红色条纹**。蒴果长纺锤形。花果期 7—10 月。

生于溪沟两侧。

1、植株及生境 2、植株 3、叶 4、花萼 5、距
6、花部解剖 7、花正面观 8、果

五列木科 Pentaphylacaceae（山茶科 Theaceae）· 杨桐属 *Adinandra*

川杨桐（四川杨桐、四川红淡）

Adinandra bockiana E.Pritz. ex Diels

常绿乔木。枝和叶下面**密生黄褐色绒毛**。叶长圆状卵形，先端渐尖，**叶缘有睫毛**。花白色，单独或成对腋生，**花梗略弓形**；萼片宽卵形，背面有毛；花瓣外面中部有毛；雄蕊 25—30 枚。浆果，有毛。种子淡红褐色。花期 6—8 月，果熟期 10—11 月。

生于常绿阔叶林中。

1、植株 2、叶 3-5、果及宿存花柱

五列木科 Pentaphylacaceae（山茶科 Theaceae）·柃木属（柃属）*Eurya*

岗柃

Eurya groffii Merr.

常绿小乔木。**嫩枝被黄褐色散柔毛。叶薄革质，边缘密生细锯齿，叶背中脉密被长毛；叶柄极短，密被柔毛。**花1—9朵簇生于叶腋；雄花小苞片2，萼片5，花瓣5，白色，长圆形，雄蕊约20枚；雌花的小苞片和萼片与雄花相同，但较小；子房卵圆形，3室，无毛，花柱3裂。果实圆球形。花期9—11月，果期次年4—6月。

多生于山坡路旁林中、林缘。

1、植株 2、枝正面观 3、枝背面观 4、枝被毛 5-6、花序 7、果

五列木科 Pentaphylacaceae（山茶科 Theaceae）· 柃木属（柃属）*Eurya*

细枝柃

Eurya loquaiana Dunn

常绿灌木或小乔木。叶**薄革质**，窄椭圆形，上面绿色有光泽。花 1—4 朵簇生于叶腋；雄花小苞片 2，萼片 5，花瓣 5，**白色**；雌花与雄花同，子房卵圆形，3 室，花柱顶端 3 裂。**果实圆球形**，成熟时黑色。花期 10—12 月，果期次年 7—9 月。

生于阔叶林下。

1、植株 2、叶正面和背面 3、枝正面观 4、花侧面观

5、花蕾纵切 6、枝背面观 7、花正面观 8、果实

五列木科 Pentaphylacaceae（山茶科 Theaceae）· 柃木属（柃属）*Eurya*

钝叶柃

Eurya obtusifolia Hung T.Chang

常绿灌木。嫩枝及顶芽均被微毛。叶**革质**，长圆状椭圆形，**先端钝**。花1—4朵腋生；雄花小苞片2，萼片5，花瓣5，白色，雄蕊约10枚；雌花的小苞片和萼片与雄花同，子房圆球形，3室，花柱顶端3浅裂。果实圆球形，成熟时蓝黑色。花期2—3月，果期8—10月。生于阔叶林中。

2cm

1	2
3	4	5
6	7	8

1、植株 2、叶正面和背面 3-4、雄花 5、花蕾 6-7、雌花 8、果

柿树科(柿科)Ebenaceae · 柿树属(柿属)*Diospyros*

乌柿(黑塔子)

***Diospyros cathayensis* Steward**

常绿灌木。小枝开展,被柔毛,**常具坚刺**。叶近革质,长椭圆形。花单性,雄花通常 3 朵组成聚伞花序;花萼 4 裂,裂片三角形,两面密被柔毛;花冠壶状,外裂片宽卵形;雄蕊 16 枚。雌花单生于新梢下部;**花冠裂片外卷**。浆果黄色,球形,**果梗细,通常下垂**。花期 3 月,果期 5—10 月。

生于林下沟谷。常用作盆景,又名"**黑塔子**"。

1、植株 2、叶 3、花序 4、果

柿树科(柿科)Ebenaceae · 柿树属(柿属)*Diospyros*

罗浮柿

***Diospyros morrisiana* Hance**

落叶乔木。叶纸质,椭圆形,先端渐尖,基部阔楔形。**花单性**,2—5朵簇生于叶腋;花萼4裂,裂片三角形;花冠壶形,**白色**并略带红晕;雄蕊16—20枚;雌花单生,具退化雄蕊6枚。**浆果黄色**,近球形,**宿萼4浅裂**。花期6—7月,果期10—11月。

生于阔叶林中。

3cm

1	2
3	5	6
4	5	7

1、果枝 2、叶 3、花序 4、花纵剖

5、花枝 6、果序 7、成熟果实

报春花科 Primulaceae · 点地梅属 *Androsace*

点地梅

Androsace umbellata（Lour.）Merr.

一年生或二年生草本。主根不明显,具多数须根。**叶全部基生**,叶片近圆形,先端钝圆,基部浅心形至近圆形,边缘具三角状钝牙齿,两面均被贴伏的**短柔毛**。花葶通常数枚自叶丛中抽出,被白色短柔毛。**伞形花序**,苞片卵形至披针形,花萼杯状,密被短柔毛;花冠白色,喉部黄色。蒴果近球形。花期 2—4 月,果期 5—6 月。

生于路边。

1、植株及生境 2、叶 3、花

报春花科 Primulaceae（紫金牛科 Myrsinaceae）· 紫金牛属 *Ardisia*

九管血（矮八爪金龙）

***Ardisia brevicaulis* Diels**

常绿矮小灌木，具匍匐生根的根茎。叶片坚纸质，近全缘，具不明显的边缘腺点。**伞形花序**，着生于侧生特殊花枝顶端。花萼基部连合达 1/3，萼片披针形或卵形，具腺点；**花瓣粉红色**，卵形，顶端急尖具腺点；胚珠 6 枚，1 轮。果球形，鲜红色，具腺点，具紫红色宿存萼。花期 6—7 月，果期 10—12 月。

生于林下阴湿地方。

1、植株 2、叶正面和背面 3、幼嫩果序 4、果侧面观 5、果背面观

报春花科 Primulaceae（紫金牛科 Myrsinaceae）· 紫金牛属 *Ardisia*

朱砂根（高八爪金龙）

Ardisia crenata Sims

常绿灌木。茎粗壮，除侧生特殊花枝外，无分枝。叶革质，椭圆形，边缘具皱波状或波状齿，具明显的**边缘腺点**。**伞形花序或聚伞花序**，生于花枝顶端。花萼具腺点；花瓣白色或略带粉红色，**盛开时反卷**，具腺点。果球形，具腺点。花期 5—6 月，果期 10—12 月。

生于疏、密林下荫湿的灌木丛中。

$\dfrac{1}{2 \mid 3}$ 1、植株 2、叶正面和背面 3、果序

报春花科 Primulaceae（紫金牛科 Myrsinaceae）·紫金牛属 *Ardisia*

百两金（高八爪龙）

***Ardisia crispa*（Thunb.）A.DC.**

灌木。叶片膜质，狭长圆状披针形，顶端长渐尖，基部楔形，具明显的**边缘腺点**，侧脉7—9对，与主脉约成45°的角度。**花序近伞形**，生特殊花枝顶端；花梗被微柔毛，白色或粉红色，花萼裂片圆状卵形；花冠裂片卵形。**果球形，鲜红色**，具腺点。花期5—6月，果期10—12月。

生于阔叶林下。

	2	
1	3	
4	5	6

1、植株及生境 2、叶缘腺点 3、花序
4、叶 5、果序（幼嫩）6、果序（成熟）

报春花科 Primulaceae（紫金牛科 Myrsinaceae）·紫金牛属 *Ardisia*

月月红（江南紫金牛）

***Ardisia faberi* Hemsl.**

常绿灌木。具匍匐生根的根茎，直立茎密被锈色卷曲分节长柔毛。叶纸质，**对生或近轮生**，卵状椭圆形，基部宽楔形，边缘具**粗浅锯齿**和腺点，背面有较密的细小腺点。**花序近伞形**，腋生钻形苞片腋间，萼片狭披针形，花冠白色至粉红色，广卵形。**果球形**，红色。花期 5—6 月，果熟期 11 月。

生于阴湿阔叶林或竹林下。

1	2
3	4	5
6	7	8

1、植株及生境 2、叶 3、植株 4、花背面观 5、果序
6、茎 7、花正面观 8、果及宿存花萼

报春花科 Primulaceae（紫金牛科 Myrsinaceae）·紫金牛属 *Ardisia*

紫金牛（矮茶风、地青杠）

Ardisia japonica Blume

常绿小灌木，近蔓生，具匍匐生根的根茎。**叶对生或近轮生**，坚纸质或近革质，椭圆形，边缘具**细锯齿**，多少具腺点；叶柄被微柔毛。**亚伞形花序**，腋生；花瓣粉红色或白色，具密腺点。果球形，多少具腺点。花期5—6月，果期11—12月。

生于林下或竹林下阴湿处。

1、植株 2、叶正面和背面 3、幼嫩花序 4、果侧面观 5、果背面观及宿存萼片

报春花科 Primulaceae（紫金牛科 Myrsinaceae）·紫金牛属 *Ardisia*

罗伞树（缙云紫金牛）

Ardisia quinquegona Blume
=*Ardisia jinyunensis* Z.Y.Zhu

常绿灌木。叶片坚纸质，椭圆状披针形，**侧脉极多**。聚伞花序或伞形花序，腋生；萼片三角状卵形；花瓣白色，5 枚。**果扁球形**。花期 5—6 月，果期 12 月至次年 4 月。

生于阴湿阔叶林或竹林下。异名 *Ardisia jinyunensis* Z.Y.Zhu（缙云紫金牛）的模式标本采自缙云山。

1	2
3	4
	5

1、植株及生境 2、花正面观 3、叶 4、花背面观 5、果

报春花科 Primulaceae（紫金牛科 Myrsinaceae）· 酸藤子属 *Embelia*

密齿酸藤子（网脉酸藤子）

***Embelia vestita* Roxb.**
=*Embelia rudis* Hand.-Mazz.

攀援灌木。**小枝具皮孔。**叶片坚纸质，卵形至卵状长圆形，边缘具细锯齿。**总状花序**腋生，花 5 数，花瓣白色或粉红色；雄蕊在雌花中退化；雌蕊在雄花中与花瓣近等长。**果球形**，具腺点。花期 10—11 月，果期 10 月至翌年 2 月。

生于林缘、路旁。

1	2
3	4
	5

1、植株 2、叶正面和背面 3、花枝 4、花序 5、果序

报春花科 Primulaceae · 珍珠菜属 *Lysimachia*

细梗香草

***Lysimachia capillipes* Hemsl.**

草本。茎直立，**具棱**。叶互生，卵形至卵状披针形。花单生腋生，**花梗纤细**；花萼深裂近达基部；花冠黄色，分裂近达基部先端稍钝；花丝基部与花冠合生，分离部分明显；花柱丝状，稍长于雄蕊。**蒴果近球形**，带白色。花期 6—7 月，果期 8—10 月。

生于阴湿林下。

1、植株 2、叶 3、花枝 4、花背面观 5、花正面观

报春花科 Primulaceae · 珍珠菜属 *Lysimachia*

过路黄（金钱草）

Lysimachia christiniae Hance

草本。**茎匍匐生长**,节上常发出不定根。**叶对生,近圆形**,基部浅心形。花单生叶腋,花冠黄色,下半部合生成筒,上部 5 裂。蒴果球形。花期 5—7 月,果期 7—10 月。

生于阴湿林下、路边。全草入药,又名"**金钱草**"。

1、植株及生境 2、茎 3、植株 4、叶 5、花

报春花科 Primulaceae · 珍珠菜属 *Lysimachia*

临时救（聚花过路黄）

Lysimachia congestiflora Hemsl.

匍匐性草本，节上生根。叶对生，茎端 2 对间距短，近密聚；叶片卵形，上面绿色，下面淡紫红色，两面被具节糙伏毛。**花 2—4 朵集生茎端**；花梗极短，花冠黄色，5 裂；花丝下部合生成筒，上部分离。蒴果球形。花期 5—6 月，果期 7—10 月。

生于路边。

	1	
2	3	4 / 5 / 6

1、植株及生境 2、花序 3、花正面观

4、叶背 5、花侧面观 6、雄蕊

报春花科 Primulaceae · 珍珠菜属 *Lysimachia*

管茎过路黄

***Lysimachia fistulosa* Hand.-Mazz.**

草本。**茎节间被多细胞柔毛，干后中空**。叶对生，茎端叶 2—3 对**密聚成轮生状**，常较下部叶大 2—3 倍。缩短的总状花序生于茎端和枝端；花梗极短；花萼分裂近达基部；花冠黄色，花冠裂片倒卵状长圆形，花丝基部合生成筒，上部分离。蒴果球形。花期 5—7 月；果期 7—10 月。

生于林下路边。

1、植株及生境 2、茎 3、茎端近轮生的叶 4、花

报春花科 Primulaceae · 珍珠菜属 *Lysimachia*

五岭管茎过路黄

***Lysimachia fistulosa* var. *wulingensis* F.H.Chen & C.M.Hu**
为管茎过路黄的变种,主要区别在于:茎、叶及花萼无毛;叶较大,长达10厘米。
生于林下路边。

1、花枝 2、花 3、叶背面 4、植株及茎

报春花科 Primulaceae · 珍珠菜属 *Lysimachia*

落地梅（重楼排草、四块瓦、四大天王）

Lysimachia paridiformis Franch.

草本。根簇生，纤维状。茎直立，**节部稍膨大**。叶 **4—6 片茎端轮生**，下部叶退化呈鳞片状；叶近于无柄。**花集生顶端成伞形花序**；花萼分裂近达基部；花冠黄色，基部合生；花丝基部合生成筒，上部分离。蒴果近球形。花期 5—6 月，果期 7—9 月。

生于阔叶林下。

1、植株 2、叶 3、花序 4、花侧面观 5、果序

报春花科 Primulaceae（紫金牛科 Myrsinaceae）· 杜茎山属 *Maesa*

杜茎山

Maesa japonica（Thunb.）Moritzi ex Zoll.

常绿灌木,小枝无毛,疏生皮孔。叶**厚纸质**,椭圆形至长椭圆形,顶端急尖至渐尖,基部宽楔形,**边缘全部或 1/3 以上有疏离尖锯齿。总状花序腋生**,有时花序基部有 1—2 分枝;花白色,花冠筒状,裂片约占 1/4;雄蕊着生花冠筒中部略上。果球形,肉质,宿存萼包果达顶端。花期 3—4 月,果期 6—12 月。

生于阔叶林下。

1、植株 2、叶 3-4、花序 5、果枝
6、果序（未成熟）7、果序（成熟）

报春花科 Primulaceae（紫金牛科 Myrsinaceae）· 杜茎山属 *Maesa*

金珠柳

Maesa montana A.DC.

落叶灌木。叶**纸质**，椭圆形，顶端渐尖，基部宽楔形，边缘有粗锯齿。通常为**腋生圆锥花序**，花白色，小苞片披针形或卵形，**花冠钟形**，裂片长约占 1/2。果球形或近椭圆形，幼时褐红色，成熟后白色，多少具脉状腺条纹，宿存萼包果达中部略上。花期 3 月，果熟期 10—12 月。

生于阔叶林下。

1、植株 2、叶 3-4、花枝 5、果序

6、花序（花蕾阶段）7、花序

报春花科 Primulaceae (紫金牛科 Myrsinaceae)·铁仔属 *Myrsine*

铁仔(小爆格蚤)

***Myrsine africana* L.**

常绿灌木。小枝被锈色短柔毛,**有叶柄下延的棱角**。叶片互生,革质,通常为椭圆状倒卵形,边缘在中部以上生刺状锯齿。**花单性,雌雄异株**,数朵簇生于叶腋;花四基数,萼片基部合生,花冠管为全长的 1/2 或更多。果球形,红色变紫黑色。花期 2—3 月,果期 8—11 月。生于向阳山坡。

1	2
3	4	5
6	7	8

1、植株及生境 2、叶 3、植株 4、花侧面观
5、花序 6、花枝 7、花正面观 8、果

山茶科 Theaceae · 山茶属 *Camellia*

小叶短柱茶(陕西短柱茶)

Camellia grijsii var. *shensiensis*(Hung T.Chang)T.L.Ming
≡*Camellia shensiensis* Hung T.Chang
常绿灌木。叶革质,椭圆形,**边缘有尖锐细锯齿**。花1—2朵顶生及腋生,无柄,白色;苞被片7—8片,阔卵形;花瓣5—7片,背面有毛,先端2裂,基部近离生;雄蕊基部略连生;**子房有毛**,3室,花柱3—4条,离生。蒴果卵圆形。花期1—2月,果熟9—10月。

　　缙云山系栽培。**异名 *Camellia shensiensis* Hung T.Chang**(陕西短柱茶)的模式标本采自缙云山。

1	2
3	4	5
6	7	8

1、植株 2、叶正面和背面 3、花蕾 4、花正面观 5、雄蕊
6、花侧面观 7、雄蕊和雌蕊 8、子房

山茶科 Theaceae · 山茶属 *Camellia*

油茶

Camellia oleifera C.Abel

常绿灌木或小乔木。**叶厚革质**,边缘有小锯齿。**花白色**,1—3 朵顶生;花瓣 5—7 瓣,**顶端微凹**;雄蕊外轮花丝仅基部合生;子房密生白色丝状绒毛。**蒴果,果瓣肥厚,3 裂**。种子背圆腹扁。花期 9—10 月,果熟期次年 7—8 月。

喜酸性土壤,种子可榨油。生于马尾松林下。

1、植株 2、花 3、果

山茶科 Theaceae · 山茶属 *Camellia*

毛蕊柃叶连蕊茶(作孚茶、细萼连蕊茶)

Camellia euryoides var. *nokoensis*(Hayata)T.L.Ming
=*Camellia tsofui* S.S.Chien

常绿灌木。嫩枝有毛。叶薄革质,卵状长圆形,先端尾状渐尖。苞片4—6片;萼片5片,圆形而小;**花冠白色**(花蕾时带紫红色),花瓣5瓣,基部与雄蕊连合。蒴果圆球形,萼片及**苞片宿存**。花期3—4月。生于常绿阔叶林中。

我国著名的植物分类学家钱崇澍将采自缙云山的山茶科植物命名为作孚茶(*Camellia tsofui* S.S.Chien),以纪念我国著名爱国实业家卢作孚先生。

1	2
	4
3	5

1、小枝 2、叶 3、花部解剖 4、花 5、果及宿存柱头

山茶科 Theaceae · 山茶属 *Camellia*

茶

Camellia sinensis (L.) Kuntze

常绿灌木。叶长圆形,先端钝或尖锐,基部楔形,边缘有锯齿。花1—3朵腋生,**白色**;苞片2片,萼片5片,阔卵形至圆形,花瓣5—6片,阔卵形,基部略连合。**蒴果3球形**。花期10月至翌年2月。

生于阔叶林下或路边。**嫩叶可制茶。**

1、小枝 2、叶 3、果 4、花 5、果部解剖

山茶科 Theaceae · 山茶属 *Camellia*

瘤果茶

***Camellia tuberculata* S.S.Chien**

常绿灌木。叶革质,边缘有浅锯齿,叶背面叶缘有白色膜质边。花单生或数朵聚生于叶腋,白色;苞被片 11 片,部分宿存;花瓣 5—6 瓣,基部连合;雄蕊多数,花丝下部联合成花丝管;子房外面被毛,花柱离生。蒴果球形,表面有瘤状突起。花期 10—11 月,果熟期次年 9—10 月。

生于阔叶林中。模式标本采自缙云山。

1、小枝 2、叶缘白色膜质边 3、花侧面观 4、花正面观

5-6、果及宿存柱头 7、果部解剖

山茶科 Theaceae · 大头茶属 *Polyspora*（*Gordonia*）

四川大头茶

***Polyspora speciosa*（Kochs）B.M.Barthol. & T.L.Ming**
=*Gordonia acuminate* Hung T.Chang

常绿乔木。**树皮斑块状脱落**。叶厚革质，椭圆形，**边缘上半部有疏齿**。花无梗，苞片2—3片，早落；萼片5，近圆形；花瓣5片，白色；雄蕊多数；子房5室，有柔毛。**蒴果长筒形，室背裂开，果爿木质，中轴宿存**。**种子上端有长翅**。花期8—11月。

生于阔叶林中。

```
1 │ 2
3 │ 5 │ 6
4 │ 5 │ 7
```
1、植株 2、叶 3、花蕾 4、花侧面观 5、树皮斑块状脱落
6、花正面观 7、蒴果（成熟）

山茶科 Theaceae · 木荷属 *Schima*

木荷

Schima superba Gardner & Champ.

常绿乔木。叶革质,椭圆形,**边缘有钝齿**。花生于枝顶叶腋,常多朵排成**总状花序**;苞片 2,贴近半圆形萼片;**花冠白色**;子房有毛。蒴果。花期 6—8 月。

缙云山系人工栽培。可作为防火树种。

1、花蕾及叶正面 2、叶背面 3、花 4、果序

山矾科 Symplocaceae · 山矾属 *Symplocos*

黄牛奶树（樟叶山矾）

***Symplocos cochinchinensis* var. *laurina*（Retz.）Noot.**
≡***Symplocos laurina*（Retz.）Wall. ex G.Don**

常绿乔木。树皮灰黑色；芽、嫩枝、花序轴及苞片被灰褐色短柔毛。叶革质，长椭圆形，**边缘具疏钝锯齿**，中脉下凹。**穗状花序**基部常有分枝；萼裂片半圆形；花冠 5 深裂，白色；雄蕊约 30 枚，**基部合生**成不明显的**五体雄蕊**。**核果球状**，宿萼开展或近直立。花期 8—9 月，果期 9—10 月。

生于常绿阔叶林中。

4cm

<table>
<tr><td>1</td><td>2</td></tr>
<tr><td></td><td>4</td></tr>
<tr><td>3</td><td>5</td></tr>
</table>

1、植株 2、叶 3、果枝 4、果序 5、种子

山矾科 Symplocaceae · 山矾属 *Symplocos*

光叶山矾

Symplocos lancifolia Siebold & Zucc.

常绿乔木。芽、嫩枝、嫩叶背面脉上、花序均**被黄褐色柔毛**。叶卵形至阔披针形,边缘具稀疏的浅钝锯齿。**穗状花序**,苞片椭圆状卵形,小苞片三角状阔卵形;花萼 5 裂,萼筒无毛;花冠 5 深裂几达基部;雄蕊约 25 枚,花丝基部稍合生;子房 3 室。**核果近球形**,顶端宿萼裂片直立。花期 3—11 月,果期 6—12 月。

生于阔叶林中。

1、植株 2、叶正面和背面 3、花枝 4、花序 5、果序

山矾科 Symplocaceae · 山矾属 *Symplocos*

白檀

Symplocos paniculata（Thunb.）Miq.

落叶乔木。嫩枝、叶两面及花序疏生白色柔毛。叶纸质,卵状椭圆形,边缘有细锐的锯齿,中脉在叶面凹下。**圆锥花序生新枝顶端或叶腋;花白色芳香**,萼5裂;花冠5深裂,筒部极短;雄蕊约30枚,**花丝基部合生成5体**。**核果成熟时蓝黑色**,斜卵状球形,萼宿存。花期6月,果期9月。

生于阔叶林中。

1	2	1、枝条 2、叶 3、果枝 4、花序
3	5 6	5、果序 6、花 7、成熟果
4	7

山矾科 Symplocaceae · 山矾属 *Symplocos*

光亮山矾(四川山矾)

Symplocos lucida (Thunb.) Siebold & Zucc.
=*Symplocos setchuensis* Brand

常绿乔木。枝顶端有**鸟喙状的芽**；**嫩枝有棱**。叶革质，长椭圆形，边缘疏生锯齿，中脉在叶两面均隆起。**穗状花序短缩成团伞花序**，具花5—6朵，生叶腋；萼5深裂，外面有细毛；花冠淡黄色，5深裂；雄蕊约25枚；子房稍有毛，花柱较雄蕊短。**核果卵状椭圆形**，黑褐色，**宿萼直立**。花期4—5月，果期9月。

生于常绿阔叶林中。

1、枝条 2、叶 3、花序 4、果序 5、花蕾 6、果

山矾科 Symplocaceae·山矾属 *Symplocos*

山矾(总状山矾)

Symplocos sumuntia Buch.-Ham. ex D.Don
=***Symplocos botryantha*** Franch.

常绿乔木。叶厚革质,长椭圆形,叶缘具波状齿。**总状花序腋生**,被开展的长柔毛;花萼裂片三角状卵形;**花冠深或淡紫色**,5深裂几达基部;雄蕊约30枚。核果坛状,宿萼裂片直立而稍向内弯,核有约10条纵棱。花期3—4月,果期6—7月。

生于阔叶林中。

2cm

1、植株及生境 2、叶 3、植株 4、花序

417

安息香科 Styracaceae · 陀螺果属（鸦头梨属）*Melliodendron*

陀螺果（鸦头梨）

***Melliodendron xylocarpum* Hand.-Mazz.**

落叶乔木。小枝红褐色，嫩时被星状短柔毛；树皮有不规则条状裂纹。叶纸质，边缘有细锯齿。萼管倒圆锥形，与子房的大部分或 2/3 合生；**花冠钟状、白色**，5 深裂几达基部，花冠裂片长圆形；雄蕊 10 枚。果实常为倒卵状梨形，**顶端短尖或凸尖**，外面密被星状绒毛，有 5—10 棱或脊。花期 4—5 月，果期 7—10 月。

生于山谷、山坡湿润林中。

1、植株 2、叶 3、嫩枝 4、花 5 花部解剖 6、果枝 7 雄蕊 8、果

安息香科 Styracaceae · 安息香属 *Styrax*

野茉莉

Styrax japonicus Siebold & Zucc.

落叶乔木。嫩枝幼嫩时被淡黄色星状柔毛,以后脱落。叶互生,椭圆形,边近上半部常具疏离锯齿。**总状花序顶生,花白色**,花梗纤细,开花时下垂;花萼漏斗状,**花冠下部联合成管**,上部分离。**核果顶端具短尖头**,外面密被灰色星状绒毛。种子褐色,有深皱纹。花期4—7月,果期9—11月。

生于常绿阔叶林中。

猕猴桃科 Actinidiaceae · 猕猴桃属 *Actinidia*

革叶猕猴桃

Actinidia rubricaulis* var. *coriacea (Fin. & Gagn.) C.F.Liang
藤本。髓实心。叶革质,椭圆状长圆形,边缘疏生短硬腺齿。花常着生于短侧枝上,红色;花被 5 基数,雄蕊多数,花柱丝状。浆果卵球形,褐色,有斑点。
生于林缘路边,果香甜可食。

1、植株 2-3、花枝 4、果序 5、果横切 6、花背面观 7、花正面观

杜鹃花科 Ericaceae · 杜鹃花属 *Rhododendron*

腺萼马银花

Rhododendron bachii H.Lév.

常绿灌木。**幼枝有柔毛和腺刚毛**。叶薄革质,卵状椭圆形,叶柄被短柔毛和腺毛。花梗和花萼被腺毛;**花冠淡紫白色**,5 深裂;雄蕊 5,不等长;子房密生刚毛。蒴果卵球形,密被腺毛。花期 4—5 月,果期 6—10 月。

常生于马尾松林下,为**酸性土壤指示植物**。

1 | 2
3 | 4 | 5

1、植株及生境 2、枝条 3、花序 4、花 5、花部解剖

杜鹃花科 Ericaceae · 杜鹃花属 *Rhododendron*

杜鹃(映山红)

***Rhododendron simsii* Planch.**

落叶灌木。枝条、叶片、苞片及花萼均有棕褐色的糙伏毛。叶在枝条上部呈簇生状。**花 2—6 朵簇生于枝端**；花萼 5 裂,**花冠鲜红色**,宽漏斗状,上方 1—3 裂片内有深红色斑点;雄蕊 10 枚,花药紫色。蒴果卵圆形,有糙伏毛。花期 4—5 月。

生于马尾松林下,为**酸性土壤指示植物**。

1、植株(花枝)2、花正面观 3、花侧面观

杜鹃花科 Ericaceae · 杜鹃花属 *Rhododendron*

长蕊杜鹃

Rhododendron stamineum Franch.

常绿灌木。叶常聚生枝顶,椭圆状披针形。花常 3—5 朵**簇生枝顶叶腋**;花冠白色,5
深裂,上方裂片内侧具**黄色斑点**,花冠管筒状;雄蕊 10,伸出于花冠外很长。蒴果圆柱形,
微拱弯。花期 4—5 月,果期 7—10 月。

生于阔叶林下。

1、植株 2、芽(示芽鳞)3、花序 4、花蕾 5、花侧面观

杜鹃花科 Ericaceae · 越橘属 *Vaccinium*

江南越桔(米饭花)

***Vaccinium mandarinorum* Diels**

常绿灌木。叶革质,卵状披针形,基部阔楔形,边缘有细锯齿。**总状花序**腋生,花萼钟状、浅 5 裂;花冠浅红至白色,筒状、下垂;雄蕊花药背面有 2 枚芒;子房下位。**浆果**。花期 4—5 月,果期 5—7 月。

生于阔叶林中。

1	2
3	4	5
6	7	8

1、植株生境 2、枝条 3、花枝 4、花序
5、花正面观 6、果枝 7、花冠侧面 8、果序

茶茱萸科 Icacinaceae · 假柴龙树属 *Nothapodytes*

马比木

Nothapodytes pittosporoides（Oliv.）Sleumer

常绿灌木。枝稀具棱，嫩枝被糙伏毛，后变无毛。叶片革质，长圆形，**叶柄上面具宽深槽**。**聚伞花序顶生**，花序轴常平扁；花萼绿色，钟形，5 裂，裂片三角形；**花瓣黄色**，条形，肉质。核果椭圆形，**熟时红色**。花果期 4—8 月。

生于常绿阔叶林中。

1、植株 2、叶 3-4、花序 5、果（成熟）

杜仲科 Eucommiaceae · 杜仲属 *Eucommia*

杜仲

***Eucommia ulmoides* Oliv.**

落叶乔木。植株内含橡胶，树皮折断后有**银白色细丝**。叶边缘有锯齿。花单性，**雌雄异株**，无花被。**翅果长椭圆形，先端 2 裂**。种子 1 粒。花期 4—5 月，果期 9 月。

缙云山系人工栽培。

1、植株 2、果枝 3、叶内含橡胶拉伸产生白丝 4、翅果

丝缨花科 Garryaceae（山茱萸科 Cornaceae）·桃叶珊瑚属 *Aucuba*

长叶珊瑚

***Aucuba himalaica* var. *dolichophylla* W.P.Fang & Soong**

常绿灌木。当年生枝被柔毛，老枝具白色皮孔。**叶对生，披针形或条形**，先端急尖或渐尖；叶脉在上面显著下凹，下面凸出。雄花序为总状圆锥花序，各部分均为紫红色；萼片小，微 4 圆裂；花瓣 4，长卵形；雄蕊 4 枚；花盘肉质，微 4 裂；雌花序为圆锥花序，各部分均为紫红色。幼果绿色，熟后深红色。花期 3—5 月，果期 10 月至翌年 5 月。

生于阔叶林下，沟边；模式标本采自缙云山。

1	2
3	5	6
4	7	8

1、植株 2、茎 3、叶正面 4、叶背面
5、花序 6、花 7、果序 8、果

丝缨花科 Garryaceae（山茱萸科 Cornaceae）·桃叶珊瑚属 *Aucuba*

倒心叶珊瑚

Aucuba obcordata（Rehder）S.H.Fu

常绿灌木。**叶对生**，亚革质，倒三角形，先端截形或略心形，具尾状尖头，基部楔形，边缘具粗齿。**花单性异株**，圆锥花序，花四基数；雄花序较雌花序长；**花瓣 4 瓣，紫色，先端具尖尾**。果较密集，卵形。花期 3—4 月。

生于阔叶林下。

1、植株 2、叶 3、花序 4、花 5、幼果

丝缨花科 Garryaceae（山茱萸科 Cornaceae）· 桃叶珊瑚属 *Aucuba*

花叶青木（洒金榕）

***Aucuba japonica* var. *variegate* Dombrain**

常绿灌木。叶革质，**对生**，卵状椭圆形，先端锐尖，基部阔楔形，叶面有大小不等的**黄色不规则的斑点**。花单性，花序顶生，雄花序长，雌花序短；花瓣紫色，先端有短尖。果卵圆形，成熟后红色。

缙云山系栽培，**植株供观赏**。

1	2	
3	4	5
		6

1、植株 2、叶 3、花枝

4、果序 5、花 6、果（成熟）

茜草科 Rubiaceae · 茜树属 *Aidia*

茜树(山黄皮)

***Aidia cochinchinensis* Lour.**

常绿小乔木。叶对生,半革质,**幼时常带红色**,长圆状披针形,先端**尾状渐尖**,基部楔形;托叶三角状披针形。**二歧聚伞花序**,与叶对生,或集生于节间较短的无叶节上;萼管短,4裂,红色;花冠管状,裂片4片,**旋转状排列**,**花开后反折**,喉部密生长白毛。果近球形。花期4—6月,果期8—12月。

生于阔叶林下。

1、植株 2、叶 3、花序 4、果枝
5、花枝 6、花 7、果序(未成熟)

茜草科 Rubiaceae · 虎刺属 *Damnacanthus*

浙皖虎刺

***Damnacanthus macrophyllus* Siebold ex Miq.**

常绿灌木。**肉质根念珠状**。具托叶形成的**短刺**；嫩枝被粗短毛，有粗细相间的 8 条棱。叶对生，卵形。**花通常两朵并生**，花冠白色，裂片 4 枚；雄蕊与花柱均内藏。核果球形，**红色**。花期 4—5 月，果期 7—11 月。

生于阔叶林下。

1、叶正面 2、花侧面观 3、叶背面 4、花正面观 5、果

茜草科 Rubiaceae · 拉拉藤属 *Galium*

猪殃殃（拉拉藤）

Galium spurium L.
=*Galium aparine* L. var. *echinospermum*（Wallr.）Farw.

蔓生草本；植株有倒生的**小刺毛**。茎有**4棱角**。叶纸质，6—8片**轮生**，带状倒披针形，顶端**有针状凸尖头**。聚伞花序腋生或顶生，花小，4基数。**蒴果双球并生**，密生钩状毛。花期3—7月，果期4—11月。

生于向阳山坡、草地。

$\dfrac{1}{2\ |\ 3}$　1、植株 2、叶和果 3、果

茜草科 Rubiaceae · 栀子属 *Gardenia*

栀子

Gardenia jasminoides J.Ellis

常绿灌木。**叶下部对生、顶部常轮生**,倒卵状长圆形,**背面脉腋有短毛丛**;托叶鞘状。花单生枝顶,白色,**芳香**;萼裂片 5—7 片,线状披针形;花冠高足碟状,5 至多裂,裂片倒卵形至倒披针形;子房长圆形。果长椭圆形,**有棱 5—9 条**,熟时橙红色;种子多数,嵌于肉质侧膜胎座上。花期 7 月,果期 9—11 月。

生于阔叶林下。

1、植株 2、叶 3、花 4、果 5、果横切

茜草科 Rubiaceae · 耳草属 *Hedyotis*

伞房花耳草

***Hedyotis corymbosa* (L.) Lam.**

一年生披散草本；茎和枝方柱形，无毛或棱上疏被短柔毛，分枝多，直立或蔓生。**叶对生，近无柄。**花序腋生，伞房花序式排列，有花2—4朵；萼管球形，萼檐裂片狭三角形；**花冠白色**，管形，花冠裂片长圆形；雄蕊生于冠管内。蒴果膜质，球形。

常生于水田、田埂或湿润的草地上。**缙云山新记录植物。**

1、植株及生境 2、叶 3、植株 4、托叶 5、花和果

茜草科 Rubiaceae · 耳草属 *Hedyotis*

纤花耳草

Hedyotis tenelliflora Blume

多年生草本,植株揉烂有臭味。基部多分枝,有棱。叶对生,革质,线形,仅有中脉;托叶分裂成刚毛状。花1—3朵簇生叶腋,无梗,花4基数;萼裂线状披针形,花冠白色,漏斗状;雄蕊4枚,子房2个心皮,中轴胎座。蒴果卵形,萼片宿存。花果期7—11月。

生于路边。

1、植株及生境 2、叶 3、植株 4、托叶
5、花正面观 6、花侧面观 7、果

茜草科 Rubiaceae · 粗叶木属 *Lasianthus*

日本粗叶木(污毛粗叶木)

Lasianthus japonicus Miq.

常绿灌木。嫩枝被柔毛。叶对生,革质,披针状长圆形,下面脉上**被贴伏硬毛**;**托叶小,被硬毛**;花无梗,2—3朵簇生在叶腋很短的总梗上;萼钟状,萼齿三角形;**花冠白色**,管状漏斗形,裂片5,外面无毛,里面**被长柔毛**。核果球形,熟时蓝色。

生于阔叶林下。

1、花枝 2、嫩枝 3、花序 4、花部解剖
5、果枝 6、花正面观 7、果序(成熟)

茜草科 Rubiaceae · 巴戟天属 *Morinda*

紫珠叶巴戟

***Morinda callicarpifolia* Y.Z.Ruan**

藤本。**嫩枝密被金色粗硬毛。叶对生**,脉腋密被硬毛;**托叶筒状**。**头状花序** 4—7 个伞状排列于枝顶;花无梗,花萼半球形,下部与邻近花萼合生,上部环状;花冠管状,白色,檐部 4 裂,裂片披针形,内面密被髯毛;雄蕊 4,着生于裂片侧基部。**聚花核果由 1—3 花发育而成**,球形。花期 6—7 月,果期 9—12 月。

生于阔叶林下。

1、植株 2、叶 3、花枝 4、托叶 5、果(成熟)

茜草科 Rubiaceae · 玉叶金花属 *Mussaenda*

展枝玉叶金花

***Mussaenda divaricata* Hutch.**

灌木,半直立。小枝被短柔毛。**叶对生**,椭圆形;托叶合生,三角形。**顶生伞房状聚伞花序**,总花梗及花梗被淡褐色毛;萼 5 裂,裂片披针形,边缘有 **1 枚萼片扩大呈叶状的白色苞片**;花冠管状,黄色,裂片 5 片;雄蕊 5 枚。浆果球形。花期 5—6 月,果期 8—10 月。

生于林下、路边。

1、植株及生境 2、叶 3、花序 4、花正面 5、果

茜草科 Rubiaceae · 密脉木属 *Myrioneuron*

密脉木

Myrioneuron faberi Hemsl.

矮灌木。茎近四棱形、老时有海绵质皮。**叶对生**,椭圆形,背面沿脉被粉末状柔毛;**托叶长圆形**,有明显纵脉纹。花序顶生,**密集成球状**;苞片叶状,比花长,脉纹明显;**花冠黄色**,管状;雄蕊 5 枚,着生于花冠筒基部及喉部。**浆果白色**,球形,萼宿存。花果期 7—12 月。

生于阴湿沟谷。

1	2	1、植株 2、叶 3、茎
3	4 5 6	4、花序 5、果序 6、种子

茜草科 Rubiaceae · 蛇根草属 *Ophiorrhiza*

日本蛇根草

***Ophiorrhiza japonica* Blume**

草本。茎下部匍地生根,上部直立,近圆柱状。**叶对生**,椭圆状卵形或披针形,托叶**易脱落**。花序顶生,花二形;**花冠白色**,近漏斗形,裂片5,外面无毛,**里面被短柔毛**;雄蕊5,着生在冠管中部之下。**蒴果近僧帽状**。花期冬春,果期春夏。

生于阔叶林下阴湿沟谷。

1、植株及生境 2、叶 3、花正面观 4、茎 5、花侧面观

茜草科 **Rubiaceae** · 鸡矢藤属 *Paederia*

鸡矢藤(毛鸡矢藤)

***Paederia foetida* L.**
=*Paederia scandens*(Lour.)Merr. var. *tomentosa*(Blume)Hand.-Mazz.

藤本。植株揉烂有臭味。叶对生,膜质,叶上面无毛,下面脉上被微毛;托叶卵状披针形。**圆锥花序**腋生或顶生,花萼钟形,萼檐裂片钝齿形;**花冠紫蓝色**。果阔椭圆形,压扁,顶部冠以圆锥形的花盘和宿存的萼檐裂片。花期 5—6 月。

常攀附在灌木上。

1	2
3	4	5
6	7	8

1、植株 2、叶 3、托叶 4、花侧面观
5、花解剖 6、花序 7、花正面观 8、果序

茜草科 Rubiaceae · 鸡矢藤属 *Paederia*

硬毛鸡矢藤

***Paederia villosa* Hayata**

缠绕藤本。植株**密被直立硬毛**,揉烂有臭味。叶对生,长圆状卵形,先端渐尖,**基部心形**。**圆锥花序**顶生及腋生;萼钟状,**裂片长三角形,长大于宽**;花冠钟状,淡红色,雄蕊生于花冠喉部。**果扁球形**。花期 7—9 月,果期 10—11 月。生于林缘、路边。

缙云山植物志记载了该物种,中国植物志没有收录。鉴于该物种具有区别于**鸡矢藤**稳定的形态特征(**植株被硬毛,叶基部心形**),本图谱收录该物种。

1	2
3	4	5
6	7	8

1、植株及生境 2、茎 3、叶 4、花侧面观
5、花解剖 6、茎上硬毛 7、花正面观 8、果序

茜草科 Rubiaceae · 白马骨属 *Serissa*

白马骨

***Serissa serissoides*(DC.) Druce**

常绿灌木。枝粗壮,灰色,嫩枝被微柔毛。**叶通常丛生**,倒卵形或倒披针形,**叶柄极短**;托叶具锥形裂片。花无梗,多数集生枝顶;萼檐裂片 5,**花冠白色**,喉部被毛,裂片 5。核果球形。花期 4—6 月,果期 8—10 月。

生于阔叶林及竹林下。

1、植株及生境 2、枝和对生叶 3、花序正面观 4、花序侧面观

茜草科 Rubiaceae · 乌口树属 *Tarenna*

滇南乌口树

***Tarenna pubinervis* Hutch.**

灌木。枝被柔毛。**叶对生**，长圆形，先端尾状，基部楔形，全缘；**托叶合生**，半月形。花序顶生；萼 4—5 裂，裂片长三角形；**花冠管状**，白绿色，5 裂，**裂片倒披针状长圆形**；雄蕊 5 枚，生喉部；花柱 1 个，柱头棒状，伸出花冠外。果球形。花期 4—5 月，果期 5—8 月。

生于阔叶林下。

1、植株及生境 2、叶 3、花序（花蕾阶段）

4、花序（盛开阶段）5、花枝 6-7、果序

龙胆科 Gentianaceae · 双蝴蝶属 *Tripterospermum*

峨眉双蝴蝶（蔓龙胆、红寒药、蛇爬柱）

***Tripterospermum cordatum*（Marquand）Harry Sm.**

多年生缠绕草本。叶对生，卵状披针形，基部心形；叶脉 3—5 条，叶片下面淡紫色。花萼钟形、明显具翅；花冠紫色，钟形，裂片和褶宽三角形；雄蕊着生冠筒下部。浆果紫红色，长椭圆形。花果期 8—12 月。

生于阔叶林下及山坡路边。

1、植株 2、叶 3、花蕾 4、花

龙胆科 Gentianaceae · 百金花属 *Centaurium*

百金花

***Centaurium pulchellum* var. *altaicum*（Griseb.）Kitag. & H.Hara**

一年生草本。**茎直立**，**四棱形**。**叶对生**，卵状椭圆形，**无叶柄**。花多数，排列成**二歧式**或总状复聚伞花序；花萼 5 深裂，裂片钻形，中脉在背面突起呈脊状；**花冠粉红色**，漏斗形，冠筒狭长，圆柱形，顶端 5 裂；雄蕊 5 枚。蒴果无柄，椭圆形。

分布于向阳路边。**重庆市新记录植物**。

1、植株 2、叶正面和背面 3、茎 4-6、花序 7、花背面观 8、花正面观

夹竹桃科 Apocynaceae（萝藦科 Asclepiadaceae）· 牛奶菜属 *Marsdenia*

蓝叶藤

Marsdenia tinctoria R.Br.

攀援藤本。**茎密生柔毛**，具乳汁。叶对生，卵状矩圆形，**干后呈蓝色**。聚伞花序近腋生；花黄白色，花萼5深裂，内面基部有5个小腺体；花冠筒状钟形，5裂，喉部内面有刷毛；副花冠为5片长圆形裂片组成；花粉块每室1个，狭长圆形。**蓇葖果圆筒状刺刀形，被茸毛**；种子长卵形，顶端具黄色绢质毛。

生长于潮湿杂木林中。

1	2
3	4	5
6	7	8

1、植株 2、叶 3、茎 4、花序正面观
5、花序侧面观 6、果 7、果部解剖 8、种子

紫草科 Boraginaceae · 琉璃草属 *Cynoglossum*

琉璃草(贴骨散、猪尾巴)

Cynoglossum furcatum Wall.

一年生草本。茎直立,上部分枝,有短毛。基生叶及茎下部叶有柄,矩圆形,两面密生短柔毛或短糙毛,茎中部以上叶无柄。花序顶生及腋生,分枝钝角叉状分开,无苞片;花萼5深裂,裂片卵形;花冠淡蓝色,5裂,**喉部有5个梯形附属物**;雄蕊5枚;子房4裂。小坚果4个,卵形,密生锚状刺。花期5—6月,果期7—8月。

生于山坡、路边。

1	2
3	4	5
6	7	8

1、植株 2、叶 3、果序 4、茎
5、花 6、花背面观 7、花序(顶部)8、果

紫草科 Boraginaceae · 粗糠树属（厚壳树属）*Ehretia*

光叶粗糠树

Ehretia macrophylla var. *glabrescens*（Nakai）Y.L.Liu

落叶乔木。叶上面密生具基盘的短硬毛，**极粗糙**。**聚伞花序顶生**，呈伞房状或圆锥状，花近无梗；**花冠筒状钟形，白色至淡黄色，芳香**；雄蕊 5 枚，着生于花冠筒上，伸出花冠外。核果黄色，近球形。花期 3—5 月，果期 6—7 月。

生于阔叶林下。

1、枝条 2、叶 3、花序 4、果序 5、果部解剖

紫草科 Boraginaceae·盾果草属 *Thyrocarpus*

盾果草(森氏盾果草)

***Thyrocarpus sampsonii* Hance**

一年生草本。全株密生开展糙毛。基生叶丛生，具长柄，叶片匙形；茎生叶较小，具短柄或无，长椭圆形。蝎尾状花序，花萼 5 深裂；花冠紫色、蓝色或白色，裂片 5 片，喉部有 5 个附属物；雄蕊 5 枚；子房 4 裂。**小坚果 4 个，外面有两层碗状突起**，外层有 10—12 个狭三角形直立齿，内层全缘。花期 4—5 月，果期 6—8 月。

生于山坡、路边。

1	2
3	4	5
6	7	8

1-2、花序 3、花背面观 4、花正面观

5、果 6、花纵剖 7、花冠喉部附属物 8、小坚果碗状凸起

紫草科 Boraginaceae · 附地菜属 *Trigonotis*

附地菜（地胡椒）

Trigonotis peduncularis（Trevir.）Benth. ex Baker & S.Moore

一年生草本。茎细弱，被短糙伏毛。叶互生，基生叶具长柄，叶片椭圆状卵形，两面均被短糙伏毛；茎上部叶无柄。**顶生蝎尾状总状花序**；花有细梗，花萼 5 深裂，被短糙伏毛；花冠蓝色，**喉部黄色，有 5 个附属物**，5 裂；雄蕊 5 枚；子房 5 裂。小坚果 4 个，三角状四面体形。花期 4—5 月，果期 6—7 月。

生于山坡、路边。

1	2
3	4	5
6	7	8

1、植株及生境 2、花序 3、花序上糙毛 4、花冠喉部附属物
5、花萼及坚果 6、花 7-8、小坚果

旋花科 Convolvulaceae · 打碗花属 *Calystegia*

打碗花(小旋花、兔耳草、面根藤)

Calystegia hederacea Wall.

草本。**植株细弱矮小**,茎基部具细长的白色根。叶互生,具长柄,**三角状戟形**,侧裂片开展,通常 2 裂。**单花腋生**;苞片 2 片,卵圆形;萼片长圆形,宿存;**花冠漏斗状,粉红色**;雄蕊 5 枚;子房 2 室。蒴果卵圆形;种子卵圆形,黑褐色。花期 5—10 月。

生于路边及草丛中。

1、植株及生境 2、叶 3、花部解剖 4、花正面观 5、花侧面观

旋花科 Convolvulaceae · 打碗花属 *Calystegia*

鼓子花(篱打碗花、旋花)

Calystegia silvatica subsp. *orientalis* Brummitt

缠绕草本。茎有细棱。叶互生，**正三角状卵形**，基部箭形或戟形，两侧具浅裂片或全缘。**单花腋生**；苞片 2 片，萼片卵圆状披针形，宿存；**花冠漏斗状**，通常**白色**，冠檐 5 浅裂；雄蕊 5 枚；子房 2 室。蒴果球形，为增大宿存的苞片及萼片所包被；种子卵圆状三棱形，黑褐色。

生于路旁、草丛中。

1、植株及生境 2、叶 3、花部解剖 4、花蕾 5、花

茄科 Solanaceae · 假酸浆属 *Nicandra*

假酸浆

Nicandra physalodes (L.) Gaertn.

一年生草本。茎有棱。叶卵形,先端急尖,基部骤渐狭,边缘有圆缺粗齿。单花,俯垂;花萼大,5 深裂,果时膀胱状膨大,基部心形,有尖锐耳片,网脉明显,有 5 棱;花冠钟状,浅蓝色,檐部有折襞,下部呈黄白色;雄蕊 5 枚,内藏;子房球状。浆果被纸质膨大宿萼所包闭;种子扁圆形,具网纹。花果期夏秋季。

生于路边。

1	2
3	4	5
6	7	8

1、植株及生境 2、茎 3、叶 4、花正面观
5、花萼 6、花序 7、雄蕊 8、果

茄科 Solanaceae · 酸浆属 *Physalis*

苦藏（灯笼草）

***Physalis angulata* L.**

一年生草本。茎多分枝，被疏短柔毛。叶片卵状椭圆形，顶端渐尖或急尖，基部阔楔形，全缘或有不等大的牙齿。花萼 5 枚，被柔毛；**花冠淡黄色**，喉部常有紫色斑纹；花药蓝紫色或有时黄色。浆果球形，**为卵球形果萼所包被**。花果期 5—12 月。

生于路边；【藏 zhí】。

1	2
3	4	5
6	7	8

1、植株 2、茎 3、叶背面 4、花 5、宿存花萼侧面观
6、花蕾 7、宿存花萼背面观 8、果

茄科 Solanaceae · 枸杞属 *Lycium*

枸杞（枸杞菜、狗地菜）

Lycium chinense Mill.

落叶灌木．枝条细弱，弓状弯曲或俯垂，有纵条纹和棘刺。叶纸质，单叶互生或 **2—4 枚簇生**，卵状披针形。花在长枝上单生或双生于叶腋，在短枝上簇生；花萼通常 3 中裂或 4—5 齿裂；**花冠漏斗状**，淡紫色，5 深裂，裂片卵形，顶端圆钝；雄蕊 5 枚，花丝基部密生绒毛。**浆果红色**，卵状。花果期 6—11 月。

生于嘉陵江边。等河滩地边。

1	2
3	4	5
6	7	8

1、植株及生境 2、叶 3、花枝 4-5、花侧面观
6、果序 7、花正面观 8、果（成熟）

茄科 Solanaceae · 茄属 *Solanum*

珊瑚樱（杨海椒、金弹子）

Solanum pseudocapsicum L.

直立分枝小灌木。叶狭长椭圆形至披针形，全缘或波状。花多单生；花萼钟状，5 深裂，裂片披针形；**花冠白色**，冠筒隐于萼内，冠檐 5 裂，裂片卵形；雄蕊 5 枚，花丝极短，花药桔黄色。**浆果球形，橙红色，具宿萼**；种子扁平。花期初夏，果期秋冬。

生于林下、路边。常做盆景，又名**"金弹子"**。

1、植株 2、花正面观 3、花背面观
4、叶 5、果 6、果及宿存萼片

茄科 Solanaceae · 茄属 *Solanum*

白英（排风藤）

Solanum lyratum Thunb.

多年生草质藤本。**密被多节长柔毛。**叶膜质，大多为卵状心形，稀为琴形，先端渐尖，基部心形。**聚伞花序，**顶生或腋外生；花萼杯状，萼齿 5 个；花冠蓝紫色或白色，5 深裂，**裂片反卷；**雄蕊 5 枚，着生于花冠喉部，**花药靠合成一圆筒；**子房卵形。浆果卵球形，熟时红色。花期夏秋季，果期秋末。

生于林缘、路边。

1	2
3	4	5
		6

1、植株 2、叶 3、花

4、花序 5、果序（幼时）6、果序（成熟）

茄科 Solanaceae · 茄属 *Solanum*

龙葵(野海椒、野辣椒)

***Solanum nigrum* L.**

一年生直立草本。叶纸质、卵形,全缘或具不规则波状粗齿。**花序短蝎尾状**,腋外生,着花6—8朵;花萼小,浅杯状;**花冠白色**,辐射对称,裂片卵状三角形;雄蕊5枚,花丝短,花药黄色;子房卵形。**浆果球形,熟时紫黑色**;种子多数,压扁状。花期5—10月,果期10—11月。

生于路边、草丛。

1、植株 2、叶 3、花序 4、花背面观

5、果序 6、花侧面观 7、花正面观 8、成熟果

茄科 Solanaceae · 茄属 *Solanum*

牛茄子（刺茄子、刺金瓜）

Solanum capsicoides All.

直立草本至半灌木。全株被**具节纤毛**及**淡黄色细直刺**。叶阔卵形，5—7浅裂或深裂，两面有毛，脉上有直刺。**聚伞花序**，腋外生；花萼杯状，5裂；**花冠白色**，冠筒隐于萼内，冠檐5裂，裂片披针形；雄蕊5枚，花丝短，花药较长，黄色，顶孔向上。**浆果扁球形**，初时绿白色，**成熟时橙红色**；种子扁圆而薄，边缘翅状。花期6—8月，果期9—12月。

常生于林缘、路边。

1、植株 2、叶 3、花正面观
4、花侧面观 5、果 6、果部解剖

木犀科 **Oleaceae** · 女贞属 *Ligustrum*

女贞（大叶女贞）

Ligustrum lucidum W.T.Aiton

常绿乔木。树皮灰褐色，枝有皮孔。叶革质，**对生**，宽椭圆形，**揉烂有青苹果味**；**圆锥花序**顶生，花序轴及分枝轴紫色或黄棕色；花白色，花冠筒与花萼近等长；雄蕊与花冠裂片近等长。**果肾形**，深蓝黑色，成熟时呈红黑色，被白粉。花期 5—7 月，果期 7 月至翌年 5 月。

生于阔叶林下，常栽培。

1、植株 2、花序 3、果序

木犀科 Oleaceae · 女贞属 *Ligustrum*

小叶女贞（小白蜡树）

***Ligustrum quihoui* Carrière**

灌木。**叶对生**，薄革质，椭圆形或倒卵状长圆形，无毛；顶端钝，基部楔形。**圆锥花序**有细柔毛；花白色，芳香，无梗；花冠筒和裂片等长。核果宽椭圆形，黑色。花期 5 月。

缙云山系栽培；特征与小蜡相似，主要区别在于**花无梗，植株一般无毛**。

$\dfrac{1}{\dfrac{2}{}\Big|\dfrac{}{3}}$ 1、植株 2、花序 3、果序

木犀科 Oleaceae · 女贞属 *Ligustrum*

小蜡（毛叶丁香）

Ligustrum sinense Lour.

落叶灌木。小枝幼时被淡黄色柔毛，老时近无毛。**叶对生**，叶柄短。圆锥花序顶生或腋生，花序轴被淡黄色短柔毛；花白色，芳香。花梗明显，花瓣4枚。果近球形。花期3—6月，果期9—12月。

缙云山系栽培，耐修剪常做绿篱。

```
1 | 2
  | 3      1、植株 2、枝正面 3、枝背面 4-5、花序 6、果序
4 | 5 | 6
```

苦苣苔科 Gesneriaceae · 半蒴苣苔属 *Hemiboea*

纤细半蒴苣苔

***Hemiboea gracilis* Franch.**

多年生草本。茎细弱多汁,**散生紫褐色斑点**。叶对生,稍肉质,椭圆状披针形,**基部略偏斜,背面常带紫色**。聚伞花序具 1—3 朵花,腋生或假顶生;**花冠淡紫红色**,具紫色斑点,外面疏生腺状短柔毛,内面基部上方有一毛环;发育雄蕊花丝狭线形,退化雄蕊 2 枚。**蒴果线状披针形**。花期 8—10 月。

生于阴湿山沟及岩壁上。

1	2
3	4	5
6	7	8

1、植株 2、叶 3、花序 4、花侧面观
5、花正面观 6、幼果 7、花侧面观 8、花纵切

车前科 Plantaginaceae · 车前属 *Plantago*

车前

Plantago asiatica L.

多年生草本。**须根多数**。**叶基生呈莲座状**,叶片卵圆形,**弧形主脉 5 条**,边缘波状;叶柄基部扩大成鞘。**穗状花序**细圆柱状,上部紧密或稀疏,下部常间断。花具短梗,花冠白色;蒴果纺锤状卵形,于基部上方周裂。种子卵状椭圆形,黑褐色。花期 4—8 月,果期 6—9 月。

生于路边、草丛中。

1、植株 2、叶 3、花序
4、果序 5、蒴果盖裂 6、种子

车前科 Plantaginaceae · 车前属 *Plantago*

疏花车前

***Plantago asiatica* subsp. *erosa*（Wall.）Z.Yu Li**

形态特征同车前，主要区别在于叶片弧形主脉 3 条（车前弧形主脉 5 条）；花葶较细（车前花葶较粗壮）；花排列稀疏（车前花排列较紧密）。花期 4—8 月，果期 6—9 月。

生于路边。

$\frac{1}{2\mid3\mid4}$　1、植株 2、叶 3、花序 4、果序

车前科 Plantaginaceae · 车前属 *Plantago*

大车前

***Plantago major* L.**

多年生草本,须根系。**植株较高大**,高可达 50 厘米。叶基生,直立,叶片阔卵形,**弧形主脉 7 条**。花葶直立,上端的穗长达 26 厘米,花排列紧密。蒴果卵球形,盖裂。

生于山坡路旁、田边或荒地。

1、植株 2、叶 3、蒴果盖裂
4、叶着生方式 5、花序 6、果序

车前科 Plantaginaceae（玄参科 Scrophulariaceae）· 婆婆纳属 *Veronica*

阿拉伯婆婆纳

***Veronica persica* Poir.**

一至二年生草本。茎有柔毛。叶在基部**对生**，**上部互生**，卵圆形，边缘有钝锯齿；无柄或上部叶有柄。花单生于苞腋，比苞片长，有的超过 1 倍，苞片呈叶状；花萼 4 深裂，裂片狭卵形；花冠淡蓝色，有**放射状深蓝色条纹**；花梗长于苞片。**蒴果 2 深裂，倒扁心形**。花期 3—4 月。

生于路边、沟边、耕地。

1		2
3	4	5
6	7	8

1、植株及生境 2、叶 3、植株 4、花
5、雄蕊 6、花序 7、果序 8、子房

玄参科 Scrophulariaceae（醉鱼草科 Buddlejaceae）·醉鱼草属 *Buddleja*

白背枫（驳骨丹、七里香）

***Buddleja asiatica* Lour.**

灌木。幼枝、花序和叶下面密生**灰白色或浅黄色绒毛**。**叶对生**，有短柄；叶狭披针形，顶端渐尖，基部楔形，全缘或有锯齿。**总状或圆锥花序**，顶生或腋生；花萼4深裂；**花冠白色，芳香**，花冠筒裂片4片；雄蕊着生于花冠筒中部。蒴果椭圆形。花期10月至翌年3月。

生于向阳山坡灌丛中。

1、植株 2、叶 3、花序 4、果序

玄参科 Scrophulariaceae（醉鱼草科 Buddlejaceae）· 醉鱼草属 *Buddleja*

密蒙花（米汤花、羊耳朵）

***Buddleja officinalis* Maxim.**

灌木。**小枝略呈四棱形**，幼枝、叶背和花序**密生灰白色茸毛**。**叶对生**，叶条状披针形。聚伞花序组成圆锥花序；花萼 4 裂，**花冠浅紫色至白色**，花冠筒内面黄色；雄蕊 4 枚，着生于花冠筒中部。蒴果卵形，2 瓣裂。花期 2—3 月。

生于向阳山坡、路边。

1	2
3	4	5
6	7	8

1、花序 2、叶 3、叶片正面被毛 4、花正面观

5、花侧面观 6、叶片背面被毛 7、花萼 8、花纵剖

母草科 Linderniaceae（玄参科 Scrophulariaceae）· 母草属 *Lindernia*

泥花草

***Lindernia antipoda* (L.) Alston**

一年生草本。枝基部匍匐，下部节上生根。叶片矩圆形或为条状披针形，边缘有少数不明显的锯齿。**总状花序**生于茎顶；**唇形花冠紫白色**，上唇 2 裂，下唇 3 裂。**蒴果圆柱形**。花、果期春季至秋季。

多生田边及潮湿的草地中。

1、植株及生境 2、叶 3、果 4-5、花侧面观

母草科 Linderniaceae（玄参科 Scrophulariaceae）· 母草属 *Lindernia*

长蒴母草

Lindernia anagallis (Burm.f.) Pennell

一年生草本，茎下部匍匐长蔓，节上生根，有条纹。**叶对生，近无柄**；叶片三角状卵形，边缘有不明显的浅圆齿。花单生于叶腋，萼片 5 枚，仅基部联合；**花冠白色或淡紫色**，上唇直立，2 浅裂，下唇 3 裂；雄蕊 4 枚，前面 2 枚的花丝在颈部有**短棒状附属物**。蒴果条状披针形。花期 4—9 月，果期 6—11 月。

常生于耕地、路边。**缙云山新记录植物**。

1	2
3	4	5
6	7	8

1、植株及生境 2、叶 3、枝 4、花
5、果 6、茎四棱 7-8、花侧面观

母草科 Linderniaceae（玄参科 Scrophulariaceae）· 蝴蝶草属 *Torenia*

长叶蝴蝶草（光叶蝴蝶草）

***Torenia asiatica* L.**
=*Torenia glabra* Osbeck

多年生匍匐或披散草本。**茎四方形，基部节上生根。叶对生**，叶片卵状三角形，顶端急尖，基部平截，边缘有圆齿。花单朵假腋生或 1—4 朵在枝顶集成伞形花序；花萼筒状，具不等的 5 翅，翅宽约 1 毫米；花冠紫色，二唇形，上唇全缘或微凹，下唇 3 裂；**前面 2 枚雄蕊花丝基部有很短的盲肠状附属物**。蒴果包于萼内。

生于林下路边、沟边。

1 | 2
  | 3   1、植株及生境 2、叶正面 3、叶反面 4、花序
4 | 5 | 6
      | 7   5-6、花侧面观 7、花正面观

母草科 Linderniaceae（玄参科 Scrophulariaceae）· 蝴蝶草属 *Torenia*

紫萼蝴蝶草

Torenia violacea（ Azaola ex Blanco ）Pennell

一年生草本。茎四方形。**叶对生**，卵圆形，边缘有圆钝齿，顶端短尖，基部浅心形。花 3—5 朵成顶生的短**总状花序**，花萼长圆状椭圆形，有翅 3 片；**花冠蓝紫色或白色**，下部筒状，上部略扩大呈二唇形；**雄蕊花丝无附属物**。蒴果光滑，包于萼内。

生于路边、沟边。

1	2
3	4	5
6	7	8

1、植株及生境 2、茎 3、叶 4、花冠

5、宿存花萼 6、花侧面观 7、花部解剖 8、果

唇形科 Lamiaceae（Labiatae）· 筋骨草属 *Ajuga*

紫背金盘

***Ajuga nipponensis* Makino**

一或二年生草本。茎被长柔毛或疏柔毛，基部常带紫色。**叶对生**，叶片纸质，阔椭圆形，边缘具不整齐的波状圆齿，两面被疏柔毛，**叶背面常带紫色**。**轮伞花序多花**，组成顶生穗状花序；花冠蓝紫色，筒状，冠檐直立，下唇伸长，3 裂；**二强雄蕊**，4 枚。小坚果卵状三棱形。花期 4—6 月，果期 5—7 月。

生于向阳路边。

<del>1</del>／<del>2｜3｜4</del>　1、植株及生境 2-3、花序 4、花序（花蕾阶段）

唇形科 Lamiaceae（马鞭草科 Verbenaceae）· 紫珠属 Callicarpa

紫珠（珍珠枫）

Callicarpa bodinieri H.Lév.

落叶灌木。小枝、叶柄和花序均被粗糠状星状毛。**叶对生**，叶片椭圆形，边缘有细锯齿，两面密生暗红色或红色细粒状腺点。**聚伞花序** 4—5 次分歧，花冠紫色，被星状柔毛和暗红色腺点；子房有毛。果实球形，熟时紫色。花期 6—7 月，果期 8—11 月。

生于林缘、灌丛中。

1、植株 2、叶正面和背面 3、成熟果序 4、花序 5、花侧面观

唇形科 Lamiaceae（马鞭草科 Verbenaceae）· 紫珠属 *Callicarpa*

红紫珠

***Callicarpa rubella* Lindl.**

落叶灌木。植株被黄褐色星状毛及多细胞的腺毛。**叶对生**，倒卵状椭圆形，顶端短尾尖，基部心形，**近无柄**。**聚伞花序 4—6 次分歧**，总梗长 2—3 厘米，萼齿三角形；花冠紫红色、黄绿色或白色；子房有毛。果实紫红色。花期 6—7 月，果期 8—11 月。

生于阔叶林下。

1、植株 2、叶 3、花枝
4、叶背面 5-6、花序 7、果序（成熟）

唇形科 Lamiaceae（马鞭草科 Verbenaceae）·紫珠属 *Callicarpa*

缙云紫珠

***Callicarpa giraldii* var. *chinyunensis*（C.Pei & W.Z.Fang）S.L.Chen**
≡*Callicarpa chinyunensis* C.Pei & W.Z.Fang

落叶灌木。小枝圆柱形，紫褐色，具垢状星状毛。叶对生，长圆状椭圆形，顶端短尖或渐尖，基部钝或圆形，叶柄长约6厘米。**聚伞花序团集于叶腋**，花序梗较短；花冠紫红色。**果实紫色**。花期6—7月，果期8—11月。

生于林下路边。**异名 *Callicarpa chinyunensis* P'ei et W. Z. Fang** 的模式标本采自缙云山。

1	2
3	4
	5

1、植株 2、叶正面和背面 3、果枝 4、芽 5、成熟果序

唇形科 Lamiaceae（马鞭草科 Verbenaceae）· 莸属 *Caryopteris*

金腺莸

Caryopteris aureoglandulosa（Vaniot）C.Y.Wu

亚灌木。**茎四棱形**，密被卷曲微柔毛。**叶对生**，纸质，两面密被细短伏柔毛，**背面被稀疏金黄色腺点**，边缘上部有 1—3 对不规则粗齿。**聚伞花序** 2—3 花，腋生；花萼钟形，裂片披针形；**唇形花冠**白色带淡红色，5 个裂片全缘；雄蕊 4 枚，伸出花冠。蒴果淡黄色，4 瓣裂。花果期 4 月。

生于岩石路边。

1、植株及生境 2、叶 3、枝正面 4、枝背面 5、花
6、花萼正面观 7、花萼侧面观

唇形科 Lamiaceae（马鞭草科 Verbenaceae）· 大青属 *Clerodendrum*

臭牡丹（矮桐子）

***Clerodendrum bungei* Steud.**

小灌木。**植株揉烂有刺激性气体**，皮孔显著。叶对生，顶端骤尖或渐尖，基部心形，边缘有锯齿，下面有小腺点。**聚伞花序紧密，顶生**；花萼紫红色，被短柔毛及少数盘状腺体，萼齿三角形；花冠淡红色或紫红色，**花冠管细长**，裂片倒卵形；**雄蕊及花柱均突出花冠外**；柱头2裂，子房4室。**核果近球形**，成熟时蓝黑色。花果期 6—11 月。

生于林下路边。

1、植株 2、果序 3-4、花序
5、花 6、果序 7、果

唇形科 Lamiaceae（马鞭草科 Verbenaceae）· 大青属 *Clerodendrum*

海州常山（海洲常山、高桐子）

Clerodendrum trichotomum Thunb.

落叶灌木。幼枝、叶柄、花序轴等多少被黄褐色柔毛，老枝具皮孔。**叶对生，三角状卵形。伞房状聚伞花序**顶生或腋生，通常二歧分枝；苞片叶状，椭圆形，早落；花萼蕾时绿白色，后紫红色，基部合生，中部略膨大，有 5 棱脊，顶端 5 深裂，裂片三角状披针形；花香，**花冠白色或带粉红色**，花冠管细，顶端 5 裂；雄蕊 4，花丝与花柱同伸出花冠外。核果近球形，**包藏于增大的宿萼内**，成熟时外果皮蓝紫色。花果期 6—11 月。

生于阔叶林下。

1	2
	4
3	5

1、植株 2、花序（花蕾阶段）3、果序
4、花 5、成熟果及宿存萼片

唇形科 Lamiaceae（Labiatae）· 风轮菜属 *Clinopodium*

细风轮菜

***Clinopodium gracile*（Benth.）Matsum.**

纤细草本，匍匐生根。茎多数，被倒向短柔毛；叶对生，圆卵形，边缘具疏圆齿。**轮伞花序分离，或密集于茎端成短总状花序，疏花**；苞片针状，花萼管状，二唇形，雄蕊 **4** 枚。小坚果卵形。花期 7—8 月，果期 9 月。

生于山坡、路边。

1、植株及生境 2、果序及果 3-4、花序

唇形科 Lamiaceae（Labiatae）· 风轮菜属 *Clinopodium*

灯笼草

Clinopodium polycephalum（Vaniot）C.Y.Wu & S.J.Hsuan ex H.W.Li

多年生草本。基部主干单一，上部多分枝，植株被硬糙毛。茎四稜。叶对生，卵形，边缘具疏圆齿状牙齿，两面被糙硬毛；叶卵形，边缘具稀疏圆状牙齿。**轮伞花序多花，短而密集成球形**；**唇形花冠**，紫红色。小坚果卵形。花期 7—8 月，果期 9 月。

生于山坡、路边。

1-2、花序 3、植株、叶 4、花序

唇形科 Lamiaceae（Labiatae）·活血丹属 *Glechoma*

活血丹（金钱草）

Glechoma longituba（Nakai）Kuprian.

匍匐状草本。植株揉烂有刺激性气味。茎基部通常呈**淡紫红色**。叶对生，圆心形，边缘具圆齿；叶柄被长柔毛。**轮伞花序通常 2 朵花**；花萼管状，萼齿 5 个；**唇形花冠淡蓝紫色**，冠筒直立，上唇 2 裂，下唇 3 裂，下唇具深色斑点。小坚果长圆状卵形。花期 4—5 月，果期 5—6 月。

生于路边草丛，全草入药。

1、植株及生境 2、叶 3、茎 4、花序 5、花

唇形科 Lamiaceae（Labiatae）·绣球防风属 *Leucas*

疏毛白绒草

Leucas mollissima var. chinensis Benth.

直立草本。茎四棱，贴生绒毛状长柔毛。叶对生，卵圆形，边缘有圆齿状锯齿。轮伞花序腋生；花萼管状，萼齿 10；唇形花冠白色；二强雄蕊。小坚果卵珠状三棱形，黑褐色。花果期 5—10 月。

生于林缘路边。

1、植株及生境 2、茎 3、叶 4、花序 5、花枝 6-7、花冠

唇形科 Lamiaceae（Labiatae）· 益母草属 *Leonurus*

益母草

***Leonurus japonicus* Houtt.**

一年生或二年生草本。**茎四棱**，有倒向糙伏毛。**叶对生**，茎下部叶卵形，掌状 3 裂，花序上的叶呈条形。**轮伞花序腋生**，轮廓圆球形；**小苞片刺状**；**无花梗**；花萼管状钟形，齿 5 个，前 2 个齿靠合，后 3 个齿较短；**花冠粉红色**，冠檐二唇形，上唇直伸，下唇 3 裂，中裂片倒心形；雄蕊 4 枚。小坚果长圆状三棱形。花期 6—9 月，果期 9—10 月。

生于田边、路边。**全草入药，可治妇科病**。

1、植株及生境 2、植株 3、茎 4-5、花枝 6、轮伞花序 7、小坚果

唇形科 Lamiaceae（Labiatae）· 石荠苎属 *Mosla*

小鱼仙草

***Mosla dianthera*（Buch.-Ham. ex Roxb.）Maxim.**

一年生草本。**植株揉烂有刺激性气味。茎在节上被毛，其余无毛。叶对生，上面被灰色微柔毛，下面灰白色。总状花序生于主茎及侧枝上；苞片披针形；花萼二唇形，上唇 3 齿，下唇 2 齿；花冠粉红色**，冠檐二唇形，上唇先端微凹，下唇 3 裂；雄蕊 4 枚。小坚果球形。花期 5—8 月，果期 7—11 月。

生于路边。

1、植株及生境 2、叶 3、枝正面 4、枝背面
5、果序 6、茎 7、花

唇形科 Lamiaceae（Labiatae）· 荆芥属 *Nepeta*

心叶荆芥

***Nepeta fordii* Hemsl.**

多年生草本。茎四棱。叶对生，三角状卵形，基部心形，边缘有粗圆齿。聚伞花序在顶端组成顶生圆锥花序；花萼瓶状，萼齿 5 个；花冠紫色，冠檐二唇形，上唇短，2 浅裂，下唇较长，中裂片近圆形。小坚果卵状三棱形。花果期 4—10 月。

生于路边。

1、植株 2、叶正面 3、茎 4、花序 5、花 6、花侧面观

唇形科 Lamiaceae（Labiatae）· 假糙苏属 *Paraphlomis*

假糙苏

Paraphlomis javanica（Blume）Prain

多年生草本。茎被侧向平伏毛。**叶对生**，椭圆状卵形，**边缘具圆齿状锯齿**。轮伞花序多花；小苞片钻形，被小硬毛；花萼紫色，萼齿 5 个，钻形；**唇形花冠淡黄色**，上唇长圆形，下唇 3 裂，中裂片较大，被紫色斑纹；雄蕊 4 枚，二强。小坚果倒卵珠状三棱形。花期 6—8 月，果期 8—12 月。

生于阔叶林下。

$\frac{\begin{array}{c|c} 1 & 2 \\ \hline 3 & \begin{array}{c|c} & 6 \\ \hline 5 & 7 \end{array} \\ 4 \end{array}}$　1、植株 2、叶 3-4、花
5、花序 6、花萼 7、果及宿存花萼

唇形科 Lamiaceae（Labiatae）·紫苏属 *Perilla*

紫苏

Perilla frutescens (L.) Britton

一年生草本。茎绿色或紫色，密被长柔毛。叶对生，宽卵圆形，边缘在基部以上有粗锯齿，**背面有时带紫色**；叶柄密被长柔毛。轮伞花序组成偏向一侧的顶生及腋生总状花序；花萼萼檐二唇形；**唇形花冠白色**，上唇微缺，下唇 3 裂。小坚果近球形。花期 8—11 月，果期 8—12 月。

缙云山系栽培，生于住宅旁。

1、植株 2、叶 3、花序 4、果序

唇形科 Lamiaceae（马鞭草科 Verbenaceae）·豆腐柴属 *Premna*

臭黄荆（斑鸠站）

Premna ligustroides Hemsl.

常绿小乔木或灌木。**单叶对生**，全缘或先端有 3—5 个钝齿。**聚伞花序**组成圆锥花序，或为有间断的穗形**总状花序**；苞片通常呈锥形或线形，花萼宿存，花后常稍增大，顶端 5 浅裂；**花冠黄色**，略成二唇形，上唇 1 裂片全缘或微下凹，下唇 3 裂片近相等或中间 1 裂片较长；花冠管短，其喉部通常有一圈白色柔毛；雄蕊 4 枚，通常 2 长 2 短。**核果球形**。花果期 5—7 月。

生于林缘、路边。嫩叶可制作凉粉和豆腐。

1、植株 2、枝正面 3、枝背面 4、植株 5、花序 6、果序

唇形科 Lamiaceae（Labiatae）·夏枯草属 *Prunella*

夏枯草

***Prunella vulgaris* L.**

多年生草木。根茎匍匐，在节上生须根。茎四棱；叶对生，**大小不等**。轮伞花序密集组成顶**生穗状花序**，每一轮伞花序下有**宽心形苞片**。唇形花冠蓝紫色，上唇近圆形，多少呈盔状；下唇 3 裂，中裂片近倒心形。小坚果黄褐色。花期 4—6 月，果期 7—10 月。

生于山坡、路边，**全草入药**。

$\dfrac{1}{2|3|4}$　1、植株及生境　2-3、花序 4、果序

唇形科 Lamiaceae（Labiatae）· 黄芩属 *Scutellaria*

岩藿香

Scutellaria franchetiana H.Lév.

多年生草本。根状茎横走，密生须根。**茎锐四棱形**，被上曲微柔毛，常带紫色。**叶对生**，卵圆状披针形，边缘每侧具 3—4 个大牙齿，下面带紫色。**总状花序生于茎中上部叶腋内**，花序下部具不育叶；苞片均叶状；**花冠紫色**，冠筒基部膝曲，微囊状增大，冠檐二唇形，上唇先端微缺，二侧裂片卵圆形；雄蕊四枚，前对雄蕊较长，后对较短；子房 4 裂。小坚果黑色，卵球形。花期 6—7 月。

生于林缘、路边。

1	2
3	4
	5

1、植株及生境 2、枝 3、花序 4、花正面观 5、花萼背部的盾片

唇形科 Lamiaceae（Labiatae）· 黄芩属 *Scutellaria*

缙云黄芩（云南黄芩短柄变种）

***Scutellaria tsinyunensis* C.Y.Wu & S.Chow**
=*Scutellaria yunnanensis* var. *subsessilifolia* Y.Z.Sun ex C.H.Hu

多年生草本。根状茎匍匐，在节上生纤维状根；茎常呈暗紫色。叶对生，自**茎基部向上增大；叶柄近无或极短**。花对生，组成顶生一侧向的总状花序；花萼外密被短柔毛，盾片平展；花冠紫白色，上唇盔状，先端微凹，下唇中裂片三角状卵圆形，先端微凹，两侧裂片卵圆形；雄蕊4枚；花期4—5月，果期5—7月。

生于林下路边。模式标本采自缙云山，重庆市保护植物。

1	2
3	5 6
4	7

1、植株及生境 2、叶 3-5、花序 6、果序 7、花萼背部的盾片

唇形科 Lamiaceae（Labiatae）·黄芩属 *Scutellaria*

英德黄芩

***Scutellaria yingtakensis* Y.Z.Sun ex C.H.Hu**

多年生草本。**茎四棱形**。叶草质，**对生**，三角状卵圆形，边缘疏生 4—6 对浅牙齿，**下面有时变紫色**；叶上面密被短柔毛。花对生，在茎及枝条顶上排列成**总状花序**；花梗与花序轴被短柔毛；花冠紫红色，外面被微柔毛，内面在喉部被白色髯毛；冠檐 2 唇形，上唇盔状，下唇中裂片圆状卵圆形，两侧裂片狭长圆形。雄蕊 4，二强。小坚果深褐色。花期 4—5 月。

生于林缘、路边，**缙云山新记录植物**。

1	2
3	6
4	5	7

1、植株及生境 2、叶 3、植株 4、果序 5-7、花序和果序

唇形科 Lamiaceae（Labiatae）· 黄芩属 *Scutellaria*

柳叶红茎黄芩

***Scutellaria yunnanensis* var. *salicifolia* Y.Z.Sun ex C.H.Hu**

多年生草本。根状茎匍匐，密生纤维状须根；茎直立，**常呈水红色**。叶对生，狭长呈长圆状披针形，全缘或有2—4个疏浅锯齿；**叶柄水红色**。**花对生**，排列成顶生或间有少数腋生的**总状花序**；苞片退化；花萼于花时常呈紫红色，盾片开展，半圆形，**花冠檐部紫红色**，二唇形，上唇盔状，先端微凹，下唇中裂片三角状卵圆形，两侧裂片卵圆形；雄蕊4枚。小坚果成熟时暗褐色，三棱状卵圆形。花期4月，果期5—6月。

生于林缘、沟边，**模式标本采自缙云山**。

1、植株 2、叶 3、枝条 4-6、花序 7、果序及花萼背部的盾片

唇形科 Lamiaceae（Labiatae）· 水苏属 *Stachys*

水苏

Stachys japonica Miq.

多年生草本。部分根茎节上生须根。茎单一,四棱形,**在棱及节上被小刚毛**。叶对生,基部圆形至微心形,边缘为圆齿状锯齿;叶柄近茎基部最长,向上渐变短,**轮伞花序**,密集成穗状花序;**小苞片刺状**;花萼钟形,萼齿 5 枚,先端具刺尖头;唇形花冠,花冠淡红紫色,上唇直立,下唇开张,3 裂,中裂片最大,近圆形。雄蕊 4。小坚果卵珠状。花期 5—7 月,果期 7—10 月。

生于潮湿沟边。**重庆市新记录植物**。

1、植株及生境 2、叶 3-4、花序
5、雄蕊 6、果及花萼 7、雌蕊 8、果

唇形科 Lamiaceae（Labiatae）· 香科科属 *Teucrium*

微毛血见愁

Teucrium viscidum* var. *nepetoides（H.Lév.）C.Y.Wu & S.Chow

多年生草本。茎具**夹生腺毛的短柔毛**。叶对生，边缘为带重齿的圆齿。**花序顶生或腋生**；花萼钟形，被腺毛，萼齿 5 个；**唇形花冠淡红色**，中裂片正圆形，侧裂片卵圆状三角形；雄蕊伸出，前对与花冠等长。小坚果扁球形。花期 8—10 月。

生于林缘路旁。

1、植株 2、叶 3、根 4、花序
5、果序 6、花正面观 7、花侧面观

通泉草科 Mazaceae（玄参科 Scrophulariaceae）· 通泉草属 *Mazus*

匍茎通泉草（匍匐通泉草）

Mazus miquelii Makino

多年生草本。直立茎倾斜上升，匍匐茎花期发出，着地部分节上常生不定根。**基生叶莲座状**，倒卵状匙形，有长柄；茎生叶互生，具短柄，卵形。**总状花序顶生**，花梗从下往上逐渐缩短；花萼钟状漏斗形；**花冠紫色或白色而有紫斑**，上唇短而直立，下唇中裂片较小，倒卵圆形。蒴果圆球形。花果期 2—8 月。

生于沟谷、路边。

1	2
3	4
	5

1、植株及生境 2、叶 3、植株 4、花 5、花萼

通泉草科 Mazaceae（玄参科 Scrophulariaceae）·通泉草属 *Mazus*

通泉草

***Mazus pumilus*（Burm.f.）Steenis**
=*Mazus japonicus*（Thunb.）Kuntze

一年生草本。茎直立或倾斜，通常基部分枝。叶片倒长卵形至匙形，边缘有不规则的粗钝锯齿，顶端圆钝，基部楔形逐渐延生成翼状。**花序顶生**，约占茎的大部分；花萼裂片与萼筒几相等，**唇形花冠淡紫色**。蒴果球形。花期3—4月。形态特征与匍茎通泉草类似，主要区别在于为**一年生草本；无匍匐茎；花萼在果期常增大**。

生于沟谷、路边。

1、植株及生境 2、花 3-4、花序 5、花 6、花萼

透骨草科 Phrymaceae · 透骨草属 *Phryma*

透骨草

Phryma leptostachya subsp. *asiatica*（H. Hara）Kitam.

多年生草本。茎 4 棱形。叶对生，叶片卵状长圆形，边缘有钝锯齿，两面散生但沿脉被较密的短柔毛。穗状花序生茎顶及侧枝顶端；花通常多数，疏离；花萼筒状，有 5 纵棱；花冠蓝紫色、淡红色至白色；檐部 2 唇形；雄蕊 4；花柱细长，柱头 2 唇形。瘦果狭椭圆形。花期 6—10 月，果期 8—12 月。

生于阴湿山谷或林下。缙云山新记录植物。

1、植株正面观 2、叶正面和背面 3、植株背面观 4、花序 5、果序

爵床科 Acanthaceae · 狗肝菜属 *Dicliptera*

优雅狗肝菜

***Dicliptera elegans* W.W.m.**

草本。茎直立，节略膨大。叶对生，阔披针形，两面贴生短毛。**圆锥花序由 2—4 枚聚伞花序组成**，每个聚伞花序下托以 2 枚略不等大的总苞状苞片，苞片宽卵形；花萼 5 裂；**唇形花冠玫瑰红色**，冠管纤细，外面被白色疏柔毛。**雄蕊 2 枚**。蒴果。花果期 6—8 月。

生于阔叶林下。

1	2
3	4	5
6	7	8

1、植株 2、叶 3、茎 4、花正面观
5、花侧面观 6、枝条 7、花正面观 8、花部解剖

爵床科 Acanthaceae · 爵床属 *Justicia*（*Rostellularia*）

爵床

***Justicia procumbens* L.**

≡*Rostellularia procumbens*(L.) Nees

一年生草本。茎基部匍匐，多分枝。叶对生，卵形或椭圆形。穗状花序顶生或上部腋生；苞片1枚，小苞片2枚；花萼4裂；花冠粉红色；雄蕊2枚。蒴果条形，具4粒种子。花果期7—10月。

生于路边草丛、耕地边。

1、植株 2、茎 3、花 4、叶 5-6、花序

爵床科 Acanthaceae · 马蓝属 *Strobilanthes*（黄猄草属 *Championella*）

四子马蓝(黄琼草)

Strobilanthes tetrasperma (Champ. ex Benth.) Druce
≡*Championella tetrasperma* (Champ. ex Benth.) Bremek.

草本；茎纤细，基部匍匐，上部直立；叶对生，纸质，卵圆形，边缘浅波状齿，顶端钝。**穗状花序**短而紧密，苞片叶状；**花冠紫白色**，冠檐裂片几相等。**2 强雄蕊**，4 枚。蒴果。花果期7—10月。

生于阔叶林下。

1、植株及生境 2、叶 3、花纵切 4、花序
5、植株 6、花侧面观 7、花正面观

马鞭草科 Verbenaceae · 马鞭草属 *Verbena*

马鞭草(马鞭梢)

Verbena officinalis L.

多年生草本。**茎四方形**,节和棱上有硬毛。**叶对生**,叶片卵圆形,边缘有粗锯齿或缺刻。**穗状花序顶生和腋生**,开花时形似马鞭,每朵花有 1 苞片;苞片稍短于花萼;花萼顶端有 5 个齿;**花冠淡紫至蓝色**,裂片 5;雄蕊 4,着生于花冠管的中部。果长圆形,成熟时 4 瓣裂。花期 6—8 月,果期 7—10 月。

生于路边草丛中。

1、植株 2、叶 3、花序 4、花 5-6、果

冬青科 Aquifoliaceae · 冬青属 *Ilex*

榕叶冬青

***Ilex ficoidea* Hemsl.**

常绿乔木；幼枝具纵棱沟。叶片革质，椭圆形，**先端骤尾状渐尖**。聚伞花序簇生于叶腋内，**花4基数**，白色或淡黄绿色。果球形，**成熟后红色**；分核4，卵形或近圆形。花期3—4月，果期8—11月。

生于阔叶林下。

$\frac{1}{2|3|4}$ 1、植株（果枝）2、果序 3、叶正面观 4、叶背面观

冬青科 Aquifoliaceae · 冬青属 *Ilex*

缙云冬青

Ilex jinyunensis Z.M.Tan

常绿乔木。叶片革质,长圆形或倒卵状椭圆形,先端渐尖,**尖头常歪向一侧**。果 3—4 个簇生于叶腋,**果实球形,成熟时红色**,基部具 4—5 裂的宿存花萼;分核 4,长圆形,背面具 3 条微凸起的条纹。果期 11 月。

生于常绿阔叶林中,**模式标本采自缙云山**。

1、植株 2、枝正面 3、枝背面 4、果序
5、果侧面观 6、果正面观 7、果横切

冬青科 Aquifoliaceae · 冬青属 *Ilex*

大果冬青

***Ilex macrocarpa* Oliv.**

落叶乔木；**具长枝和短枝，枝皮孔圆形、明显**。叶在长枝上互生，在短枝上**簇生**。花单性，白色；雄花单生或 2—5 朵成腋生聚伞花序；雌花单生于叶腋。**核果球形，成熟时黑色**；分核 7—9 粒，背部具 3 棱 2 沟。花期 4—5 月，果期 10—11 月。

生于阔叶林下。

1	2
4	
3	5

1、花枝 2、枝条及皮孔 3、花序 4、雄花 5、果（成熟）

冬青科 Aquifoliaceae · 冬青属 *Ilex*

三花冬青(短梗亮叶冬青)

***Ilex triflora* Blume**
=*Ilex viridis* var. brevipedicellata Z.M.Tan

常绿灌木。幼枝近**四棱形**,密被短柔毛。叶卵状椭圆形,**叶柄具叶片下延而成的狭翅**。花单性,**聚伞花序簇**生于叶腋内;花4基数,白色或淡红色。果球形,成熟后黑色;分核4,卵状椭圆形。花期5—7月,果期8—11月。

生于阔叶林下。**异名 *Ilex viridis* var. brevipedicellata Z.M.Tan**(短梗亮叶冬青)的模式标本采自缙云山。

1、植株 2、叶 3、果序 4、花序(花蕾阶段)

5、花侧面观 6、果部解剖 7、花背面观 8、花正面观

桔梗科 Campanulaceae · 金钱豹属 *Campanumoea*

金钱豹（土党参、土人参）

***Campanumoea javanica* Blume**
=*Campanumoea javanica* subsp. *japonica*（Makino）D.Y.Hong

草质缠绕藤本，植株具乳汁。**具胡萝卜状根**。茎无毛，多分枝。叶对生，叶片心形，边缘有浅锯齿。**花单朵生叶腋**，花萼与子房分离，5 裂至近基部；**花冠钟状**，白色或黄绿色；雄蕊5 枚；子房 5 室。**浆果球状**。花期 8—9 月，果期 9—10 月。

生于林缘路边。

1 | 2/3 ——— 1、植株 2、枝正面 3、枝背面
4 | 5 | 6/7 ——— 4、花侧面观 5、地下茎 6、花正面观 7、果

桔梗科 Campanulaceae · 半边莲属 *Lobelia*

半边莲

Lobelia chinensis Lour.

多年生草本。茎匍匐,节上生根。叶互生,椭圆状披针形。花通常 1 朵,生于叶腋;花梗细,花萼筒倒长锥状,裂片 5 枚;**花冠粉红色或白色,两侧对称**,喉部以下生白色柔毛;雄蕊花丝中部以上连合。**蒴果倒锥状**。种子椭圆状。花果期 5—10 月。

生于水田边、沟边及潮湿草地上。**缙云山新记录植物**。

1、植株及生境 2、叶 3、花枝 4、花 5、幼果

桔梗科 Campanulaceae · 半边莲属 *Lobelia*（铜锤玉带草属 *Pratia*）

铜锤玉带草（地茄子）

***Lobelia nummularia* Lam.**
≡*Pratia nummularia*（Lam.）A.Braun & Asch.

草本,植株具白色乳汁。茎平卧,节上生根。叶互生,叶片宽卵形,两端钝,边缘有细圆齿和散生的缘毛。花单生叶腋,花萼筒窄陀螺状,裂片条状披针形;花冠近二唇形,上唇裂片匙状长矩圆形,下唇3裂,裂片长矩圆形。浆果紫红色,椭圆形。花期5—7月,果期7—10月。

生于路边、林下或潮湿稻田边。

1、植株及生境 2、花正面观 3、果枝 4、花侧面观 5、果

桔梗科 Campanulaceae · 蓝花参属 *Wahlenbergia*

蓝花参(罐罐草)

Wahlenbergia marginata(Thunb.)A.DC.

一年生或多年生草本,植株具白色乳汁。根细长,胡萝卜状。叶互生或对生,条状披针形。**花具长梗**,集成疏散圆锥花序;花萼贴生至子房顶端,3—5 裂;**花冠狭钟形,蓝色**;雄蕊 5 枚;子房下位。蒴果倒圆锥形;种子多数,细小。

生于山坡或沟边。

1	2
3	4	5
6	7	8

1、生境及叶 2、植株 3、花侧面观 4、花背面观
5、果侧面观 6、花侧面观 7、花正面观 8、果正面观

菊科 Asteraceae（Compositae）·下田菊属 *Adenostemma*

下田菊

***Adenostemma lavenia* (L.) Kuntze**

一年生草本。茎直立。**叶对生**，卵圆形，叶缘有圆锯齿。**头状花序**，在枝顶再排成伞房状；总苞半球形，总苞片狭椭圆形；**筒状花冠白色**，上有 5 齿，被柔毛。瘦果被腺点，冠毛 4 条，基部结合成环。花果期 8—10 月。

生于林下、路边等地。

1	2
3	4 5
	6 7

1、植株 2、叶 3、茎及对生叶 4-7、果序及果

菊科 Asteraceae（Compositae）·藿香蓟属 *Ageratum*

藿香蓟（胜红蓟）

***Ageratum conyzoides* L.**

一年生草本。**全株被节状毛**。叶对生，卵状三角形；基部钝或宽楔形，边缘有圆锯齿，两面被白色节状毛。**头状花序**；总苞片披针状长圆形，边缘撕裂；筒状小花淡紫色，檐部 5 裂。瘦果黑褐色，冠毛顶端芒状。花果期 5—10 月。

原产中南美洲，逸为野生，生于山坡、路边。

1、植株 2、叶 3、花序 4、小花

菊科 Asteraceae（Compositae）·紫菀属 *Aster*（马兰属 *Kalimeris*）

马兰（鱼鳅串、鸡儿肠）

***Aster indicus* L.**

≡*Kalimeris indica* (L.) Sch.Bip.

草本。茎下部叶倒披针形，有具翅的长柄，边缘中部以上有疏齿或羽状裂片；上部叶小，全缘，无柄。**头状花序**单生于枝端并排列成疏伞房状；总苞半球形，总苞片2—3层；花序托圆锥形；**舌状边花一层，浅紫色**，管状花多数。瘦果极扁。花果期5—10月。

生于山坡荒地、沟边、路旁及田野。**根状茎横走**，又名"**鱼鳅串**"。

1、植株 2、叶 3、头状花序正面观 4、头状花序背面观

菊科 Asteraceae（Compositae）· 紫菀属 *Aster*

川鄂紫菀

***Aster moupinensis*（Franch.）Hand.-Mazz.**

多年生草本。**基部叶狭长匙形或线形**，下部渐狭成长柄；中部叶线形，**上部叶小**，线形；全部叶厚质，中脉在两面显然凸起，侧脉 2—3 对，**几与边缘平行**。头状花序单生枝顶，总苞半球形，总苞片 3 层，线形；舌状边花 20 余个，舌片白色，长椭圆形。**瘦果长圆形**，冠毛白色。花果期 7—11 月。

生于河边沙地、岩石缝中。

1、植株 2、叶 3-5、头状花序 6、根茎 7、头状花序侧面观

菊科 Asteraceae（Compositae）·紫菀属 *Aster*

三脉紫菀（毛柴胡）

Aster trinervius subsp. ***ageratoides***（Turcz.）Grierson
≡ ***Aster ageratoides*** Turcz.

多年生草本。茎直立，有粗毛。**叶离基三出脉**，侧脉 3—4 对；下部叶花期枯萎，中部叶边缘有疏锯齿；上部叶渐小，全缘。**头状花序**排成伞房花序；总苞片 3—4 层，线状长圆形；**舌状边花白色，管状花黄色**。瘦果。花期 9—12 月。

生于林下、林缘及沟谷湿润处。

1、植株 2、叶 3、伞房花序 4、头状花序正面观 5、头状花序侧面观

菊科 Asteraceae（Compositae）·紫菀属 *Aster*（秋分草属 *Rhynchospermum*）

秋分草

Aster verticillatus（Reinw.）Brouillet
≡*Rhynchospermum verticillatum* Reinw.

多年生草本。茎下部叶倒披针形，边缘自中部以上有波状锯齿；中部叶稠密，披针形；上部叶渐小。**头状花序**单生枝顶或叶腋或近总状排列；花序梗密被锈色短毛；总苞宽钟状；**瘦果**。花果期8—11月。

生于林缘、沟边、路旁等阴湿环境中。

1、植株 2、叶 3、花枝 4、头状花序正面观 5、头状花序侧面观

菊科 Asteraceae（Compositae）· 鬼针草属 *Bidens*

鬼针草（白花鬼针草）

***Bidens pilosa* L.**

一年生草本。茎钝四棱形。茎下部叶较小，3裂或不分裂，中部叶**三出复叶**，先端锐尖，基部近圆形，边缘有锯齿，上部叶小，3裂或不分裂。头状花序，总苞基部被短柔毛，苞片7—8枚。部分头状花序具白色舌状边花5—7枚，中央小花筒状，冠檐5齿裂。瘦果条形，具棱，**顶端芒刺3—4枚**，具倒刺毛。

常生于山坡、路边。缙云山植物志记录的**白花鬼针草 *Bidens pilosa* L. var. *radiata* Sch.-Bip 为鬼针草异名。**

1	2
3	4	5
6	7	8

1、植株 2、叶 3、花序侧面观 4、管状花正面观 5、管状花侧面观
6、花序正面观 7、花序背面观 8、果序及瘦果

菊科 Asteraceae（Compositae）· 鬼针草属 *Bidens*

狼杷草

***Bidens tripartita* L.**

一年生草本。叶对生，常三至五回羽状深裂。头状花序单生枝端，具较长的花序梗；总苞盘状，外层总苞片叶状；全为筒状两性花。瘦果楔形，顶端芒刺 2 枚。

生于路边荒野及水边。

1、植株 2、叶 3、花枝（示头状花序）4、头状花序侧面观 5、菊果

菊科 Asteraceae（Compositae）· 鬼针草属 *Bidens*

金盏银盘

***Bidens biternate*（Lour.）Merr. & Sherff**

一年生草本。茎略具四棱。叶对生，为一至二回羽状复叶，顶生小叶卵形，边缘具稍密且近均匀的锯齿。头状花序，舌状边花 3—5 枚、黄色。瘦果条形，顶端芒刺 3—4 枚。

生于路边、荒地中。

1、植株 2、花序正面观 3、叶
4、头状花序侧面观 5、果序及果

菊科 Asteraceae（Compositae）· 艾纳香属 *Blumea*

东风草

Blumea megacephala（Randeria）C.C.Chang & Y.Q.Tseng

攀援状草质藤本。**茎带暗紫色**。中下部叶卵形，上部叶较小。**头状花序**常 1—7 个在腋生小枝顶端排成**总状花序**，再排成大形**圆锥花序**；总苞半球形，总苞片 5—6 层；花序托平；**小花黄色**，雌性小花多数。瘦果圆柱形，有 10 条棱；冠毛白色。花果期 12 月至次年 4 月。生于林缘路边。

1、植株 2、叶 3、花序 4、头状花序正面观

菊科 Asteraceae（Compositae）· 艾纳香属 *Blumea*

六耳铃

***Blumea sinuata*（Lour.）Merr.**

粗壮草本，主根肥大。茎直立，有条棱，上部被开展**长柔毛及有柄腺毛**。基生叶花期生存，长圆形或倒卵形；中部叶与基生叶同形，边缘有不规则齿刻；上部叶极小，全缘或有齿刻。**头状花序排列成圆锥花序**；花序梗被具柄腺毛和长柔毛；总苞圆柱形至钟形；花黄色。瘦果圆柱形，冠毛白色。花期 10 月至翌年 5 月。

生于林缘、路边、住宅旁。**重庆市新记录植物**。

1、植株 2、叶正面和背面 3、圆锥花序 4、茎被毛 5、头状花序侧面观

四、被子植物 Angiospermae

菊科 Asteraceae（Compositae）· 石胡荽属 *Centipeda*

石胡荽

Centipeda minima (L.) A.Braun & Asch.

一年生小草本。茎多分枝，匍匐状。叶互生，楔状倒披针形，边缘有少数锯齿。**头状花序扁球形，单生于叶腋，无花序梗或极短**；总苞半球形；总苞片 2 层，椭圆状披针形；边缘花雌性，多层，花冠细管状；中央花两性，花冠管状，顶端 4 深裂。瘦果椭圆形，具 4 棱。花果期 6—10 月。

生于路边草丛中。

1、植株 2、叶 3、果序 4、果

菊科 Asteraceae（Compositae）· 山芫荽属 *Cotula*

山芫荽

Cotula hemisphaerica（Roxb.）Wall. ex Benth.

一年生小草本。茎基部多分枝。**叶二回羽状全裂**，茎中部叶长圆形，基部半抱茎，上部叶渐小；全部叶末回裂片线形或线状披针形，具细长尖头。**头状花序单生枝端，花序梗细长**；总苞片2层，边缘膜质；花序托果期伸长成果柄。瘦果狭矩圆形，有很狭的翅状边缘。花期1—5月。

生于田边、路旁荒地，喜水湿环境。

$\dfrac{1}{2 \mid 3}$ 1、植株及生境 2、头状花序 3、植株

菊科 Asteraceae（Compositae）· 鳢肠属 *Eclipta*

鳢肠

Eclipta prostrata **(L.) L.**

草本。**茎被糙伏毛**。**叶对生**，叶片披针形，无柄或有短柄，两面被糙伏毛。**头状花序**常有细长花序梗，总苞片 2 层，绿色，长椭圆形；**舌状边花白色**，舌片小，顶端 2 裂或全缘。瘦果有明显的瘤状突起。花果期 5—10 月。

生于田边、路旁以及耕地边。

1、植株 2、头状花序 3、果序

菊科 Asteraceae〔Compositae〕·牛膝菊属 *Galinsoga*

牛膝菊（辣子草）

***Galinsoga parviflora* Cav.**

一年生草本。茎、叶被毛。**叶对生**，椭圆状卵形，边缘有浅锯齿或近全缘，**基出三脉**。头**状花序小**，总苞片1—2层，白色膜质；舌状边花4—5朵，雌性，舌片白色；中央**管状花两性**、**黄色**，顶端5齿裂。瘦果有棱，黑色。花果期7—10月。

原产南美洲，逸为野生，生于路旁及耕地边。

$\dfrac{1}{2\,|\,3\,|\,4}$ 1、植株及生境 2、叶 3、植株 4、头状花序

菊科 Asteraceae（Compositae）· 鼠麴草属 *Gnaphalium*

细叶鼠麴草（白背鼠麴草、天青地白）

***Gnaphalium japonicum* Thunb.**

一年生细弱草本。茎直立不分枝，**密被白色棉毛**。**基生叶在花期宿存，呈莲座状**，线状剑形或线状倒披针形，基部渐狭，下延，顶端具短尖头，边缘多少反卷，下面被白色棉毛；茎叶（花葶的叶）少数，线状剑形或线状长圆形；紧接花序下面有 3—6 片呈放射状或星芒状排列的线形或披针形小叶。**头状花序无梗**，在枝端密集成球状；花黄色，总苞近钟形，总苞片 3 层，带红褐色。花期 1—5 月。

生于山坡、草地或荒地路旁；【麴 qú 】。

1、植株 2、基部莲座状叶 3、叶正面和背面 4、花序

菊科 Asteraceae（Compositae）·白酒草属 *Eschenbachia*（*Conyza*）

白酒草

***Eschenbachia japonica*（Thunb.）J. Kost.**
≡*Conyza japonica*（Thunb.）Less.

一或二年生草本。**全株被白色长柔毛或粗毛**。下部叶椭圆形，边缘有疏巨齿；中部叶和上部叶卵状披针形，基部半抱茎。**头状花序数个顶生**，密集成伞房状；总苞片 3 层，狭披针形，全部花黄色。瘦果长圆形。花果期 3—9 月。

生于草坡荒地或田边。

1	
2	3

1、植株 2、茎、叶 3、植株先端示花序（若干头状花序）

菊科 Asteraceae（Compositae）· 鱼眼草属 *Dichrocephala*

小鱼眼草

Dichrocephala benthamii C.B.Clarke

一年生草本。茎枝被白色长或短绒毛。叶卵形,通常**羽裂**,边缘重粗锯齿或缺刻状,**叶无柄,基部扩大呈圆耳状抱茎**。头状花序球形,在枝端排成伞房状圆锥花序。总苞片1—2层,瘦果压扁。花果期全年。

生于草丛或路边。

1、植株 2、叶 3-4、花序 5、叶和花序 6、茎

菊科 Asteraceae（Compositae）· 鱼眼草属 *Dichrocephala*

鱼眼草

***Dichrocephala integrifolia*（L.f.）Kuntze**
***=Dichrocephala auriculata*（Thunb.）Druce**

一年生草本。茎枝被白色长或短绒毛。叶卵形，**大头羽裂**，边缘重粗锯齿或缺刻状，叶柄基部渐狭成窄翅。头状花序球形，在枝端排成伞房状圆锥花序。总苞片1—2层，瘦果压扁。花果期全年。

生于草丛或路边。

1、植株 2、枝条 3-4、花序 5、叶 6、茎

菊科 Asteraceae（Compositae）·莴苣属 *Lactuca*（翅果菊属 *Pterocypsela*）

翅果菊

Lactuca indica L.

≡*Pterocypsela indica* (L.) C.Shih

草本，**植株有乳汁**。根垂直，生多数须根。茎枝无毛。全部茎叶线形，边缘部分有疏细锯齿或偏斜卵状大齿。**头状花序**沿茎顶排成圆锥花序。总苞片 4 层；**舌状小花黄色**。瘦果椭圆形，边缘有**宽翅**，顶端有喙。花果期 4—11 月。

生于山坡或田间。

1、植株 2、叶 3-4、头状花序正面观 5、果序
6、头状花序背面观 7、头状花序侧面观 8、果序

菊科 Asteraceae（Compositae）· 拟鼠麴草属 *Pseudognaphalium*（鼠麴草属 *Gnaphalium*）

拟鼠麴草（鼠麴草）

***Pseudognaphalium affine*（D.Don）Anderb.**
≡*Gnaphalium affine* D.Don

一年生草本。**茎被白色厚棉毛**。叶无柄，匙状倒披针形或倒卵状匙形，基部渐狭，稍下延，两面被白色棉毛。**头状花序**近无柄，在枝顶密集成伞房花序；总苞钟形，总苞片2—3层，金黄色或柠檬黄色；外层倒卵形或匙状倒卵形，内层长匙形；雌花多数，花冠细管状。瘦果倒卵形，冠毛污白色。花期1—4月,8—11月。

生于荒坡、路边;【**麴 qú**】。

1	2
	3

4	5	6
		7

1、植株 2、伞房花序正面观 3、伞房花序侧面观 4、幼嫩植株

5、叶正面和背面 6、头状花序侧面观 7、花

菊科 Asteraceae（Compositae）· 千里光属 *Senecio*

千里光

Senecio scandens Buch.-Ham. ex D.Don

多年生攀援状草本。叶卵状披针形至长三角形,**边缘有或深或浅的齿**,或有时叶下部具 1—2 对裂片。头状花序排成疏松开展的伞房状花序;总苞杯状,基部有小苞片数枚;舌状边花黄色,8—12 朵,顶端 3 齿裂;中央筒状花多数。果圆柱形,被短毛。花果期 8 月至翌年 4 月。

生于路边及疏林地向阳处。

|1|2| 1、植株 2、叶 3、头状花序侧面观 4、头状花序正面观
|3|5|6| 5、头状花序 6、假舌状花 7、管状花
|4| |7|

菊科 Asteraceae（Compositae）· 虾须草属 *Sheareria*

虾须草

***Sheareria nana* S.Moore**

一年生草本。茎绿色，**具纵棱**。叶稀疏，线形或倒披针形，无柄，全缘。**头状花序顶生或腋生**，总苞片 2 层，宽卵形；雌花假舌状，白色或有时淡红色；舌片宽卵状长圆形；中央两性花管状，有 5 齿。瘦果长椭圆形。花果期秋季。

生于嘉陵江边，**缙云山新记录植物**。

1、植株 2、叶 3、头状花序正面观

4、头状花序侧面观 5、茎 6、果序侧面观 7、果序正面观

菊科 Asteraceae（Compositae）· 豨莶属（僐莶属）*Sigesbeckia*

毛梗豨莶（毛梗僐莶）

Sigesbeckia glabrescens（Makino）Makino

一年生草本。茎上部分枝不成复二歧状,被稀疏短柔毛。基部叶花期枯萎,中部叶三角状卵形或卵状披针形,边缘有较规则的尖齿,**基出三脉**;上部叶渐小,近无柄。**头状花序有长梗**,多数枝端排成圆锥花序;总苞阔钟状,总苞片2层,叶质,背面被**有柄腺毛**;舌状边花很短。瘦果倒卵圆形,有4条棱。花果期夏秋季。

生于山坡、路旁及耕地边;【豨莶 xīxiān】。

1、植株 2、叶 3、头状花序 4、果序

菊科 Asteraceae · 蒲儿根属 *Sinosenecio*

蒲儿根

Sinosenecio oldhamianus（Maxim.）**B.Nord.**

多年生或二年生草本。茎直立不分枝,被白色蛛丝状毛。基部叶花期凋落,具长柄;下部茎叶具柄,卵状圆形或近圆形,基部心形,边缘具浅至深重齿;最上部叶卵形或卵状披针形。**头状花序**排列成顶生**复伞房花序**,花序梗被绒毛;总苞宽钟状,**边花舌片黄色**;管状花多数,花冠黄色。瘦果圆柱形,冠毛白色。花期 1—12 月。

生于林缘、溪边、草坡、田边。

1	2
3	4	5
6	7	8

1、植株 2、茎被毛 3、复伞房花序 4、头状花序背面观 5、假舌状花

6、叶片背面被毛 7、头状花序正面观 8、管状花（筒状花）

菊科 Asteraceae（Compositae）· 合耳菊属 *Synotis*

锯叶合耳菊

Synotis nagensium（C.B.Clarke）C.Jeffrey & Y.L.Chen

亚灌木。茎直立，密被绒毛。叶具短柄，椭圆形，边缘具细至粗具小尖锯齿或重锯齿，**两面被绒毛**。**头状花序**排列成**圆锥状聚伞花序**，花序梗密被绒毛；总苞倒锥状钟形，边缘小花12—13，**花冠黄色**；管状花12—20。瘦果圆柱形，冠毛白色。花期8月至翌年3月。

生于森林、灌丛及草地。**缙云山新记录植物**。

1	2
3	6
4	5	7

1、植株 2、叶正面和背面 3、叶背面被毛 4、茎上部叶

5、圆锥花序 6、头状花序正面观 7、头状花序侧面观

菊科 Asteraceae（Compositae）·蒲公英属 *Taraxacum*

蒲公英(灯笼草、黄花地丁)

***Taraxacum mongolicum* Hand.-Mazz.**

根圆柱形。植株具乳汁。叶狭倒披针形,**羽状分裂**,裂片三角形,有蛛丝状毛或近无毛。**头状花序单生花葶顶端**,被蛛丝状毛;总苞片先端具角状突起;舌状花鲜黄色,具紫红色条纹。瘦果褐色,有纵棱与横瘤;冠毛白色。花果期 3—5 月。

生于路旁、山坡草丛等。

1	2
3	5	6
4		7

1、植株 2、花序 3、花 4、花部放大

5、果序 6、头状花序 7、菊果

菊科 Asteraceae（Compositae）· 黄鹌菜属 *Youngia*

黄鹌菜

Youngia japonica (L.) DC.

一年生草本。**植株有乳汁**,被柔毛。**基生叶大头羽状深裂或全裂**,叶柄有翼,顶裂片卵形,侧裂片 3—7 对;无茎叶或极少有 1—2 枚茎生叶,与基生叶同形。头状花序含 10—20枚舌状小花,在茎枝顶端排成伞房花序,花序梗细。总苞圆柱状,总苞片 4 层,宽卵形;舌状小花黄色。瘦果纺锤形,压扁。花果期 4—10 月。

生于耕地、路边。

1	2
3	5 6
4	7

1、植株及生境 2、叶 3、花序 4、头状花序正面观
5、植株 6、茎 7、头状花序侧面观

菊科 Asteraceae（Compositae）· 黄鹌菜属 *Youngia*

戟叶黄鹌菜

***Youngia longipes*（Hemsl.）Babc. & Stebbins**

一年生草本,**植株有乳汁**。叶形变化较大,基生叶有长柄,叶片**心状戟形**；中上部茎叶**大头羽状全裂**。头状花序在茎顶端排成伞房圆锥花序,含 15—20 枚黄色舌状小花；总苞圆柱状,总苞片 4 层。瘦果纺锤状。花果期 6 月。

生于路边。

1	2	1、植株及生境 2、植株 3、叶 4、花序
	3	
4	5 6	5、头状花序正面观 6、头状花序侧面观

菊科 Asteraceae（Compositae）· 斑鸠菊属 *Vernonia*

南川斑鸠菊

***Vernonia bockiana* Diels**

落叶灌木。小枝被灰色绒毛。叶互生，长圆状披针形，下面被灰色柔毛和白色腺点；叶柄粗壮，密被绒毛。**头状花序**，有 8—13 朵小花；总苞球形或半球形，总苞片顶端钝或圆形；花冠筒状，淡红紫色。瘦果近圆柱形，冠毛白色。花期 8—11 月。

生于山坡灌丛或林缘。

1、植株 2、叶 3、花序 4、茎 5、头状花序

菊科 Asteraceae（Compositae）· 斑鸠菊属 *Vernonia*

毒根斑鸠菊

***Vernonia cumingiana* Benth.**

攀援灌木。枝圆柱形,被**锈色或灰褐色密绒毛**。叶厚纸质,卵状长圆形,全缘或稀具疏浅齿,叶下面被疏或较密的锈色短柔毛,两面均有树脂状腺。**头状花序**通常在枝端或上部排成**圆锥花序**；总苞卵状球形或钟状,总苞片 5 层,覆瓦状排列；**花淡红或淡红紫色**,花冠管状,裂片线状披针形。瘦果近圆柱形,冠毛红色或红褐色。花期 10 月至翌年 4 月。

生于疏林中；**根含斑鸠菊碱,有毒**。

1、植株 2、叶 3、枝正面 4、枝背面 5、花枝 6、部分花序 7、花及冠毛

五福花科 Adoxaceae（忍冬科 Caprifoliaceae）· 接骨草属 *Sambucus*

接骨草（臭草）

***Sambucus javanica* Blume**
=*Sambucus chinensis* Lindl.

多年生草本至半灌木。枝叶腐烂后发出臭味，又名"**臭草**"。具地下根茎；枝髓白色。**羽状复叶、对生**，小叶 3—9 片；小叶草质，对生或近对生，长圆状披针形，两侧略不对称。**顶生复伞房状花序**；除能育花外，散生有**不育花**变成的**杯状肉质黄色腺体**；花冠辐状，白色，5裂；雄蕊 5 枚；柱头 3 裂。浆果状核果球形，鲜亮红色。花果期 6—10 月。

生于林缘、路边、沟边。

1、植株 2、羽状复叶 3、花序 4、花 5、果

五福花科 Adoxaceae（忍冬科 Caprifoliaceae）· 荚蒾属（荚樾属）*Viburnum*

金佛山荚蒾（金山荚樾、羊屎条）

***Viburnum chinshanense* Graebn.**

常绿灌木，植株被绒毛。叶对生，厚纸质，矩圆形。**聚伞花序**，花通常有短柄；萼筒矩圆状卵圆形，多少被簇状毛；**花冠白色**；雄蕊略高出花冠。果实长圆状卵圆形，先红色后变黑色；核甚扁，有 2 条背沟和 3 条腹沟。花期 4—5 月，果熟期 7 月。

生于山坡疏林或灌丛中。

1	2
	3
4	5	6
		7

1、植株 2、叶背面被毛 3、幼嫩果 4、花序

5、茎被毛 6、花侧面观 7、成熟果实

五福花科 Adoxaceae（忍冬科 Caprifoliaceae）· 荚蒾属（荚樾属）*Viburnum*

宜昌荚蒾（宜昌荚樾）

Viburnum erosum Thunb.

落叶灌木。当年小枝连同叶和花序被簇状短毛和简单长柔毛，二年生小枝无毛。**叶对生**，纸质，边缘有波状小尖齿。**复伞形式聚伞花序**生于具 1 对叶的侧生短枝之顶；萼筒筒状；**花冠白色**，裂片圆卵形。**果实红色**，宽卵圆形；核扁，具 3 条浅腹沟和 2 条浅背沟。花期4—5 月，果熟期 8—10 月。

生于山坡林下或灌丛中。

1、植株 2、叶正面观 3、花序 4、花侧面观 5、幼嫩果序

五福花科 Adoxaceae（忍冬科 Caprifoliaceae）· 荚蒾属（荚樑属）*Viburnum*

三叶荚蒾（三叶荚樑）

Viburnum ternatum Rehder

常绿小乔木。幼枝被柔毛。叶对生，近革质，花序下方**常 3 叶轮生**，长圆形，先端短渐尖，基部楔形，**全缘或近先端有少数粗齿**。**花序顶生，复伞形状**，各辐射枝直接自顶端叶腋间抽出；萼齿状，有白色缘毛；花冠短钟状或辐状，白色。果椭圆形。花期 5—7 月，果熟期 10—11 月。

生于阔叶林下。

1、植株 2、枝条 3、叶 4、果序及果

忍冬科 Caprifoliaceae · 忍冬属 *Lonicera*

菰腺忍冬（红腺忍冬）

Lonicera hypoglauca Miq.

落叶藤本。植株被淡黄褐色短柔毛。**叶对生**，纸质，卵形至卵状矩圆形，**下面有黄色至桔红色蘑菇形腺**。双花单生至多朵集生于侧生短枝上；**花冠唇形**，**白色**。果实熟时黑色，近圆形，有时具白粉。花期 4—6 月，果熟期 10—11 月。

生于灌丛或疏林中。

1-2、植株 3、花序 4、叶背面 5、花

忍冬科 Caprifoliaceae · 忍冬属 *Lonicera*

忍冬（金银花）

Lonicera japonica Thunb.

半常绿藤本。幼枝红褐色，密被糙毛、腺毛和短柔毛。**叶对生**，纸质，卵形至矩圆状卵形，基部圆或近心形。总花梗密被短柔毛并夹杂腺毛；苞片大，叶状；小苞片有短糙毛和腺毛；萼筒顶端尖而有长毛；**花冠二唇形，白色**，后变黄色。果实圆形，熟时蓝黑色。花期4—6月，果熟期10—11月。

生于山坡灌丛、路旁等，**花入药**。

1	2
3	4
	5

1-2、花枝 3、花序 4、枝条 5、花蕾

忍冬科 Caprifoliaceae（败酱科 Valerianaceae）· 败酱属 *Patrinia*

攀倒甑（白花败酱）

Patrinia villosa（Thunb.）Dufr.

多年生草本。**基生叶丛生**，叶片卵形，边缘具粗钝齿，基部楔形下延，不分裂或大头羽状深裂；**茎生叶对生**，与基生叶同形。**聚伞花序**组成顶生圆锥花序或伞房花序；花萼小，萼齿5；花冠钟形，白色，5深裂；雄蕊4，伸出；子房下位。**瘦果基部贴生在增大的圆翅状膜质苞片上**。花期8—10月，果期9—11月。

生于山坡、路旁。

1	2
	3
4	5	6
		7

1、植株 2、叶 3、茎 4-5、花序
6、花侧面观 7、花正面观

五加科 Araliaceae · 五加属 *Eleutherococcus*

白簕(三叶五加、白刺藤、刺三加)

Eleutherococcus trifoliatus (L.) S.Y.Hu

攀援状灌木。**枝疏生下向钩刺**。掌状复叶有小叶 3 片,中间小叶椭圆状卵形,**两侧小叶基部偏斜**,边缘有锯齿。**伞形花序组成顶生的圆锥花序**,花黄绿色;萼缘有 5 齿;花瓣 5 瓣。果实扁球形,黑色。花期 8—10 月。

生于村落,山坡路旁、林缘和灌丛中。

1	2
	4
3	5

1、植株 2、叶正面 3、花序 4、叶背面 5、花序

四、被子植物 Angiospermae

五加科 Araliaceae · 常春藤属 *Hedera*

常春藤(三角枫)

***Hedera nepalensis* var. *sinensis*(Tobler)Rehder**

攀援藤本。有气生根。叶片革质,不育枝上通常**三角状卵形**,全缘或 3 裂;花枝上叶常为**椭圆状卵形**,全缘。**伞形花序单个顶生**,或 2—7 个排列成圆锥花序;花淡黄白色或淡绿白色;萼筒被有棕色鳞片;花瓣 5 瓣;雄蕊 5 枚;子房 5 室。果实球形,花柱宿存。花期 9—11 月,果期次年 3—5 月。

常攀援于林缘树木、林下路旁、岩石和房屋墙壁上。

$\dfrac{1}{2 \mid 3}$ 1、植株及花序 2、果序(未成熟)3、果序(成熟)

五加科 Araliaceae（伞形科 Umbelliferae）· 天胡荽属 *Hydrocotyle*

红马蹄草

***Hydrocotyle nepalensis* Hook.**

多年生匍匐草本。节上生根。单叶互生，**圆形或肾形**，基部心形，边缘掌状 5—9 裂，裂片三角形；叶片两面及叶柄均被短柔毛，背面多少呈紫红色。伞形花序数个簇生茎端叶腋；花无萼齿；花瓣白色。**双悬果**近圆形，具宿存的短花柱。花果期 6—10 月。

生于林下路边。

<table>
<tr><td>1</td><td>2</td></tr>
<tr><td>3</td><td>4</td></tr>
</table>

1、植株及生境 2、叶背面 3、果 4、叶

五加科 Araliaceae（伞形科 Umbelliferae）· 天胡荽属 *Hydrocotyle*

天胡荽

Hydrocotyle sibthorpioides Lam.
多年生**匍匐草本**。叶柄细长，无叶鞘，有薄膜质小托叶；**叶片圆形，全缘或有掌状分裂**。
单伞形花序腋生；花白色、绿色或黄色；萼齿很小；花瓣卵形。果实圆形。花果期 4—9 月。
生于湿润草地、路边；【荽 suī】。

1、植株及生境 2、植株 3、叶 4、果

五加科 Araliaceae · 鹅掌柴属 *Schefflera*

穗序鹅掌柴

Schefflera delavayi (**Franch.**) **Harms**

常绿小乔木。幼枝密生黄棕色星状绒毛。**掌状复叶**，有小叶 4—7 片，小叶椭圆状，**下面密生星状绒毛**，**全缘**或有不规则的牙齿。花无梗或近无梗，**穗状花序**再组成大形的**圆锥花序**，密生星状绒毛；花白色，花瓣 5 瓣；雄蕊 5 枚。果实球形，紫黑色。花期 10—11 月。

生于常绿阔叶林中。

1、植株 2、叶 3、圆锥花序 4、穗状花序

伞形科 Apiaceae（Umbelliferae）·积雪草属 *Centella*

积雪草（马蹄草）

Centella asiatica **(L.) Urb.**

多年生草本。**茎匍匐**，节上生根。叶肾形或马蹄形，又名"马蹄草"，边缘有牙齿，基部阔心形。**伞形花序**单生或几个簇生叶腋；有总苞片 2 片；**伞形花序**常有花 3 朵，中间的花无梗；花瓣卵形，紫红色。果实扁圆形。花果期 4—10 月。

生于路边。

1	2
3	4	5
6	7	8

1、植株及生境 2、叶 3、植株 4-5、花

6、根 7、果序 8、果

伞形科 Apiaceae（Umbelliferae）· 细叶旱芹属 *Cyclospermum*

细叶旱芹

Cyclospermum leptophyllum（Pers.）Sprague ex Britton & P.Wilson

一年生草本。茎多分枝,光滑。根生叶有柄,基部边缘略**扩大成膜质叶鞘**;基生叶 **3 至4 回羽状多裂**,茎生叶通常三出式羽状多裂,裂片线形。复伞形花序顶生或腋生,伞辐2—5;花萼无萼齿,花瓣白色、绿白色或略带粉红色。果实圆心脏形。花期 5 月,果期6—7 月。

生于耕地、路边。**缙云山新记录植物。**

1	
2	3

1、植株 2、花序及叶 3、果

伞形科 Apiaceae · 鸭儿芹属 *Cryptotaenia*

鸭儿芹（土当归、山鸭脚板）

Cryptotaenia japonica Hassk.

多年生草本。**茎呈二叉分枝**。叶片广卵形，3 片小叶，中间小叶菱状倒卵形，基部楔形，两侧小叶片斜卵形，全部小叶片边缘有重锯齿或浅裂；基部叶柄较长，茎上部叶无柄。**复伞形花序圆锥状**，总苞片 1 片，线形；伞辐 2—3 枝；小伞花序有花 2—4 朵。**果线状长圆形**。花果期 4—12 月。

生于湿润林下、路边、沟边。

1、植株及生境 2、叶 3、花序 4、花 5、果

伞形科 Apiaceae（Umbelliferae）· 胡萝卜属 *Daucus*

野胡萝卜

***Daucus carota* L.**

二年生草本。**植物体被粗硬毛**,根肉质。**叶二至三回羽状全裂**,最终裂片条形至披针形。**复伞形花序**,梗长达30厘米,**被倒糙硬毛**;**总苞片多数、叶状,羽状分裂、反折**;小总苞片线形;伞辐多数,结果时伞缘的伞辐向内弯折;花白色、黄色或淡红色。果实卵圆形。花果期5—9月。

分布于向阳山坡、路边。

1、花序 2、叶 3、果序 4、植株（果期）

伞形科 Apiaceae（Umbelliferae）· 变豆菜属 *Sanicula*

天蓝变豆菜

Sanicula caerulescens Franch.

多年生草本。**基生叶掌状 3 裂或 3 片小叶**，裂片边缘有带小刺毛的锯齿。**假总状花序**，侧生的伞形花序近簇生，每簇有伞辐 2—7 枝；总苞片卵状披针形，小总苞片线形；小伞形花序有雄花 4—6 朵，有梗，两性花 1 朵，无梗，花瓣淡蓝色。果实圆筒状卵形或球形，表面有短直的皮刺。花果期 3—6 月。

生于林下、路边。

1、植株及生境 2、植株 3、叶正面
4、叶背面 5、花序 6、花部细节 7、果序

伞形科 Apiaceae（Umbelliferae）· 窃衣属 *Torilis*

窃衣

***Torilis scabra*（Thunb.）DC.**

草本。茎有纵条纹及刺毛。叶片长卵形，**1—2 回羽状分裂**；叶下部有叶鞘。**复伞形花序**顶生或腋生；伞辐 4—12，小伞形花序有花 4—12。果实圆卵形，被钩状皮刺。花果期 4—10 月。

生于路边。

1、植株及生境 2、叶 3、花序 4、果序 5、果

中名索引

A

阿福花科	120
阿拉伯婆婆纳	468
阿萨姆蓼	356
矮八爪金龙	390
矮茶风	394
矮桐子	480
艾纳香属	523
安息香科	418
安息香属	419
凹叶景天	163

B

八角枫	374
八角枫科	374
八角枫属	374
八角莲	147
巴豆	285
巴豆属	285
巴戟天属	437
菝葜	113
菝葜科	113
菝葜属	113
霸王七	381
白背枫	469
白背鼠麴草	529

白车轴草	195
白刺藤	552
白花败酱	551
白花紫露草	128
白酒草	530
白酒草属	530
白簕	552
白栎	265
白麻	326
白马骨	443
白马骨属	443
白毛新木姜子	98
白木通	142
白檀	415
白英	458
百合科	111-113、118、120、123
百金花	446
百金花属	446
百两金	392
柏科	83
败酱科	551
败酱属	551
斑地锦	287
斑鸠菊属	543
斑鸠站	491
板栗	261
半边莲	511
半边莲属	511

半蒴苣苔属	464	菖蒲属	101
半夏	106	常春藤属	553
半夏属	106	常春藤属	553
蚌壳蕨科	26	常春油麻藤	191
棒头南星	103	常山	378
薄唇蕨属	78	常山属	378
薄果猴欢喜	283	车前	465
薄叶卷柏	4	车前科	465
报春花科	389	车前属	465
北碚猴欢喜	283	车轴草属	195
北京铁角蕨	51	秤钩风	145
被子植物	85	秤钩风属	145
蓖麻	292	齿果酸模	340
蓖麻属	292	齿牙毛蕨	53
边缘鳞盖蕨	33	齿叶费菜	161
萹蓄	345	齿叶黑桫椤	27
萹蓄属	343	齿叶景天	161
变豆菜属	561	齿叶冷水花	254
滨繁缕	358	赤车	248
秉氏润楠	96	赤车属	248
伯乐树	332	翅果菊	533
伯乐树科	332	翅果菊属	533
伯乐树属	332	翅茎冷水花	256
驳骨丹	469	翅轴蹄盖蕨	61
		臭黄荆	491
C		臭牡丹	480
		臭荠	336
蚕茧蓼	354	臭荠属	336
草木犀	189	楮	233
草木犀属	189	川鄂紫菀	517
草珊瑚	100	川楝	325
草珊瑚属	100	川莓	219
侧耳根	85	川杨桐	383
茶	409	川云实	173
茶茱萸科	425	垂穗石松	2
檫木	99	垂穗石松属	2
檫木属	99	垂序商陆	369
菖蒲科	101	唇形科	475

慈姑	109	单行耳蕨	74
慈姑属	109	单行贯众	74
刺金瓜	460	倒挂铁角蕨	50
刺壳花椒	323	倒心叶珊瑚	428
刺梨	210	灯笼草	455、483、540
刺木通	179	灯台树	375
刺茄子	460	地耳草	305
刺三加	552	地胡椒	451
刺桐	179	地锦苗	141
刺桐属	179	地茄子	512
丛枝蓼	350	地青杠	394
粗齿桫椤	27	地桃花	328
粗糠柴	289	滇南乌口树	444
粗糠树属	449	滇重楼	111
粗叶木属	436	点地梅	389
翠雀属	149	点地梅属	389
翠云草	8	叠珠树科	332
		丁香蓼属	309
D		顶芽狗脊	60
		顶芽狗脊蕨	60
打破碗花花	148	东方蓼	349
打碗花	452	东风草	523
打碗花属	452	冬红蛇菰	337
大车前	467	冬青科	506
大对月草	306	冬青属	506
大果冬青	508	豆腐柴属	491
大化蓼	354	豆科	169
大花枇杷	202	毒根斑鸠菊	544
大戟科	284、296	独行菜属	335
大戟属	287	杜茎山	403
大麻科	229	杜茎山属	403
大青属	480	杜鹃	422
大头茶属	411	杜鹃花科	421
大叶桂樱	204	杜鹃花属	421
大叶拿身草	177	杜英科	282
大叶女贞	461	杜英属	282
丹麻杆属	286	杜仲科	426
单瓣缫丝花	210	杜仲	426

杜仲属	426	粉背蕨属	39
短肠蕨属	64	粉团蔷薇	208
短刺米槠	262	粉叶新木姜子	98
短梗亮叶冬青	509	风轮菜属	482
短蕊万寿竹	112	覃树科	155
短药野木瓜	143	枫香属	155
椴树科	327	枫香树	155
对囊蕨属	63	枫香树属	155
钝药野木瓜	143	枫杨	270
钝叶柃	386	枫杨属	270
盾果草	450	凤尾蕨	42
盾果草属	450	凤尾蕨科	36
盾蕨属	79	凤尾蕨属	42
多花胡枝子	185	凤尾棕	29
多花堇菜	302	凤仙花	380
多穗石栎	264	凤仙花科	380
多序楼梯草	243	凤仙花属	380
		伏地卷柏	7

E

		伏毛肥肉草	313
峨眉姜花	132	拂子茅属	135
峨眉双蝴蝶	445	浮萍科	107
峨眉异药花	313	福建观音座莲	13
娥眉鼠刺	159	福建莲座蕨	13
鹅儿肠	359	附地菜	451
鹅掌柴属	556	附地菜属	451
耳草属	434	复叶耳蕨属	65
耳蕨属	74	复羽叶栾树	320

F   **G**

		岗柃	384
翻白草	205	杠板归	351
繁缕	359	杠香藤	290
繁缕属	358	高八爪金龙	391
饭包草	125	高八爪龙	392
梵天花属	328	高桐子	481
防己科	144	革命草	366
费菜属	161	革叶猕猴桃	420

葛	192	鬼针草	520
葛菌	337	鬼针草属	520
葛属	192	贵州琼楠	88
葛藤	192	贵州鼠李	227
弓果黍	134	桂樱属	204
弓果黍属	134	过路黄	398
勾儿茶属	224	过壇龙	37
狗地菜	456		
狗肝菜属	502	**H**	
狗脊	59		
狗脊蕨	59	海金沙	19
狗脊属	59	海金沙科	19
枸杞	456	海金沙属	19
枸杞菜	456	海州常山属	481
枸杞属	456	海洲常山	481
构属	233	寒莓	212
构树	234	薸菜属	334
菰腺忍冬	549	杭子梢	176
鼓子花	453	杭子梢属	176
拐枣	225	禾本科	134
观音座莲科	13	禾串树	297
观音座莲属	13	禾叶山麦冬	123
管茎过路黄	400	合耳菊属	539
贯叶蓼	351	合欢属	170
贯众	70	合萌	169
贯众属	70	合萌属	169
罐罐草	513	合囊蕨科	13
光滑高粱泡	214	何首乌	343
光亮山矾	416	何首乌属	343
光蹄盖蕨	62	河北木蓝	182
光叶粗糠树	449	黑壳楠	90
光叶高粱泡	214	黑毛四照花	377
光叶蝴蝶草	473	黑桫椤属	27
光叶山矾	414	红翅槭	319
光枝勾儿茶	224	红豆杉科	84
广东薸菜	334	红豆杉属	84
广东山胡椒	91	红盖鳞毛蕨	72
鬼臼属	147	红果黄肉楠	87

红果树属	223	虎杖属	357
红寒药	445	花斑竹	357
红花酢浆草	281	花点草属	246
红火麻	244	花椒属	322
红蓼	349	花脸细辛	86
红马蹄草	554	花蘑芋	102
红毛悬钩子	221	花楸属	222
红色新月蕨	57	花叶青木	429
红雾水葛	258	华东瘤足蕨	23
红腺忍冬	549	华南黑桫椤	28
红腺悬钩子	220	华南楼梯草	241
红枣	228	华南云实	173
红紫珠	477	华夏慈姑	109
猴耳环属	172	华中栝楼	275
猴欢喜属	283	华中瘤足蕨	24
厚果崖豆藤	190	化香树	269
厚壳桂属	89	化香树属	269
厚壳树属	449	桦木科	271
忽地笑	121	桦木属	271
胡萝卜属	560	槐蓝属	182
胡桃科	268	槐叶蘋	22
胡枝子属	184	槐叶蘋科	21
葫芦科	273	槐叶蘋属	22
湖北凤仙花	381	黄鹌菜	541
槲蕨	76	黄鹌菜属	541
槲蕨科	76	黄常山	378
槲蕨属	76	黄常山属	378
蝴蝶草属	473	黄构	331
蝴蝶花	119	黄花地丁	540
虎刺属	431	黄花石蒜	121
虎耳草	160	黄猄草属	504
虎耳草科	159、160、378	黄牛奶树	413
虎耳草属	160	黄杞	268
虎皮楠	158	黄杞属	268
虎皮楠科	158	黄芩属	493
虎皮楠属	158	黄琼草	504
虎尾铁角蕨	49	黄肉楠属	87
虎杖	357	黄亚麻	304

灰脉复叶耳蕨　　　　　66
茴茴蒜　　　　　　　150
活血丹　　　　　　　484
活血丹属　　　　　　484
火棘　　　　　　　　206
火棘属　　　　　　　206
火炭母　　　　　　　346
藿香蓟　　　　　　　515
藿香蓟属　　　　　　515

J

鸡儿肠　　　　　　　516
鸡矢藤　　　　　　　441
鸡矢藤属　　　　　　441
鸡血藤属　　　　　　175
鸡眼草　　　　　　　183
鸡眼草属　　　　　　183
积雪草　　　　　　　557
积雪草属　　　　　　557
姬蕨　　　　　　　　32
姬蕨科　　　　　　　32
姬蕨属　　　　　　　32
蕺菜　　　　　　　　85
蕺菜属　　　　　　　85
戟叶黄鹤菜　　　　　542
戟叶堇菜　　　　　　300
檵木　　　　　　　　157
檵木属　　　　　　　157
夹竹桃科　　　　　　447
荚蒾属　　　　　　　546
荚棳属　　　　　　　546
假鞭叶铁线蕨　　　　38
假糙苏　　　　　　　489
假糙苏属　　　　　　489
假柴龙树属　　　　　425
假粗毛鳞盖蕨　　　　34
假瘤蕨属　　　　　　81

假柳叶菜　　　　　　309
假脉蕨属　　　　　　15
假酸浆　　　　　　　454
假酸浆属　　　　　　454
假蹄盖蕨属　　　　　63
假奓包叶　　　　　　286
尖距紫堇　　　　　　141
尖叶清风藤　　　　　154
剑叶凤尾蕨　　　　　43
箭杆柯　　　　　　　264
箭秆风　　　　　　　130
江南卷柏　　　　　　6
江南星蕨　　　　　　79
江南越橘　　　　　　424
江南紫金牛　　　　　393
姜花属　　　　　　　132
姜科　　　　　　　　130
交让木科　　　　　　158
绞股蓝　　　　　　　273
绞股蓝属　　　　　　273
接骨草　　　　　　　545
接骨草属　　　　　　545
结缕草属　　　　　　138
截叶铁扫帚　　　　　184
金粉蕨属　　　　　　41
金佛山荚蒾　　　　　546
金鸡脚假瘤蕨　　　　81
金兰　　　　　　　　117
金缕梅科　　　　155、156
金毛狗　　　　　　　26
金毛狗蕨　　　　　　26
金毛狗科　　　　　　26
金毛狗属　　　　　　26
金钱豹　　　　　　　510
金钱豹属　　　　　　510
金钱草　　　　　398、484
金钱蒲　　　　　　　101
金荞　　　　　　　　342

金荞麦 342
金山荚蒾 546
金丝桃科 305
金丝桃属 305
金粟兰科 100
金线吊葫芦 167
金腺荚 479
金星蕨 55
金星蕨科 53
金星蕨属 55
金银花 550
金樱子 207
金盏银盘 522
金珠柳 404
筋骨草属 475
堇菜科 300
堇菜属 300
锦葵科 326
锦香草属 311
近轮叶木姜子 93
缙云赤车 250
缙云冬青 507
缙云狗脊蕨 59
缙云猴欢喜 283
缙云黄芩 494
缙云瘤足蕨 23
缙云木姜子 93
缙云琼楠 88
缙云秋海棠 277
缙云瑞香 329
缙云四照花 377
缙云甜茶 264
缙云卫矛 279
缙云紫金牛 395
缙云紫珠 478
荆芥属 488
旌节花科 316
旌节花属 316
井栏边草 44
景天科 161
景天属 161、162
九管血 390
救荒野豌豆 197
桔梗科 510
菊科 514
矩圆石韦 80
矩圆叶鼠刺 159
锯叶合耳菊 539
聚花过路黄 399
卷柏科 4
卷柏属 4
卷耳属 362
卷子树 293
蕨 35
蕨科 35
蕨类植物 9
蕨属 35
爵床 503
爵床科 502
爵床属 503

K

栲 263
栲属 262
柯属 264
壳斗科 261
空心泡 218
苦苣苔科 464
苦木科 324
苦木属 324
苦皮树 324
苦树 324
苦树属 324
苦蘵 455
宽瓣重楼 111

宽片狗脊蕨	60	莲子草属	366
栝楼属	274	莲座蕨属	13
阔叶山麦冬	124	镰叶瘤足蕨	25
		镰羽复叶耳蕨	67
L		楝	325
		楝科	325
拉拉藤	432	楝属	325
拉拉藤属	432	亮叶猴耳环	172
腊莲绣球	379	亮叶桦	271
蜡莲绣球	379	蓼科	339
辣蓼	353	蓼属	343
辣子草	528	裂叶荨麻	260
楝木属	375	临时救	399
兰科	117	鳞盖蕨属	33
蓝花参	513	鳞毛蕨	72
蓝花参属	513	鳞毛蕨科	65
蓝叶藤	447	鳞毛蕨属	71
狼杷草	521	鳞始蕨科	30
老鹳草属	307	鳞始蕨属	30
老荫茶	92	柃木属	384
冷水花属	252	柃属	384
犁头草	303	菱叶冠毛榕	235
犁头尖	108	菱叶鹿藿	193
犁头尖属	108	琉璃草	448
篱打碗花	453	琉璃草属	448
藜芦科	111	瘤果茶	410
李氏琼楠	89	瘤足蕨	25
李属	200、204	瘤足蕨科	23
里白	18	瘤足蕨属	23
里白科	16	柳叶菜科	309
里白属	17	柳叶红茎黄芩	496
鳢肠	527	六耳铃	524
鳢肠属	527	龙胆科	445
利川润楠	97	龙葵	459
栎属	265	龙牙草属	199
栗	261	龙芽草	199
栗属	261	楼梯草属	241
莲子草	367	鹿藿	194

鹿藿属	193	马甲子	226
路边青属	203	马甲子属	226
栾属	320	马兰	516
栾树属	320	马兰属	516
卵瓣还亮草	149	马蓝属	504
卵果蕨属	56	马蓼	352
轮环藤	144	马桑	272
轮环藤属	144	马桑科	272
罗浮枫	319	马桑属	272
罗浮槭	319	马尾松	82
罗浮柿	388	满江红	21
罗伞树	395	满江红科	21
萝摩科	447	满江红属	21
裸子植物	82	蔓赤车	251
落地梅	402	蔓茎堇菜	301
落葵科	371	蔓龙胆	445
落葵薯	371	芒萁	16
落葵薯属	371	芒萁属	16
绿花卫矛	279	芒属	136
绿穗苋	364	牻牛儿苗科	307
葎草	230	毛豹皮樟	92
葎草属	230	毛柄短肠蕨	64
		毛柄双盖蕨	64
M		毛柴胡	518
		毛丹麻杆	286
麻柳	270	毛茛科	148
马比木	425	毛茛属	150
马鞭草	505	毛梗僊荙	537
马鞭草科	476、491、505	毛梗豨莶	537
马鞭草属	505	毛花点草	246
马鞭梢	505	毛鸡矢藤	441
马？儿属	276	毛蕨属	53
马齿苋	373	毛脉南酸枣	317
马齿苋科	373	毛蕊枪叶连蕊茶	408
马齿苋属	373	毛桐	288
马兜铃科	86	毛杨梅	267
马棘	182	毛叶丁香	463
马甲菝葜	115	毛叶对囊蕨	63

毛叶木姜子	95
毛轴假蹄盖蕨	63
毛轴碎米蕨	40
毛柱瑞香	330
茅莓	217
美洲商陆	369
迷人鳞毛蕨	71
猕猴桃科	420
猕猴桃属	420
米饭花	424
米汤花	470
密齿酸藤子	396
密脉木	439
密脉木属	439
密蒙花	470
面根藤	452
膜蕨科	15
磨芋	102
磨芋属	102
魔芋	102
母草科	471
母草属	471
木荷	412
木荷属	412
木姜叶柯	264
木姜子属	92
木蓝属	182
木通科	142
木通属	142
木犀科	461
木贼科	9
木贼属	9
苜蓿属	188

N

南川斑鸠菊	543
南方红豆杉	84
南国田字草	20
南宁虎皮楠	158
南蛇藤属	278
南酸枣属	317
楠木	96
尼泊尔老鹳草	308
尼泊尔蓼	347
泥花草	471
拟鳞瓦韦	77
拟鼠麴草	534
拟鼠麴草属	534
牛轭草	127
牛奶菜属	447
牛茄子	460
牛膝	365
牛膝菊	528
牛膝菊属	528
牛膝属	365
钮子瓜	276
糯米团	245
糯米团属	245
女贞	461
女贞属	461

O

欧洲凤尾蕨	42

P

排风藤	458
攀倒甑	551
披散木贼	10
披散问荆	10
披针新月蕨	58
枇杷属	202
瓶尔小草	11
瓶尔小草科	11

瓶尔小草属　　　　　11
蘋　　　　　　　　　20
蘋科　　　　　　　　20
蘋属　　　　　　　　20
婆婆纳属　　　　　468
匍匐通泉草　　　　499
匍茎通泉草　　　　499
葡萄科　　　　　　165
蒲儿根　　　　　　538
蒲儿根属　　　　　538
蒲公英　　　　　　540
蒲公英属　　　　　540
蒲桃属　　　　　　310
朴属　　　　　　　229
朴树　　　　　　　229
普通针毛蕨　　　　 54

Q

七里香　　　　　　469
七星莲　　　　　　301
漆树科　　　　　　317
槭科　　　　　　　319
槭属　　　　　　　319
千里光　　　　　　535
千里光属　　　　　535
钱蒲　　　　　　　101
茜树　　　　　　　430
茜草科　　　　　　430
茜树属　　　　　　430
蔷薇科　　　　　　199
蔷薇属　　　　　　207
荞麦属　　　　　　342
茄科　　　　　　　454
茄属　　　　　　　457
窃衣　　　　　　　562
窃衣属　　　　　　562
青城细辛　　　　　 86

青江藤　　　　　　278
青荚　　　　　　　363
青荚属　　　　　　363
清风藤科　　　　　154
清风藤属　　　　　154
苘麻　　　　　　　326
苘麻属　　　　　　326
箐姑草　　　　　　361
琼楠属　　　　　　 88
秋分草　　　　　　519
秋分草属　　　　　519
秋海棠科　　　　　277
秋海棠属　　　　　277
秋水仙科　　　　　112
球序卷耳　　　　　362
曲边线蕨　　　　　 78
曲毛赤车　　　　　249
全缘栝楼　　　　　274
雀稗属　　　　　　137
雀舌草　　　　　　358

R

荛花属　　　　　　331
忍冬　　　　　　　550
忍冬科　　　　　545、551
忍冬属　　　　　　549
日本粗叶木　　　　436
日本杜英　　　　　282
日本金粉蕨　　　　 41
日本瘤足蕨　　　　 23
日本蛇根草　　　　440
日本五月茶　　　　296
绒毛红果树　　　　223
绒叶木姜子　　　　 94
榕属　　　　　　　235
榕叶冬青　　　　　506
柔毛路边青　　　　203

肉穗菜	314	山菅	120
肉穗草	314	山菅兰属	120
肉穗草属	314	山菅属	120
瑞香科	329	山姜	130
瑞香属	329	山姜属	130
润楠	96	山冷水花	252
润楠属	96	山蚂蝗属	177
		山麦冬属	123
S		山莓	213
		山乌桕	294
洒金榕	429	山鸭脚板	559
僊苤属	537	山芫荽	526
三白草科	85	山芫荽属	526
三翅铁角蕨	48	山茱萸科	374、427
三花冬青	509	山茱萸属	375
三角枫	553	杉科	83
三裂蛇葡萄	165	杉木	83
三脉紫菀	518	杉木属	83
三叶莛蓂	548	珊瑚樱	457
三叶莛樱	548	陕西短柱茶	406
三叶五加	552	扇叶铁线蕨	37
三叶崖爬藤	167	商陆	368
伞房花耳草	434	商陆科	368
伞形科	554、557	商陆属	368
桑科	230、233	蛇倒退	351
缫丝花	210	蛇根草属	440
森氏盾果草	450	蛇菰科	337
山茶科	383、406	蛇菰属	337
山茶属	406	蛇莓	201
山地凤仙花	382	蛇莓属	201
山矾	417	蛇爬柱	445
山矾科	413	蛇泡	201
山矾属	413	蛇葡萄属	165
山合欢	170	蛇足石杉	1
山胡椒属	90	深绿卷柏	5
山槐	170	肾蕨	75
山黄麻属	231	肾蕨科	75
山黄皮	430	肾蕨属	75

省沽油科	315	鼠刺科	159
胜红蓟	515	鼠刺属	159
十字花科	333	鼠李科	224
石柑属	105	鼠李属	227
石柑子	105	鼠麹草	534
石海椒	304	鼠麹草属	529、534
石海椒属	304	薯豆	282
石胡荽	525	薯莨	110
石胡荽属	525	薯蓣科	110
石灰花楸	222	薯蓣属	110
石灰树	222	树地瓜	235
石筋草	255	双盖蕨属	64
石栎属	264	双蝴蝶属	445
石龙芮	151	水花生	366
石荠苧属	487	水蓼	353
石杉科	1	水龙骨科	76
石杉属	1	水麻	239
石生繁缕	361	水麻属	239
石松	3	水苏	497
石松科	1	水苏属	497
石松类植物	1	水竹叶属	127
石松属	2	丝栗栲	263
石蒜	122	丝缨花科	426
石蒜科	121	四川大头茶	411
石蒜属	121	四川红淡	383
石韦	80	四川虎皮楠	158
石韦属	80	四川蒲桃	310
石岩枫	290	四川山矾	416
石竹科	358	四川山姜	131
实蕨科	69	四川檀梨	338
实蕨属	69	四川杨桐	383
柿科	387	四大天王	402
柿属	387	四块瓦	402
柿树科	387	四叶草	20
柿树属	387	四照花属	377
疏花车前	466	四子马蓝	504
疏花仙茅	118	四籽野豌豆	198
疏毛白绒草	485	松科	82

松属	82	天黄七	161
松叶蕨	12	天葵	153
松叶蕨科	12	天葵属	153
松叶蕨属	12	天蓝变豆菜	561
粟米草	370	天蓝苜蓿	188
粟米草科	370	天门冬科	123
粟米草属	370	天南星	104
酸浆属	455	天南星科	101、102
酸模属	339	天南星属	103
酸模叶蓼	352	天蓬草	358
酸藤子属	396	天青地白	529
酸味子	296	田麻	327
算盘子	298	田麻属	327
算盘子属	298	田皂角	170
碎米蕨属	40	贴骨散	448
碎米荠属	333	铁角蕨科	48
穗序鹅掌柴	556	铁角蕨属	48
桫椤	29	铁篱笆	226
桫椤科	27	铁马鞭	186、344
桫椤属	29	铁苋菜	284
桫椤属	27	铁苋菜属	284
		铁线蕨	36
T		铁线蕨科	36
		铁线蕨属	36
苔水花	254	铁仔	405
檀梨	338	铁仔属	405
檀梨属	338	通泉草	500
檀香科	338	通泉草属	499
棠叶悬钩子	215	通条树	316
糖果	207	铜锤草	281
桃金娘科	310	铜锤玉带草	512
桃叶珊瑚属	427	铜锤玉带草属	512
藤黄科	305	头花蓼	348
藤三七	371	头蕊兰属	117
蹄盖蕨科	61	透骨草	501
蹄盖蕨属	61	通泉草科	499
天胡荽	555	透骨草属	501
天胡荽属	554	凸角复叶耳蕨	67

土当归	559
土党参	510
土茯苓	114
土蜜树属	297
土人参	372、510
土人参科	372
土人参属	372
土三七	371
兔耳草	452
团扇蕨	15
团扇蕨属	15
团叶鳞始蕨	30
陀螺果	418
陀螺果属	418

W

瓦韦属	77
弯曲碎米荠	333
碗蕨科	35
碗蕨科	32
万寿竹属	112
网脉酸藤子	396
微毛血见愁	498
漳菜属	334
尾形复叶耳蕨	67
尾叶樱	200
尾叶樱桃	200
委陵菜属	205
卫矛科	278
卫矛属	279
蚊母树属	156
问荆	9
问荆属	9
莴苣属	533
乌冈栎	266
乌桕	293
乌桕属	293

乌蕨	31
乌蕨属	31
乌口树属	444
乌蔹莓	166
乌蔹莓属	166
乌毛蕨科	59
乌泡子	216
乌柿	387
污毛粗叶木	436
巫山繁缕	360
无柄爬藤榕	237
无刺檀梨	338
无患子	321
无患子科	319
无患子属	321
蜈蚣草	47
五福花科	545
五加科	552
五加属	552
五节芒	136
五列木科	383
五岭管茎过路黄	401
五月茶属	296
雾水葛	259
雾水葛属	258

X

西南复叶耳蕨	66
西南米槠	262
西南悬钩子	211
西域旌节花	316
稀羽鳞毛蕨	73
溪边凤尾蕨	46
豨莶属	537
习见蓼	344
喜旱莲子草	366
喜马山旌节花	316

细萼连蕊茶	408	小对月草	305
细风轮菜	482	小二仙草	164
细梗香草	397	小二仙草科	164
细辛属	86	小二仙草属	164
细叶旱芹	558	小黑桫椤	28
细叶旱芹属	558	小花黄堇	140
细叶结缕草	138	小花叶底红	311
细叶鼠麹草	529	小黄构	331
细圆藤	146	小蜡	463
细圆藤属	146	小楝木	376
细枝柃	385	小旋花	452
虾须草	536	小叶菝葜	116
虾须草属	536	小叶短柱茶	406
下田菊	514	小叶冷水花	253
下田菊属	514	小叶女贞	462
夏枯草	492	小鱼仙草	487
夏枯草属	492	小鱼眼草	531
仙茅科	118	楔叶独行菜	335
仙茅属	118	蝎子草属	244
纤花耳草	435	斜方复叶耳蕨	65
纤细半蒴苣苔	464	斜羽凤尾蕨	45
苋科	363	心叶荆芥	488
苋属	364	新木姜子属	98
线蕨属	78	新月蕨属	57
腺萼马银花	421	星蕨属	79
腺毛金星蕨	55	修蕨属	81
香花鸡血藤	175	绣球防风属	485
香花崖豆藤	175	绣球花科	378
香科科属	498	玄参科	468、469、471、499
香蒲	133	悬钩子蔷薇	209
香蒲科	133	悬钩子属	211
香蒲属	133	旋花	453
肖梵天花	328	旋花科	452
小白蜡树	462	荨麻	260
小爆格蚤	405	荨麻科	238
小檗科	147	荨麻属	260
小巢菜	196		

Y

鸦头梨	418
鸦头梨属	418
鸭儿芹	559
鸭儿芹属	559
鸭舌草	129
鸭跖草	126
鸭跖草科	125
鸭跖草属	125
崖豆藤属	175、190
崖胡豆	175
崖爬藤	168
崖爬藤属	167
雅安厚壳桂	89
雅安琼楠	89
亚麻科	304
延羽卵果蕨	56
岩藿香	493
盐肤木	318
盐肤木属	318
奄美凤尾蕨	45
扬子毛茛	152
羊耳朵	470
羊尿泡	215
羊屎条	546
羊蹄	339
杨海椒	457
杨梅科	267
杨梅属	267
杨梅叶蚊母树	156
杨桐属	383
野葛	192
野海椒	459
野海棠属	311
野胡萝卜	560
野花椒	322
野锦皮	331

野辣椒	459
野老鹳草	307
野茉莉	419
野牡丹	312
野牡丹科	311
野牡丹属	312
野木瓜属	143
野荞麦	347
野青茅	135
野青茅属	135
野桐	291
野桐属	288
野豌豆	197
野豌豆属	196
野鸦椿	315
野鸦椿属	315
野雉尾	41
野雉尾金粉蕨	41
叶底红	311
叶下珠	299
叶下珠科	296
叶下珠属	299
腋花蓼	344
宜昌杭子梢	176
宜昌荚蒾	547
宜昌荚楸	547
异盖鳞毛蕨	71
异药花	313
异药花属	313
异叶南星	104
异叶榕	236
异叶天仙果	236
异羽复叶耳蕨	68
益母草	486
益母草属	486
银粉背蕨	39
银合欢	187
银合欢属	187

银莲花属	148	**Z**	
银毛叶山黄麻	232		
银叶山麻黄	232	枣	228
英德黄芩	495	枣属	228
罂粟科	139	枣子	228
樱属	200	皂荚	180
映山红	422	皂荚属	180
硬毛鸡矢藤	442	泽泻科	109
优雅狗肝菜	502	展毛野牡丹	312
油茶	407	展枝玉叶金花	438
油患子	321	樟科	87
油麻藤属	191	长柄爬藤榕	237
油桐	295	长柄山蚂蝗	181
油桐属	295	长柄山蚂蝗属	181
疣果冷水花	257	长波叶山蚂蝗	178
蕵属	479	长刺酸模	341
鱼鳅串	516	长萼堇菜	302
鱼腥草	85	长蕊杜鹃	423
鱼眼草	532		112
鱼眼草属	531	长蒴母草	472
榆科	229、231	长尾复叶耳蕨	68
羽脉山黄麻	231	长叶蝴蝶草	473
羽脉山麻黄	231	长叶珊瑚	427
雨久花科	129	长叶实蕨	69
雨久花属	129	长叶水麻	240
玉叶金花属	438	长叶铁角蕨	52
鸢尾科	119	长圆石韦	80
鸢尾属	119	长鬃蓼	355
元宝草	306	掌叶秋海棠	277
圆果雀稗	137	浙皖虎刺	431
月月红	393	针毛蕨属	54
越橘属	424	珍珠菜属	397
云实	174	珍珠枫	476
云实属	173	栀子	433
芸香科	322	栀子属	433
		指甲花	380
		枳椇	225

枳椇属	225	紫堇	139
中国蕨科	39	紫堇属	139
中华复叶耳蕨	67	紫露草属	128
中华栝楼	275	紫麻	247
中华里白	17	紫麻属	247
钟萼木	332	紫萍	107
重楼排草	402	紫萍属	107
重楼属	111	紫萁	14
舟山碎米蕨	40	紫萁科	14
骤尖楼梯草	242	紫萁属	14
朱砂根	391	紫苏	490
珠芽景天	162	紫苏属	490
猪尾巴	448	紫穗槐	171
猪殃殃	432	紫穗槐属	171
竹叶菜	126	紫菀属	516
竹叶花椒	322	紫珠	476
苎麻	238	紫珠属	476
苎麻属	238	紫珠叶巴戟	437
紫背浮萍	107	总状山矾	417
紫背金盘	475	醉鱼草科	469
紫草科	448	醉鱼草属	469
紫萼蝴蝶草	474	作孚茶	408
紫金牛	394	酢浆草	280
紫金牛科	390	酢浆草科	280
紫金牛属	390	酢浆草属	280

拉丁名索引

A

Abutilon 326
Abutilon theophrasti 326
Acalypha 284
Acalypha australis 284
Acanthaceae 502
Acer 319
Acer fabri 319
Aceraceae 319
Achyranthes 365
Achyranthes bidentata 365
Acoraceae 101
Acorus 101
Acorus gramineus 101
Actinidia 420
Actinidia rubricaulis var. coriacea 420
Actinidiaceae 420
Actinodaphne 87
Actinodaphne cupularis 87
Adenostemma 514
Adenostemma lavenia 514
Adiantaceae 36
Adiantum 36
Adiantum capillus-veneris 36
Adiantum flabellulatum 37
Adiantum malesianum 38
Adinandra 383
Adinandra bockiana 383
Adoxaceae 545

Aeschynomene 169
Aeschynomene indica 169
Ageratum 515
Ageratum conyzoides 515
Agrimonia 199
Agrimonia pilosa 199
Aidia 430
Aidia cochinchinensis 430
Ajuga 475
Ajuga nipponensis 475
Akaniaceae 332
Akebia 142
Akebia trifoliata subsp. australis 142
Alangiaceae 374
Alangium 374
Alangium chinense 374
Albizia 170
Albizia kalkora 170
Aleuritopteris 39
Aleuritopteris argentea 39
Alismataceae 109
Allantodia 64
Allantodia dilatata 64
Alpinia 130
Alpinia japonica 130
Alpinia sichuanensis 131
Alsophila 27
Alsophila denticulata 27
Alsophila metteniana 28
Alsophila spinulosa 29

Alternanthera	366	Arachniodes leuconeura	66
Alternanthera philoxeroides	366	Arachniodes rhomboidea	65
Alternanthera sessilis	367	Arachniodes simplicior	68
Altingiaceae	155	Araliaceae	552
Amaranthaceae	363	Archidendron	172
Amaranthus	364	Archidendron lucidum	172
Amaranthus hybridus	364	Ardisia	390
Amaryllidaceae	121	Ardisia brevicaulis	390
Amorpha	171	Ardisia crenata	391
Amorpha fruticosa	171	Ardisia crispa	392
Amorphophallus	102	Ardisia faberi	393
Amorphophallus konjac	102	Ardisia japonica	394
Amorphophallus rivierei	102	Ardisia jinyunensis	395
Ampelopsis	165	Ardisia quinquegona	395
Ampelopsis delavayana	165	Arisaema	103
Anacardiaceae	317	Arisaema clavatum	103
Anemone	148	Arisaema heterophyllum	104
Anemone hupehensis	148	Aristolochiaceae	86
Angiopteridaceae	13	Asarum	86
Angiopteris	13	Asarum splendens	86
Angiopteris fokiensis	13	Asclepiadaceae	447
Angiospermae	85	Asparagaceae	123
Anredera	371	Asphodelaceae	120
Anredera cordifolia	371	Aspleniaceae	48
Antidesma	296	Asplenium	48
Antidesma japonicum	296	Asplenium incisum	49
Apiaceae	557	Asplenium normale	50
Apocynaceae	447	Asplenium pekinense	51
Aquifoliaceae	506	Asplenium prolongatum	52
Araceae	101	Asplenium tripteropus	48
Arachniodes	65	Aster	516
Arachniodes amabilis	65	Aster ageratoides	518
Arachniodes assamica	66	Aster indicus	516
Arachniodes caudata	67	Aster moupinensis	517
Arachniodes chinensis	67	Aster trinervius subsp. ageratoides	518
Arachniodes cornopteris	67	Aster verticillatus	519
Arachniodes falcata	67	Asteraceae	514

Athyriaceae	61
Athyriopsis	63
Athyriopsis peterseni	63
Athyrium	61
Athyrium delavayi	61
Athyrium otophorum	62
Aucuba	427
Aucuba himalaica var. dolichophylla	427
Aucuba japonica var. variegate	429
Aucuba obcordata	428
Azoliaceae	21
Azolla	21
Azolla imbricata	21
Azolla pinnata subsp. asiatica	21

B

Balanophora	337
Balanophora harlandii	337
Balanophoraceae	337
Balsaminaceae	380
Basellaceae	371
Begonia	277
Begonia jinyunensis	277
Begoniaceae	277
Beilschmiedia	88
Beilschmiedia kweichowensis	88
Beilschmiedia yaanica	89
Berberidaceae	147
Berchemia	224
Berchemia polyphylla var. leioclada	224
Betula	271
Betula luminifera	271
Betulaceae	271
Bidens	520
Bidens biternate	522
Bidens pilosa	520
Bidens pilosa var. radiata	520

Bidens tripartita	521
Blechnaceae	59
Blumea	523
Blumea megacephala	523
Blumea sinuata	524
Boehmeria	238
Boehmeria nivea	238
Bolbitidaceae	69
Bolbitis	69
Bolbitis heteroclita	69
Boraginaceae	448
Brassicaceae	333
Bredia	311
Bredia fordii	311
Bretschneidera	332
Bretschneidera sinensis	332
Bretschneideraceae	332
Bridelia	297
Bridelia balansae	297
Bridelia insulana	297
Broussonetia	233
Broussonetia kazinoki	233
Broussonetia papyrifera	234
Buddleja	469
Buddleja asiatica	469
Buddleja officinalis	470
Buddlejaceae	469

C

Caesalpinia	173
Caesalpinia crista	173
Caesalpinia decapetala	174
Calamagrostis	135
Calamagrostis arundinacea	135
Callerya	175
Callerya dielsiana	175
Callicarpa	476

Callicarpa bodinieri	476	Celosia	363
Callicarpa chinyunensis	478	Celosia argentea	363
Callicarpa giraldii var. chinyunensis	478	Celtis	229
Callicarpa rubella	477	Celtis sinensis	229
Calystegia	452	Centaurium	446
Calystegia hederacea	452	Centaurium pulchellum var. altaicum	446
Calystegia silvatica subsp. orientalis	453	Centella	557
Camellia	406	Centella asiatica	557
Camellia euryoides var. nokoensis	408	Centipeda	525
Camellia grijsii var. shensiensis	406	Centipeda minima	525
Camellia oleifera	407	Cephalanthera	117
Camellia shensiensis	406	Cephalanthera falcata	117
Camellia sinensis	409	Cerastium	362
Camellia tsofui	408	Cerastium glomeratum	362
Camellia tuberculata	410	Cerasus	200
Campanulaceae	510	Cerasus dielsiana	200
Campanumoea	510	Championella	504
Campanumoea javanica	510	Championella tetrasperma	504
Campanumoea javanica subsp. japonica	510	Cheilanthes	40
Campylotropis	176	Cheilanthes chusana	40
Campylotropis macrocarpa	176	Chloranthaceae	100
Cannabaceae	229	Choerospondias	317
Caprifoliaceae	545	Choerospondias axillaris var. pubinervis	317
Cardamine	333	Cibotiaceae	26
Cardamine flexuosa	333	Cibotium	26
Caryophyllaceae	358	Cibotium barometz	26
Caryopteris	479	Clerodendrum	480
Caryopteris aureoglandulosa	479	Clerodendrum bungei	480
Castanea	261	Clerodendrum trichotomum	481
Castanea mollissima	261	Clinopodium	482
Castanopsis	262	Clinopodium gracile	482
Castanopsis carlesii var. spinulosa	262	Clinopodium polycephalum	483
Castanopsis fargesii	263	Colchicaceae	112
Cayratia	166	Colysis	78
Cayratia japonica	166	Colysis flexiloba	78
Celastraceae	278	Commelina	125
Celastrus	278	Commelina benghalensis	125
Celastrus hindsii	278	Commelina communis	126

Commelinaceae 125

Compositae 514

Convolvulaceae 452

Conyza 530

Conyza japonica 530

Corchoropsis 327

Corchoropsis crenata 327

Coriaria 272

Coriaria nepalensis 272

Coriariaceae 272

Cornaceae 374

Cornaceae 427

Cornus 375

Cornus controversa 375

Cornus hongkongensis subsp.
melanotricha 377

Cornus paucinervis 376

Cornus quinquinervis 376

Coronopus 336

Coronopus didymus 336

Corydalis 139

Corydalis edulis 139

Corydalis racemosa 140

Corydalis sheareri 141

Cotula 526

Cotula hemisphaerica 526

Crassulaceae 161

Crepidomanes 15

Crepidomanes minutum 15

Croton 285

Croton tiglium 285

Cruciferae 333

Cryptocarya 89

Cryptocarya yaanica 89

Cryptotaenia 559

Cryptotaenia japonica 559

Cucurbitaceae 273

Cunninghamia 83

Cunninghamia lanceolata 83

Cupressaceae 83

Curculigo 118

Curculigo gracilis 118

Cyatheaceae 27

Cyclea 144

Cyclea racemosa 144

Cyclosorus 53

Cyclosorus dentatus 53

Cyclospermum 558

Cyclospermum leptophyllum 558

Cynoglossum 448

Cynoglossum furcatum 448

Cyrtococcum 134

Cyrtococcum patens 134

Cyrtomium 70、74

Cyrtomium fortunei 70

Cyrtomium uniseriale 74

D

Damnacanthus 431

Damnacanthus macrophyllus 431

Daphne 329

Daphne jinyunensis 329

Daphne jinyunensis var. ptilostyla 330

Daphniphyllaceae 158

Daphniphyllum 158

Daphniphyllum oldhamii 158

Daucus 560

Daucus carota 560

Debregeasia 239

Debregeasia longifolia 240

Debregeasia orientalis 239

Delphinium 149

Delphinium anthriscifolium var. savatieri
149

Dendrobenthamia 377

Dendrobenthamia ferruginea var. jinyunensis 377
Dendrobenthamia jinyunensis 377
Dennstaedtiaceae 32
Deparia 63
Deparia petersenii 63
Desmodium 177
Desmodium laxiflorum 177
Desmodium sequax 178
Deyeuxia 135
Deyeuxia pyramidalis 135
Dianella 120
Dianella ensifolia 120
Dichroa 378
Dichroa febrifuga 378
Dichrocephala 531
Dichrocephala auriculata 532
Dichrocephala benthamii 531
Dichrocephala integrifolia 532
Dicksoniaceae 26
Dicliptera 502
Dicliptera elegans 502
Dicranopteris 16
Dicranopteris pedata 16
Dioscorea 110
Dioscorea cirrhosa 110
Dioscoreaceae 110
Diospyros 387
Diospyros cathayensis 387
Diospyros morrisiana 388
Diplazium 64
Diplazium dilatatum 64
Diploclisia 145
Diploclisia affinis 145
Diplopterygium 17
Diplopterygium chinense 17
Diplopterygium glaucum 18

Discocleidion 286
Discocleidion rufescens 286
Disporum 112
Disporum bodinieri 112
Distylium 156
Distylium myricoides 156
Drynaria 76
Drynaria roosii 76
Drynariaceae 76
Dryopteridaceae 65
Dryopteris 71
Dryopteris decipiens 71
Dryopteris erythrosora 72
Dryopteris sparsa 73
Duchesnea 201
Duchesnea indica 201
Dysosma 147
Dysosma versipellis 147

E

Ebenaceae 387
Eclipta 527
Eclipta prostrata 527
Ehretia 449
Ehretia macrophylla var. glabrescens 449
Elaeocarpaceae 282
Elaeocarpus 282
Elaeocarpus japonicus 282
Elatostema 241
Elatostema balansae 241
Elatostema cuspidatum 242
Elatostema macintyrei 243
Eleutherococcus 552
Eleutherococcus trifoliatus 552
Embelia 396
Embelia rudis 396
Embelia vestita 396

Engelhardia 268
Engelhardia roxburghiana 268
Equisetaceae 9
Equisetum 9
Equisetum arvense 9
Equisetum diffusum 10
Ericaceae 421
Eriobotrya 202
Eriobotrya cavaleriei 202
Erythrina 179
Erythrina variegata 179
Eschenbachia 530
Eschenbachia japonica 530
Eucommia 426
Eucommia ulmoides 426
Eucommiaceae 426
Euonymus 279
Euonymus chloranthoides 279
Euphorbia 287
Euphorbia maculata 287
Euphorbiaceae 284、296
Eurya 384
Eurya groffii 384
Eurya loquaiana 385
Eurya obtusifolia 386
Euscaphis 315
Euscaphis japonica 315

F

Fabaceae 169
Fagaceae 261
Fagopyrum 342
Fagopyrum dibotrys 342
Fallopia 343
Fallopia multiflora 343
Ferns 9
Ficus 235

Ficus gasparriniana var. laceratifolia 235
Ficus heteromorpha 236
Ficus sarmentosa var. luducca 237
Ficus sarmentosa var. luducca f. sessilis 237
Fordiophyton 313
Fordiophyton faberi 313

G

Galinsoga 528
Galinsoga parviflora 528
Galium 432
Galium aparine var. echinospermum 432
Galium spurium 432
Gardenia 433
Gardenia jasminoides 433
Garryaceae 427
Gentianaceae 445
Geraniaceae 307
Geranium 307
Geranium carolinianum 307
Geranium nepalense 308
Gesneriaceae 464
Geum 203
Geum japonicum var. chinense 203
Girardinia 244
Girardinia diversifolia subsp. triloba 244
Glechoma 484
Glechoma longituba 484
Gleditsia 180
Gleditsia sinensis 180
Gleicheniaceae 16
Glochidion 298
Glochidion puberum 298
Gnaphalium 529、534
Gnaphalium affine 534
Gnaphalium japonicum 529
Gonocarpus 164

Gonocarpus micranthus	164
Gonocormus	15
Gonocormus saxifragoides	15
Gonostegia	245
Gonostegia hirta	245
Gordonia	411
Gordonia acuminate	411
Gramineae	134
Guttiferae	305
Gymnospermae	82
Gymnosphaera	27
Gymnosphaera denticulata	27
Gymnosphaera metteniana	28
Gynostemma	273
Gynostemma pentaphyllum	273

H

Haloragaceae	164
Haloragis	164
Haloragis micrantha	164
Hamamelidaceae	155
Hedera	553
Hedera nepalensis var. sinensis	553
Hedychium	132
Hedychium emeiensis	132
Hedychium flavescens	132
Hedyotis	434
Hedyotis corymbosa	434
Hedyotis tenelliflora	435
Hemiboea	464
Hemiboea gracilis	464
Houttuynia	85
Houttuynia cordata	85
Hovenia	225
Hovenia acerba	225
Humulus	230
Humulus scandens	230

Huperzia	1
Huperzia serrata	1
Huperziaceae	1
Hydrangea	379
Hydrangea strigose	379
Hydrangeaceae	378
Hydrocotyle	554
Hydrocotyle nepalensis	554
Hydrocotyle sibthorpioides	555
Hylodesmum	181
Hylodesmum podocarpum	181
Hymenophyllaceae	15
Hypericaceae	305
Hypericum	305
Hypericum japonicum	305
Hypericum sampsonii	306
Hypolepidaceae	32
Hypolepis	32
Hypolepis punctata	32
Hypoxidaceae	118

I

Icacinaceae	425
Ilex	506
Ilex ficoidea	506
Ilex jinyunensis	507
Ilex macrocarpa	508
Ilex triflora	509
Impatiens	380
Impatiens balsamina	380
Impatiens monticola	382
Impatiens pritzelii	381
Indigofera	182
Indigofera bungeana	182
Indigofera pseudotinctoria	182
Iridaceae	119
Iris	119

Iris japonica 119
Itea 159
Itea chinensis var. oblonga 159
Itea omeiensis 159
Iteaceae 159

J

Juglandaceae 268
Justicia 503
Justicia procumbens 503

K

Kalimeris 516
Kalimeris indica 516
Koelreuteria 320
Koelreuteria bipinnata 320
Kummerowia 183
Kummerowia striata 183

L

Labiatae 475
Lactuca 533
Lactuca indica 533
Lamiaceae 475
Lardizabalaceae 142
Lasianthus 436
Lasianthus japonicus 436
Lauraceae 87
Laurocerasus 204
Laurocerasus zippeliana 204
Leguminosae 169
Lemnaceae 107
Leonurus 486
Leonurus japonicus 486
Lepidium 335

Lepidium cuneiforme 335
Lepisorus 77
Lepisorus suboligolepidus 77
Leptochilus 78
Leptochilus ellipticus var. flexilobus 78
Lespedeza 184
Lespedeza cuneata 184
Lespedeza floribunda 185
Lespedeza pilosa 186
Leucaena 187
Leucaena leucocephala 187
Leucas 485
Leucas mollissima var. chinensis 485
Ligustrum 461
Ligustrum lucidum 461
Ligustrum quihoui 462
Ligustrum sinense 463
Liliaceae 111
Linaceae 304
Lindera 90
Lindera kwangtungensis 91
Lindera megaphylla 90
Lindernia 471
Lindernia anagallis 472
Lindernia antipoda 471
Linderniaceae 471
Lindsaea 30
Lindsaea orbiculata 30
Lindsaeaceae 30
Liquidambar 155
Liquidambar formosana 155
Liriope 123
Liriope graminifolia 123
Liriope muscari 124
Liriope platyphylla 124
Lithocarpus 264
Lithocarpus litseifolius 264
Litsea 92

Litsea coreana var. lanuginosa 92
Litsea elongata var. subverticillata 93
Litsea mollis 95
Litsea wilsonii 94
Lobelia 511
Lobelia chinensis 511
Lobelia nummularia 512
Lonicera 549
Lonicera hypoglauca 549
Lonicera japonica 550
Loropetalum 157
Loropetalum chinense 157
Ludwigia 309
Ludwigia epilobioides 309
Lycium 456
Lycium chinense 456
Lycopodiaceae 1
Lycopodium 2
Lycopodium cernuum 2
Lycopodium japonicum 3
Lycopods 1
Lycoris 121
Lycoris aurea 121
Lycoris radiata 122
Lygodiaceae 19
Lygodium 19
Lygodium japonicum 19
Lysimachia 397
Lysimachia capillipes 397
Lysimachia christiniae 398
Lysimachia congestiflora 399
Lysimachia fistulosa 400
Lysimachia fistulosa var. wulingensis 401
Lysimachia paridiformis 402

M

Machilus 96

Machilus lichuanensis 97
Machilus nanmu 96
Machilus pingii 96
Macrothelypteris 54
Macrothelypteris torresiana 54
Maesa 403
Maesa japonica 403
Maesa montana 404
Mallotus 288
Mallotus barbatus 288
Mallotus philippensis 289
Mallotus repandus 290
Mallotus tenuifolius 291
Malvaceae 326
Marattiaceae 13
Marsdenia 447
Marsdenia tinctoria 447
Marsilea 20
Marsilea minuta 20
Marsilea quadrifolia 20
Marsileaceae 20
Mazaceae 499
Mazus 499
Mazus japonicus 500
Mazus miquelii 499
Mazus pumilus 500
Medicago 188
Medicago lupulina 188
Melanthiaceae 111
Melastoma 312
Melastoma malabathricum 312
Melastoma normale 312
Melastomataceae 311
Melia 325
Melia azedarach 325
Melia toosendan 325
Meliaceae 325
Melilotus 189

Melilotus officinalis	189
Melliodendron	418
Melliodendron xylocarpum	418
Menispermaceae	144
Microlepia	33
Microlepia marginata	33
Microlepia pseudostrigosa	34
Microsorum	79
Microsorum fortunei	79
Millettia	175
Millettia	190
Millettia dielsiana	175
Millettia pachycarpa	190
Miscanthus	136
Miscanthus floridulus	136
Molluginaceae	370
Mollugo	370
Mollugo pentaphylla	370
Mollugo stricta	370
Monochoria	129
Monochoria vaginalis	129
Moraceae	230
Morinda	437
Morinda callicarpifolia	437
Mosla	487
Mosla dianthera	487
Mucuna	191
Mucuna sempervirens	191
Murdannia	127
Murdannia loriformis	127
Mussaenda	438
Mussaenda divaricata	438
Myrica	267
Myrica esculenta	267
Myricaceae	267
Myrioneuron	439
Myrioneuron faberi	439
Myrsinaceae	390
Myrsine	405
Myrsine africana	405
Myrtaceae	310

N

Nanocnide	246
Nanocnide lobata	246
Neolepisorus	79
Neolepisorus fortunei	79
Neolitsea	98
Neolitsea aurata var. glauca	98
Nepeta	488
Nepeta fordii	488
Nephrolepidaceae	75
Nephrolepis	75
Nephrolepis auriculata	75
Nephrolepis cordifolia	75
Nicandra	454
Nicandra physalodes	454
Nothapodytes	425
Nothapodytes pittosporoides	425

O

Odontosoria	31
Odontosoria chinensis	31
Oleaceae	461
Onagraceae	309
Onychium	41
Onychium japonicum	41
Ophioglossaceae	11
Ophioglossum	11
Ophioglossum vulgatum	11
Ophiorrhiza	440
Ophiorrhiza japonica	440
Orchidaceae	117
Oreocnide	247

Oreocnide frutescens	247
Osmunda	14
Osmunda japonica	14
Osmundaceae	14
Oxalidaceae	280
Oxalis	280
Oxalis corniculata	280
Oxalis corymbosa	281

P

Paederia	441
Paederia foetida	441
Paederia scandens var. tomentosa	441
Paederia villosa	442
Palhinhaea	2
Palhinhaea cernua	2
Paliurus	226
Paliurus ramosissimus	226
Papaveraceae	139
Paraphlomis	489
Paraphlomis javanica	489
Parathelypteris glanduligera	55
Paris	111
Paris polyphylla var. yunnanensis	111
Paspalum	137
Paspalum orbiculare	137
Paspalum scrobiculatum var. orbiculare	137
Patrinia	551
Patrinia villosa	551
Pellionia	248
Pellionia jinyunensis	250
Pellionia radicans	248
Pellionia retrohispida	249
Pellionia scabra	251
Pentaphylacaceae	383
Pericampylus	146
Pericampylus glaucus	146
Perilla	490
Perilla frutescens	490
Pharathelypteris	55
Phedimus	161
Phedimus odontophyllus	161
Phegopteris	56
Phegopteris decursive-pinnata	56
Phryma	501
Phryma leptostachya subsp. asiatica	501
Phrymaceae	501
Phyllagathis	311
Phyllagathis fordii var. micrantha	311
Phyllanthaceae	296
Phyllanthus	299
Phyllanthus urinaria	299
Phymatopteris	81
Phymatopteris hastata	81
Physalis	455
Physalis angulata	455
Phytolacca	368
Phytolacca acinosa	368
Phytolacca americana	369
Phytolaccaceae	368
Picrasma	324
Picrasma quassioides	324
Pilea	252
Pilea japonica	252
Pilea microphylla	253
Pilea peploides	254
Pilea peploides var. major	254
Pilea plataniflora	255
Pilea subcoriacea	256
Pilea verrucosa	257
Pinaceae	82
Pinellia	106
Pinellia ternata	106
Pinus	82
Pinus massoniana	82

Plagiogyria	23	Portulaca oleracea	373
Plagiogyria adnata	25	Portulacaceae	373
Plagiogyria caudifolia	23	Potentilla	205
Plagiogyria euphlebia	24	Potentilla discolor	205
Plagiogyria japonica	23	Pothos	105
Plagiogyria ranknensis	25	Pothos chinensis	105
Plagiogyriaceae	23	Pouzolzia	258
Plantaginaceae	465	Pouzolzia sanguinea	258
Plantago	465	Pouzolzia zeylanica	259
Plantago asiatica	465	Pratia	512
Plantago asiatica subsp. erosa	466	Pratia nummularia	512
Plantago major	467	Premna	491
Platycarya	269	Premna ligustroides	491
Platycarya strobilacea	269	Primulaceae	390
Poaceae	134	Pronephrium	57
Polygonaceae	339	Pronephrium lakhimpurense	57
Polygonum	343	Pronephrium penangianum	58
Polygonum assamicum	356	Prunella	492
Polygonum aviculare	345	Prunella vulgaris	492
Polygonum capitatum	348	Prunus	200
Polygonum chinense	346	Prunus dielsiana	200
Polygonum cuspidatum	357	Prunus zippeliana	204
Polygonum hydropiper	353	Pseudognaphalium	534
Polygonum japonicum	354	Pseudognaphalium affine	534
Polygonum lapathifolium	352	Psilotaceae	12
Polygonum longisetum	355	Psilotum	12
Polygonum multiflorum	343	Psilotum nudum	12
Polygonum nepalense	347	Pteridaceae	36
Polygonum orientale	349	Pteridiaceae	35
Polygonum perfoliatum	351	Pteridium	35
Polygonum plebeium	344	Pteridium aquilinum var. latiusculum	35
Polygonum posumbu	350	Pteris	42
Polypodiaceae	76	Pteris cretica	42
Polyspora	411	Pteris ensiformis	43
Polystichum	74	Pteris excelsa	46
Polystichum uniseriale	74	Pteris multifida	44
Pontederiaceae	129	Pteris nervosa	42
Portulaca	373	Pteris oshimensis	45

Pteris terminalis	46	Rhododendron	421
Pteris vittata	47	Rhododendron bachii	421
Pterocarya	270	Rhododendron simsii	422
Pterocarya stenoptera	270	Rhododendron stamineum	423
Pterocypsela	533	Rhus	318
Pterocypsela indica	533	Rhus chinensis	318
Pueraria	192	Rhynchosia	193
Pueraria lobata	192	Rhynchosia dielsii	193
Pueraria montana	192	Rhynchosia volubilis	194
Pyracantha	206	Rhynchospermum	519
Pyracantha fortuneana	206	Rhynchospermum verticillatum	519
Pyrrosia	80	Ricinus	292
Pyrrosia lingua	80	Ricinus communis	292
Pyrrosia martinii	80	Rorippa	334
Pyrularia	338	Rorippa cantoniensis	334
Pyrularia edulis	338	Rosa	207
Pyrularia inermis	338	Rosa laevigata	207
		Rosa multiflora var. cathayensis	208
Q		Rosa roxburghii	210
		Rosa rubus	209
Quercus	265	Rosaceae	199
Quercus fabri	265	Rostellularia	503
Quercus phillyreoides	266	Rostellularia procumbens	503
		Rubiaceae	430
R		Rubus	211
		Rubus assamensis	211
Ranunculaceae	148	Rubus buergeri	212
Ranunculus	150	Rubus corchorifolius	213
Ranunculus chinensis	150	Rubus lambertianus var. glaber	214
Ranunculus sceleratus	151	Rubus malifolius	215
Ranunculus sieboldii	152	Rubus parkeri	216
Reinwardtia	304	Rubus parvifolius	217
Reinwardtia indica	304	Rubus pinfaensis	221
Reynoutria	357	Rubus rosifolius	218
Reynoutria japonica	357	Rubus setchuenensis	219
Rhamnaceae	224	Rubus sumatranus	220
Rhamnus	227	Rubus wallichianus	221
Rhamnus esquirolii	227	Rumex	339

Rumex dentatus 340
Rumex japonicus 339
Rumex trisetifer 341
Rutaceae 322

S

Sabia 154
Sabia swinhoei 154
Sabiaceae 154
Sagittaria 109
Sagittaria trifolia subsp. leucopetala 109
Sagittaria trifolia var. sinensis 109
Salvinia 22
Salvinia natans 22
Salviniaceae 21
Sambucus 545
Sambucus chinensis 545
Sambucus javanica 545
Sanicula 561
Sanicula caerulescens 561
Santalaceae 338
Sapindaceae 319
Sapindus 321
Sapindus mukorossi 321
Sapindus saponaria 321
Sapium 293
Sapium discolor 294
Sapium sebiferum 293
Sarcandra 100
Sarcandra glabra 100
Sarcopyramis 314
Sarcopyramis bodinieri 314
Sassafras 99
Sassafras tzumu 99
Saururaceae 85
Saxifraga 160
Saxifraga stolonifera 160

Saxifragaceae 159
Saxifragaceae 378
Schefflera 556
Schefflera delavayi 556
Schima superba 412
Scrophulariaceae 469、499
Scutellaria 493
Scutellaria franchetiana 493
Scutellaria tsinyunensis 494
Scutellaria yingtakensis 495
Scutellaria yunnanensis var. salicifolia 496
Sedum 161
Sedum bulbiferum 162
Sedum emarginatum 163
Sedum odontophyllum 161
Selaginella 4
Selaginella delicatula 4
Selaginella doederleinii 5
Selaginella moellendorffii 6
Selaginella nipponica 7
Selaginella uncinata 8
Selaginellaceae 4
Selliguea 81
Selliguea hastata 81
Semiaquilegia 153
Semiaquilegia adoxoidcs 153
Senecio 535
Senecio scandens 535
Serissa 443
Sheareria 536
Sheareria nana 536
Sigesbeckia 537
Sigesbeckia glabrescens 537
Simaroubaceae 324
Sinopteridaceae 39
Sinosenecio 538
Sinosenecio oldhamianus 538
Sloanea 283

Sloanea leptocarpa 283
Sloanea tsinyunensis 283
Smilacaceae 113
Smilax 113
Smilax china 113
Smilax glabra 114
Smilax lanceifolia 115
Smilax microphylla 116
Solanum 457
Solanum capsicoides 460
Solanum lyratum 458
Solanum nigrum 459
Solanum pseudocapsicum 457
Sorbus 222
Sorbus folgneri 222
Sphenomeris 31
Sphenomeris chinensis 31
Spirodela 107
Spirodela polyrhiza 107
Stachys 497
Stachys japonica 497
Stachyuraceae 316
Stachyurus 316
Stachyurus himalaicus 316
Staphyleaceae 315
Stauntonia 143
Stauntonia leucantha 143
Stellaria 358
Stellaria alsine 358
Stellaria media 359
Stellaria uliginosa 358
Stellaria vestita 361
Stellaria wushanensis 360
Sterculiaceae 327
Stranvaesia 223
Stranvaesia tomentosa 223
Strobilanthes 504
Strobilanthes tetrasperma 504

Styracaceae 418
Styrax 419
Styrax japonicus 419
Symplocaceae 413
Symplocos 413
Symplocos botryantha 417
Symplocos cochinchinensis var. laurina 413
Symplocos lancifolia 414
Symplocos laurina 413
Symplocos lucida 416
Symplocos paniculata 415
Symplocos setchuensis 416
Symplocos sumuntia 417
Synotis 539
Synotis nagensium 539
Syzygium 310
Syzygium sichuanense 310

T

Talinaceae 372
Talinum 372
Talinum paniculatum 372
Taraxacum 540
Taraxacum mongolicum 540
Tarenna 444
Tarenna pubinervis 444
Taxaceae 84
Taxodiaceae 83
Taxus 84
Taxus chinensis var. mairei 84
Taxus wallichiana var. mairei 84
Tetrastigma 167
Tetrastigma hemsleyanum 167
Tetrastigma obtectum 168
Teucrium viscidum var. nepetoides 498
Theaceae 383、406
Thelypteridaceae 53

Thymelaeaceae	329
Thyrocarpus	450
Thyrocarpus sampsonii	450
Torenia	473
Torenia asiatica	473
Torenia glabra	473
Torenia violacea	474
Torilis	562
Torilis scabra	562
Tradescanita	128
Tradescanita fluminensis	128
Trema	231
Trema levigata	231
Trema nitida	232
Triadica	293
Triadica cochinchinensis	294
Triadica sebifera	293
Trichosanthes	274
Trichosanthes ovigera	274
Trichosanthes pilosa	274
Trichosanthes rosthornii	275
Trifolium	195
Trifolium repens	195
Trigonotis	451
Trigonotis peduncularis	451
Tripterospermum	445
Tripterospermum cordatum	445
Typha	133
Typha orientalis	133
Typhaceae	133
Typhonium	108
Typhonium blumei	108
Typhonium divaricatum	108

U

Ulmaceae	229
Umbelliferae	554

Umbelliferae	557
Urena	328
Urena lobata	328
Urtica	260
Urtica fissa	260
Urticaceae	238

V

Vaccinium	424
Vaccinium mandarinorum	424
Valerianaceae	551
Verbena	505
Verbena officinalis	505
Verbenaceae	476、491、505
Vernicia	295
Vernicia fordii	295
Vernonia	543
Vernonia bockiana	543
Vernonia cumingiana	544
Veronica	468
Veronica persica	468
Viburnum	546
Viburnum chinshanense	546
Viburnum erosum	547
Viburnum ternatum	548
Vicia	196
Vicia hirsuta	196
Vicia sativa	197
Vicia tetrasperma	197
Viola	300
Viola betonicifolia	300
Viola diffusa	301
Viola inconspicua	302
Viola japonica	303
Viola pseudo-monbeigii	302
Violaceae	300
Vitaceae	165

W

Wahlenbergia	513
Wahlenbergia marginata	513
Wikstroemia	331
Wikstroemia micrantha	331
Woodwardia	59
Woodwardia affinis	59
Woodwardia japonica	59
Woodwardia unigemmata	60

Y

Youngia	541
Youngia japonica	541
Youngia longipes	542

Z

Zanthoxylum	322
Zanthoxylum armatum	322
Zanthoxylum echinocarpum	323
Zehneria	276
Zehneria bodinieri	276
Zingiberaceae	130
Ziziphus	228
Ziziphus jujuba	228
Zoysia	138
Zoysia pacifica	138